农业流变学
模型概念分析

杨明韶　马彦华　编著

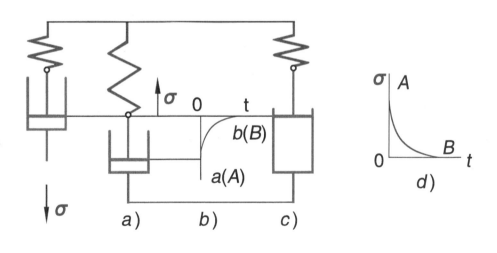

中国农业科学技术出版社

图书在版编目（CIP）数据

农业流变学模型概念分析／杨明韶，马彦华编著．—北京：中国农业科学技术出版社，2017.8

ISBN 978-7-5116-3217-3

Ⅰ．①农…　Ⅱ．①杨…②马…　Ⅲ．①农业-流变学-研究　Ⅳ．①S12

中国版本图书馆 CIP 数据核字（2017）第 190874 号

责任编辑	李　雪　　徐定娜
责任校对	李向荣

出 版 者	中国农业科学技术出版社
	北京市中关村南大街 12 号　邮编：100081
电　　话	（010）82109707　82105169（编辑室）
	（010）82109702（发行部）　　（010）82109709（读者服务部）
传　　真	（010）82106650
网　　址	http：//www.castp.cn
经 销 者	各地新华书店
印 刷 者	北京建宏印刷有限公司
开　　本	787 mm×1 092 mm　1/16
印　　张	15.5
字　　数	375 千字
版　　次	2017 年 8 月第 1 版　2017 年 8 月第 1 次印刷
定　　价	36.00 元

内容简介

本书是在"农业物料流变学"基础上编写而成的一本专著。全书贯串了模型概念的分析与思维。

本书分十章：黏弹性及流变学基础；流变学模型基本原理；基本模型模拟过程流变学解析；蠕变模型模拟过程解析；变形体保持变形条件下的应力松弛；变形体自由恢复及其应力松弛；任意历程流变学过程；农业工程与应力松弛过程；农业流变学中的变形体原理；流变学中的基本参量。

每章都有新的进展。第六章、第七章、第八章、第九章、第十章中的基本理论、基本内容基本是作者分析的新进展。

本书整体拉近了流变学过程与农业工程学科的距离，不论如何，本作品真实地反映了一个农业工程出身作者对农业工程中流变学的问题的特殊的思维。

内容提要如下。

(1) 流变学模型是对过程中实体的假设，是三个基本定律的机械融合，可以模拟实体的流变学过程。在模拟过程中，分析了模型结构与流变学过程的对应、叠加原理。

(2) 对实体的各种变形和变形恢复、变形力的恢复及应力松弛等过程及其相互间的转变机理和关系进行了全面的分析和模型模拟。拓展了实体过程、模拟模型及流变学研究的空间。

(3) 提出了自由开尔芬类模拟应力松弛过程。

(4) 提出两类应力松弛理论带来的新问题并进行了初步分析研究。

(5) 对松散物料压缩成型过程与流变学过程结合进行了分析研究，提出了复杂任意流变学理论：①实际上松散物料压缩过程是复杂任意流变学过程的典型。②过程中提出了"变形体原理"的新概念、新原理。③进行了压过程变形体恢复特性的分析研究。④提出了松散物料压缩研究的新的理论系统。⑤展示了由松散体→密实体→固体的转变的流变学过程和学科空间，进一步拓展了农业物料压缩流变学理论。

(6) 还对应力松弛的基本问题、模型与模拟模型、农业工程中流变学过程的普遍性和复杂模型的模拟过程与原理进行了分析。

(7) 在流变学过程中，将黏弹比、虎克定律、牛顿黏性定律、模拟模型四个理论融合在过程中发展成为流变学的理论基础。

本书适于农业机械化、农业物料加工、食品加工教学，农业工程科技研究人员和研究生参考，敬请广大读者批评指正。

前　言

　　农业流变学是新兴学科，也是农业物料生产、加工的流变学基础。现代力学的研究依赖于数学、力学的计算与推导。很多复杂的流变学问题，也依赖于运用数学推导、计算进行解析。数学的计算推导非常复杂，且需要深厚的数学力学基础。在对流变学问题的数学的计算推导过程中，有些问题，通过变换、处理，非线性问题，按线性问题解决等过程，其结果不仅产生误差，还可能存在基本概念淡化的问题，甚至产生概念的丢失。另外，非力学专业人员运用和研究流变学非常困难。但是农业工程人员注重概念。概念是事物本质的思维，概念是思维的基本形式之一，它反映事物的一般的、本质的特征。所以循概念思维分析，借助于模型，研究农业物料过程的流变学问题，应该有可拓展的空间。概念分析就是从事物的基本概念出发，在过程中始终循着概念进行思维，不但方便工程人员学习和运用流变学解析实际问题，还特别有利于概念思维能力的训练和拓展，这可能就是本作品的一个主旨。两种方法结合应该是流变学研究的基本方法。

　　模型是关于黏弹性物料的假设。在运用模型模拟的过程中，作者认为模型理论不仅是一种工具和方法，还应该是一种概念思维。在农业物料过程中的应用和拓展的潜力很大。提出的《农业流变学模型概念分析》粗作，严格说不属于专业流变学作品，却与农业工程学科关系密切。

　　其中很多概念和提法是一个农业工程出身的作者的特殊思维，可能还存在这样或那样的问题。出版的目的，就是希望能有所反映。不论怎样，问题提出来了。渴望指正，更渴望以此推动有关的进一步的研究和学习。

目　　录

第一章　黏弹性及流变学基础

第一节　物体的黏弹性

黏弹性概念的建立和对物料的黏弹性思维是流变学的基础，也应该是模型理论的基础。

一、万物皆流动

所谓万物流动，也就是万物都有黏性。

万物皆流动是古希腊哲学家赫拉克利特（Heraclitus）的名言。他所说的万物当然包括流体态到固体态等任何形态的物体。一般认为流体流动，仅有黏性，没有弹性；固体的基本特性是弹性，不能流动，而实际上呢？

（一）固体也在流动

也就是弹性的固体也能流动。流体的特征是流。实际上固体也有流动。固体的冰川、岩石、山也在慢慢地流动着，只是流动的速度缓慢而已。

即使是认为完全固体性质的混凝土、玻璃，也能流动。

英国物理学家对玻璃做过这样的试验：取一块长 35cm、宽 1.5cm、厚 3mm 的玻璃板，两端支起来，中间放置 6kg 重物。从 1938 年 4 月 6 日到 1939 年 12 月 13 日，一直放了 1 年零 8 个月后把重物取下，玻璃中部向下的弯度是 6×10^{-4}mm。也就是说像玻璃这样的固体也流动了。

1933 年科学家莱纳对水泥棒做过同样的试验，水泥棒是断面积为 2.3cm^2 的细长棒，支撑在距离为 76cm 的两个支点上，因自身重量而弯曲，经过长时间的观察，水泥棒在继续弯下去，8 个月弯下了 1mm。他用这个数据计算了水泥的黏性系数，比玻璃小 1 000~2 000 倍。这次试验是在水泥棒刚做好不久进行的。如果水泥棒制成放置 5~6 年，也许其流动更小了。

冰川是固体，也在流动。前不久，我国新疆克孜勒苏柯尔克孜自治州境内发生冰川移动，造成当地 15 000 亩草场消失。冰川移动超过 20km，平均宽度大约 1km，高 30 多米。冰川移动是非常缓慢的。有人通过测量冰川的流动速度，计算出其黏度是水的 100 亿倍。冰川流动与水的流动有些相似，都是中间快，两边慢。冰川流动的原因是重力和挤压。

沥青似固体，也能流淌。在室温下，它的流动速度非常缓慢，需要很多年才能形成一滴。2013 年 5 月 7 日西班牙《阿贝赛报》报道：澳大利亚昆士兰大学托马斯·帕内尔 1927 年对沥青进行试验。历经 86 年沥青滴了 8 滴。2000 年 11 月滴了第 8 滴。第 9 滴马上就要滴了！沥青实为高黏度流体，只是黏度很高，其黏度大约是水的 1 000 亿倍。

日本学者对固体、流体曾这样论述："有些物体当外力作用时间很短时，它很硬（如钢铁），像弹性体一样产生反弹。当外力作用时间很长时，它又像流体一样流动（如沥青）。就是说当外力作用时间小于某一时间时，物体表现出弹性；当外力作用时间大于这一时间，物体就会流动。可把这个时间叫物体的"缓和"时间。物体都有自己特有的缓和时间。对于小于缓和时间的外力（短暂的外力）物体变形，不出现缓和作用，物体的弹性可以恢复原状。当外力作用时间很长时，物体才有缓和作用而流动。钢铁等物体的缓和时间很长，流体的缓和时间接近于零。所以固体和流体之不同，只是缓和时间不同而已。这实际上还是说明固体与流体间没有根本的区别。坚硬的固体模量大，即阻碍变形的能力强，施力于物体的瞬间也产生变形，只是变形很小而已；施力时间很长，物体发生蠕变（流动）；对模量小的物体，施同样的外力，变形比较容易；因为流体流动的内摩擦阻力很小，尤其没有黏性（或黏性很小的理性流体），一施外力就会流动。

（二）流体也有弹性

即黏性的流体也有弹性。不仅固体具有弹性，实际上流体也具有弹性。例如，将有的液体放在烧杯中，正中有一根转动的圆棒，结果呈现图1-1两种情况，有的中间凹下（图中a），有的沿棒上爬（图中b，c，d）。普通的液体，圆棒转动很快时由于离心力的作用向外侧运动，就会爬上器壁（图中a）。而带有弹性的液体，围绕圆棒盘绕起来，就像细长的橡皮条在棒上一圈圈地绕起来。没有弹性的液体向器壁上爬，有弹性的爬到中间圆棒上。

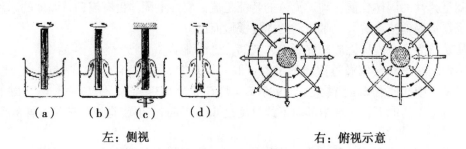

（a）　　　（b）　　（c）　　　（d）

左：侧视　　　　　　　　　右：俯视示意

图1-1　流体爬壁、爬棒现象

（三）物体的流动和变形的复杂性

沥青是具有一定形态的固体，放置较长时间发现它变形了，它流动了。如果是慢慢去弯曲，它不但不会折断，而且会继续弯下去；但是外力作用过猛，它就会像固体一样断了，而且断面很整齐。

淀粉糊是流体，用手握挤，就会产生裂纹，把它放开它又恢复流体状态；装在圆珠笔芯中油墨没有流动，但在写字时笔尖上小圆珠滚动，油墨就会沿着笔头上微细沟槽流出来写成字。刷在墙上的油漆不会流下来，用刷子刷动就能均匀地布满平面上（流动了）。

奇特的蚕丝的生成。蚕丝为固体。它是非常漂亮的纤维，它是丝绸的原料，公元初年，丝绸最初到罗马时，当时用同等重量的黄金交换。它扮演了丝绸之路的主要角色。那么蚕丝是什么？它是怎样制成的？1912年意大利都灵大学生理学家福尔，提出蚕丝的形成不是由于化学作用（干燥、二氧化碳和氧化作用等），也不是由于生物化学作用（酶的作用），而是由于力的作用，是由于力的作用将黏液变成了（固体）蚕丝。

蚕吃进大量的桑叶，在开始作茧的前两三天，蚕腹中，几乎装满了作蚕丝的原料（丝液）。蚕内部丝腺储存丝液，蚕丝的主要成分是蛋白质，叫丝蛋白，常常储存在中部丝腺中，中部丝腺内壁分泌出另一种蛋白质——"丝胶"包着丝液。后部丝腺是合成丝蛋白的地方，中部丝腺是储存丝蛋白（丝液）的地方。为了证明蚕丝是力的作用形成的，可将要吐丝的蚕宝宝用手去拉断，只能拉成钓鱼线那样粗的丝线，直径1mm，长30cm。而蚕能吐出丝的直径为0.002mm，长可达1 200~1 300m。吐丝口吐出的速度很快，才能保证蚕丝很细很长。蚕的解剖见图1-2。

固体的蚕丝是由流体的丝液变成的。

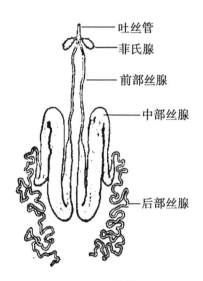

　　　　　　　　—— 吐丝管
　　　　　　　　—— 菲氏腺
　　　　　　　　—— 前部丝腺

　　　　　　　　—— 中部丝腺

　　　　　　　　—— 后部丝腺

图1-2　蚕的解剖

二、黏弹性是万物的基本特性

（一）固体的基本特征是弹性，也有黏性

弹性是阻碍变形（流动）的能力。固体阻碍变形的能力很强，所以固体的基本特性是具有弹性。

因为固体也可流动，流动阻力是黏性，所以固体也有黏性，只是固体的黏性非常大而已。例如沥青、饴糖、橡胶等固体具有较明显的黏性。

（二）流体的基本特征是黏性，也有弹性

流体流动的基本特征是黏性；流体也能表现出弹性，例如蛋清有"收回"现象，"收

回"现象不是流体的性质,"收回"是弹性恢复现象,不属于黏性产生的现象。所以可把蛋清类的物体称为黏弹物体。动物的黏液等也是具有弹性的流体。

(三) 万物的内在特性是黏弹性

由上分析可认为固体、流体间没有根本的区别。所谓固体、流体只是在一定环境条件下的存在的一种状态。因此说万物(从流体到固体)的内在的基本性质是黏弹性。

流变学就是物体流动的科学,研究物体过程中的黏弹性是流变学研究的基本内容。换句话说,流变学就是关于"物体形变和流动"的科学。19 世纪以来弹性力学主要研究铁和岩石这样固体的弹性;流体力学主要研究水和空气的流动;流变学则研究橡胶、纤维、塑料这些既不完全是金属固体,又不完全是液体。因此流变学与生物学、医学、农业、工业、地质和食品等许多学科都有联系。其中对农业物料的研究逐渐发展成为流变学的一个分支——农业流变学。

第二节　基本定律基本概念

虎克定律、牛顿黏性定律、圣维南定律是力学中的 3 个基本定律,为物体黏性、弹性的基本理论。也是构成流变学模型理论的基础。进行流变学分析研究,首先必须从基本概念上理解 3 个基本定律。掌握其基本概念和运用也是本书的基础。这一节的重点是从基本概念上论述 3 个基本定律。

一、虎克定律

虎克定律是材料力学、弹性力学的基本定律。虎克定律是英国科学家虎克 (R. Hooke) 1660 年发现的。1676 年他把这个发现以一种字母组词谜的形式 "ceiiinosssttuu" 发表了。到 1678 年虎克自己发表了谜语的答案:"Ut tension sic vis" 这句拉丁语的意思是"弹簧的力与它的伸长成正比"。基本定义是,在材料的线弹性范围内,固体的单向拉伸变形与所受的外力成比例。也可表示为在应力低于比例极限的情况下,固体中的应力 σ 与其应变 ε 成比例。另外差不多在同一时期 1680 年,法国的马略特也发现了类似的规律。也就是说虎克再晚两年发表,该定律可能就成了虎克—马略特定律了。

(一) 基本方程式及基本参量

1. 应力、应变过程

虎克定律的力学过程是,物体受力瞬间,立即产生弹性变形且达到其最大变形值。变形值不变,变形力也保持不变。变形过程中,变形的力完全储存在弹性变形之中。变形恢复过程开始瞬间,变形立即发生恢复,且瞬间恢复到变形前的状态。即储存在弹性变形中的能量与变形恢复同步释放。变形恢复过程,变形力已完全转变为变形恢复力,变形恢复力与变形力相等。过程中能量的转换率为 100%,即没有能量损耗。所以虎克定律过程称为理想弹性变形过程，或理想变形恢复过程。

2. 方程式与参量

（1）方程式 $\sigma = E\varepsilon$

σ 用应力表示，ε 用应变表示；应力 σ，应变 ε 同步；适于变形过程，也适于变形恢复过程。

（2）基本参量

σ ——应力（KN/mm^2）

是（拉、压）正应力，是弹性应力。

变形过程，σ 是载荷，是弹性变形的力，弹性变形的阻力；是瞬间弹性变形的力。完全储存在变形之中。变形不变，σ 不会发生变化。

变形恢复过程，σ 是弹性变形恢复力；是瞬间弹性变形的恢复力。是弹性变形储存的全部能量。弹性恢复力与变形力（载荷）相等。即变形过程没有能量耗损。

应力是过程参量。

ε ——应变

是弹性应变（无量纲）。

$\varepsilon = \dfrac{\Delta L}{L_0}$，其中 L_0 为试件的原长，ΔL 为试件的变形，ΔL 是小变形。

是瞬间弹性应变，与载荷 σ 同步（没有滞后）。

是能够瞬间完全恢复的弹性变形，与弹性恢复力同步，变形与恢复变形相等，即没有残余变形。

变形是过程参量。

E ——模量（KN/mm^2）是弹性模量

是阻碍弹性变形的能力，是弹性应力与弹性应变比值，$E = \dfrac{\sigma}{\varepsilon}$（它们都姓弹）

变形过程 E 是阻碍变形（弹性）的能力，叫弹性变形模量，是弹性变形应力与其变形应变之比；变形恢复过程，是变形恢复的模量。是变形恢复的能力。弹性变形恢复模量与弹性变形模量相等。

E 是材料性质的基本参量，在过程中固定不变，即应力和应变的比例不变。

模量为过程实体的基本参量。

一定的材料，在过程中，弹性模量大的，变形过程储存的能量就大，变形恢复过程释放的能量也就越多。

应变 $\varepsilon = \dfrac{\sigma}{E} = J\sigma$，其中，$J = \dfrac{1}{E}$ 称为柔度，是模量的倒数；

$\varepsilon = \dfrac{\sigma}{E} = \dfrac{1}{E}\sigma = J\sigma$，模量 E 和柔度 J 互成倒数关系。

变形恢复过程中，变形恢复模量是恢复应力与恢复应变之比，也即 $E = \dfrac{\sigma}{\varepsilon}$。$\varepsilon = \dfrac{\sigma}{E} =$

$J\sigma$，其中 J 可叫变形恢复柔度，是变形恢复模量 E 的倒数。

变形模量与恢复模量相等；变形过程中，E 是变形的阻碍因素，变形恢复过程中，E 是变形恢复的动力因素。

（二）变形与变形恢复过程曲线

变形与变形恢复过程，变形应力与恢复力过程曲线。

1. 过程应力应变曲线

虎克定律应力应变曲线见图 1-3。

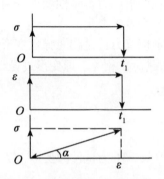

图 1-3　虎克定律应力应变曲线

瞬间（$\Delta t = 0$）施力 σ，相应的应变同步达到 ε；应力 σ 保持不变，应变 ε 也保持不变；过程中某时刻 t_1 释放应力，其应力 σ 瞬间为零，相应其应变 ε 也立即为零；应力的变化与应变的变化成比例，其比例就是其弹性模量 $\dfrac{\sigma}{\varepsilon} = tg\alpha = E$。

2. 虎克定律过程参量的三维曲线图

施力变形过程储存势能（+），变形恢复过程释放能量（-），见图 1-4 所示。

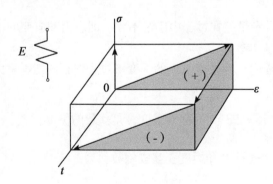

图 1-4　虎克定律三维曲线

（三）虎克定律举例

虎克定律是理想弹性过程的规律。实际上没有完全的理想弹性过程。也就是说实际上的虎克定律过程都是接近的或是有条件的。

例如普通碳钢在小变形条件下其应力、应变的过程接近虎克定律，见图1-5。

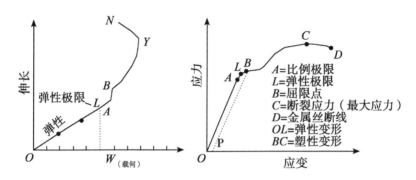

左：伸长——载荷图，右：应力——应变

图1-5　普通碳钢拉应力曲线

曲线上的 A 点是比例极限点，在比例极限以内应力 σ 正比与应变 ε，其比例系数就是弹性模量。OA 为一斜直线。去掉负荷后，变形原路回到 O，变形过程和变形恢复过程模量相等。在此范围内可认为材料完全符合虎克定律。

L 是弹性极限点，材料产生弹性变形的最大载荷 σ_e。在此范围内材料发生弹性变形。所谓弹性变形是可以恢复的变形。材料还保持着弹性材料的基本性质。但是变形与应力开始脱离线性关系。

B 是屈服极限点，材料不发生永久变形的最大载荷 σ_s。在此范围以内的变形还是弹性变形，即变形还能够恢复的临界点。

D 对应的 σ_b 是试样拉断前的最大载荷，除以试样的原始断面积称为材料的抗拉强度。

（四）虎克定律是弹性力学的基础

1. 弹性

所谓弹性是材料施力产生弹性变形的性质。所谓弹性变形就是卸载后可以恢复的变形。其中瞬间恢复的弹性变形叫理想弹性变形；逐渐恢复的弹性变形可称为延滞弹性变形。具有弹性变形的材料，称为弹性材料。弹性材料碳钢在 A 点（比例极限）范围内的是理想弹性，在 B 点范围内的弹性变形称为弹性变形。可称为弹性材料。

因为一般固体都有弹性，在一定范围内，有的具有理想弹性（虎克弹性），有的具有延滞弹性。所以具有弹性是一般固体材料的特征。但并不是说固体材料仅有弹性变形。固体材料的应力、变形，不一定完全符合虎克定律。但是其中的弹性应力和弹性变形必定符合虎克定律。

2. 理想弹性

所谓理想弹性,即施力的瞬间同步产生变形;力不变,变形不变;卸荷时,变形、变形力同步瞬间恢复。

变形不变,恢复力亦不变。变形与恢复变形相等。即过程中没有残余变形。变形力与变形恢复力相等,即变形过程没有能量耗损。完全符合虎克定律,这样的材料称为理想弹性材料。碳钢应力图中 A 点范围内的特性可认为属于理性弹性,完全符合虎克定律。符合虎克定律的材料可称为理性弹性材料或虎克材料。

3. 弹性材料中参数的型式

一般可借助于虎克定律的参数形式表征弹性材料参数的结构形式,例如,$\varepsilon = \dfrac{\sigma}{E} = J\sigma$,$\sigma = E\varepsilon$,其中的模量 E、柔度 J 的关系结构型式对一般的弹性材料的过程亦有参照意义。一般固体材料都有弹性,所以固体材料的基本特征是弹性,所以虎克定律,也是一般弹性(固体)材料的力学的基础。

在任何力学现象中,对象(材料)其中存在的瞬间弹性应变与其弹性应力的关系均符合虎克定律。

(五) 工程中的虎克定律

1. 工程材料的基本性质是弹性模量

在工程设计中,工程材料(碳钢)的强度指标,是一般计算允许变形或允许应力(A点范围内)。当载荷 σ 一定,根据虎克定律计算出其变形应变 ε;或者变形一定,根据虎克定律计算出载荷 σ。

计算的根据:一是材料的弹性模量 E,材料的模量是固有的;所以弹性模量才是材料的基本特性参量。

根据虎克定律,理想弹性材料或近理想弹性材料,才可运用虎克定律;如果材料不符合虎克定律或者过程中材料不能保持固有的模量 E,上面的设计计算也就失去了意义。

2. 衡器传感件应是理想弹性材料

即符合虎克定律。

传感元件受力载荷、变形与卸载、变形恢复过程力和变形必须同步、成比例,且瞬间变形、瞬间恢复,没有残余变形。

在过程中每次加载一定,变形一定。载荷不变,变形也不变。即模量要严格保持一定。

传感元件材料最大称重的变形应是小变形,如果不能保持小变形,就不能作为衡器或计量的精度很低。

3. 非电量测量中应变传感器材料应该符合虎克定律

非电测量是传感器受载必须按比例产生小变形。变形大，通电产生的电阻就大，相应电压增加；通过电量的换算，将测量的载荷与电参量联系起来。显然传感器的材料变形必须符合虎克定律。一般采用在小变形范围内符合虎克定律的材料，例如45号碳钢。

4. 弹性储能器

弹性储能器的原理是施力产生弹性变形。保持变形不变，载荷转变成了弹性变形能量储存起来，通过变形恢复将储存的能量释放出去。

必须是弹性材料，理想弹性材料能量转换过程能量损失接近于零。其弹性模量大，储能容量较大。所以一般选用在小变形范围内接近虎克定律的材料。其弹性模量一般比较高，例如碳钢 $E \approx 200GPa$。

5. 有限元分析理论基础

有限元分析理论是建立在虎克定律基础上的。

有限元分析是对理想弹性材料说的，越接近理想弹性材料，就越精确、可靠。工程材料碳钢强度（模量 E）大，在小变形条件下，接近理想材料；所以可用有限元分析方法进行计算分析。对于非弹性材料，显然失去了应用有限元分析的基础。

有限元分析的材料基本性质量是弹性模量 E，所以在建立有限元模型时要输入材料的模量 E 等数据。

6. 弓箭

（1）原理

施力使弓弦变形，储存能量。骤然释放，将能量（无损失的）传递给箭。使其快速射出，并具有一定的杀伤能力（速度）。

①弓弦变形将能量储存在（弓）弦弹性变形中，所以（弓）弦的材料必须是弹性材料，其模量 E 要尽量的大，且产生较大的变形，弓弦才能储存较多的能量。释放后，弓弦的弹性变形快速恢复，储存在变形中的能量驱动箭（带着能量）强力、快速射出，使其具有较强杀伤能力。

②弓弦的材料应是弹性材料，在一定的范围内且有较大的弹性模量。

③弓弦的变形应符合虎克定律，弓弦的变形与变形恢复相同，在一定的范围内，保证每次的发射工况相同。

（2）古时郑玄提出的射箭原理实际上就是虎克定律

我国东汉的经济学家和教育家郑玄（127—200）为《考工记·马人》一文的"量其力，有三钧"的注解中写道："假设弓力胜三石，引之中三尺，驰其弦，以绳缓傁之，每加物一石，则张一尺。"已正确地提示了力与变形成比例的关系，即后来的虎克定律。但是郑玄的发现要比虎克早1 500年，实际上虎克定律应该是郑玄—虎克定律。

7. 其他例证

机械钟表的核心元件——发条是弹性材料，通过储存、释放能量驱动指针移动；是符合虎克定律的弹性材料；机械测力器其受力变形元件也是符合虎克定律的弹性材料。

所以虎克定律是机械工程的力学基础，虎克定律在机械工程中具有广泛的意义。

8. *E* 模量的延伸

①在虎克定律范围内（如碳钢 *A* 点以内）的模量 *E* 可认为理想弹性模量，是理想弹性材料的基本特征。

②固体的基本特征是具有保持其形态的能力，即具有一定的模量。一般固体，施力产生变形，有弹性变形、非弹性变形；弹性变形中可能存在理想弹性（瞬间）变形或延滞弹性变形，非弹性变形成为永久变形。也就是说一般固体施力，可能存在理想弹性模量，延滞弹性模量和非弹性变形"模量"。只有理想弹性变形，过程才符合虎克定律。

理想弹性变形的模量，完全符合虎克定律。变形模量和变形恢复模量相等。

延滞弹性变形虽然其变形可以（延滞）完全恢复，但是变形力的一部分耗损在变形中，其变形力却不能完全恢复。所以延滞弹性变形的柔度与恢复模量的倒数不相等。即延滞弹性变形过程不完全符合虎克定律。

非弹性变形力与变形关系不遵守虎克定律。非弹性变形不能恢复的原因是因为它的变形力完全损耗在变形中了。即没有恢复能力，也就是恢复"模量"等于零。

二、牛顿黏性定律及其基本概念

所谓牛顿（黏性）定律是流体流动过程中流层间的剪切（内摩擦）力与相邻流层间的速度梯度成比例。牛顿（黏性）定律是流体力学的基础。

(一) 牛顿黏性定律及公式推导

所谓牛顿定律，在流体内部相邻流层存在相对运动，流层间产生阻碍流动的摩擦力（因为是同种流体间的摩擦，所以称为内摩擦力）；内摩擦力的实质是流体的黏性（η）的表现。内摩擦力的概念是牛顿首先提出的，相邻流层间的内摩擦力的关系为：$\tau = \eta \dfrac{du}{dy}$。其基本意义为 τ ——流体流动的内摩擦力，或流动的剪切力，η ——流体的黏度，$\dfrac{du}{dy}$ ——流体流动相邻流层的速度梯度。

1. 推导流动过程公式

牛顿黏性流体在剪切力作用下的流动见图 1-6。

假设在两个相近的平行平面 *A*，*B* 之间充满（静止）流体，设上平面以 *u* + *du* 很慢的速度平行运动，下平面的速度 *u* 与上平面同向运动。上下平面的距离为 *dy*，且保持不变。上、

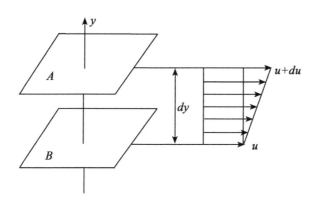

图 1-6　牛顿黏性流体在剪切力作用下的流动

下平面接触的液体分别贴附在平面上。上平面流体运动时，其贴附的流体靠摩擦力带动相邻流层运动，相邻层流动又带动其相邻层流动，一层带动一层，一定时间后，使得上、下平面间形成的流动速度梯度为 du/dy，且成线性分布，此时流体间的内摩擦应力 τ（$=F/A$）是平面间相邻流层间的摩擦应力，（A 是平面与流体的接触面积，F 是摩擦力）。τ 与速度梯度 du/dy 成比例，其关系符合公式 $\tau = \eta \dfrac{du}{dy}$。

式中：

τ ——流体流动中流体的内摩擦应力，是流体层间的流体与流体间的摩擦阻力，是剪切平面力；应力单位，可用（N/mm²）表示。

η ——流体的黏性系数或黏度，是流体的黏滞性指标，关于流体的黏性的概念将在后面叙述。

$\dfrac{du}{dy}$ ——是流速在阻力平面垂直方向的速度梯度。显然摩擦力 $\tau \propto \dfrac{du}{dy}$，其比例常数是流体的黏性系数（度）$\dfrac{\tau}{\dfrac{du}{dy}} = \eta$，对于具有一定黏度 η 的流体，其内摩擦力 τ 与其速度梯度成比例。对一定的流体，其流动的阻力与其间的速度梯度成比例，也就是说流层之间存在相对运动（流动的流体间存在速度变化）流体间就会产生摩擦力，所以上式也可写成 $\tau = \eta \dfrac{du}{dt}$ 这就是牛顿提出的流体的内摩擦原理。这就是牛顿流体内摩擦定律（黏性定律）。

2. 纯剪切过程公式推导

流体流动的摩擦阻力是平面剪切力，流体层间流动与固体平面纯剪切力产生剪切应变的情况相似，从理论上可以从材料的剪切推导出牛顿内摩擦定律，见图 1-7。

设 $ABCD$ 为一固体平面，DC 上受剪切力，在剪切方向产生变形角 γ，（相当于 DC 平面的流体的流动速度为 $u + du$）经过时间 dt 后，在剪切力作用下，A，B，C，D 各点分别移动

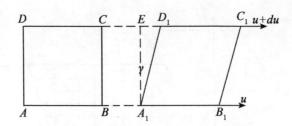

图 1-7　流体剪切速度与剪切应变的相似关系

至 A_1，B_1，C_1，D_1，由图可知：

$$ED_1 = DD_1 - AA_1 = (u + du)dt - udt = du.dt，\quad 因此，du = \frac{ED_1}{dt}，由此得出速度梯度\frac{du}{dy} =$$

$$\frac{ED_1}{dy.dt} = \frac{tg\gamma}{dt} \approx \frac{d\gamma}{dt} = \dot{\gamma}$$

因为 $d\gamma$ 表示矩形 $ABCD$ 的上平面作用一平面力的剪切变形，速度梯度实质上可认为是 $ABCD$ 材料的剪切变形速度，故：

$$\tau = \eta\frac{du}{dy} = \eta\frac{du}{dt} = \eta\frac{d\gamma}{dt} = \eta\dot{\gamma}，$$

将流体间流动速度梯度产生的内摩擦阻力与平面的剪切力联系起来，所以流体的牛顿内摩擦定律也可表示为平面纯剪切变形的规律。

3. 牛顿内摩擦定律的基本元素

$$\tau = \eta\frac{du}{dy} = \eta\frac{du}{dt} = \eta\frac{d\gamma}{dt} = \eta\dot{\gamma}。$$

牛顿定律基本元素有三：τ，η，$\frac{du}{dt}$。

其中最基本的元素是黏度 η。过程中如果黏度 η 一定，作用力 τ 不同，流动（变形）的变化速率 $\frac{du}{dt}$ 就不同；如果流动（变形）的速率 $\frac{du}{dt}$ 不同，其间的内摩擦力 τ 也不同。

(二) 牛顿黏性定律的图像 (曲线)

1. 牛顿黏性内摩擦定律图像

牛顿黏性内摩擦定律见图 1-8。

图中，τ 为剪切力，γ 为剪切角应变。

剪切力 τ 与剪切速率 $\dot{\gamma}$ 呈线性关系，两者之比为一常量，即为流体的黏度 η。

剪切流动 $\gamma = \frac{\tau \cdot t}{\eta}$ 与时间成线性变化。

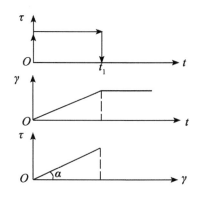

图1-8 牛顿黏性内摩擦定律

去力时，流动不能流回了，保持了永久变形。

2. 牛顿定律的三维图像

牛顿定律的三维图像见图1-9。

τ——作用应力，γ——角应变，t——过程时间。

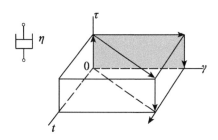

图1-9 牛顿定律的三维图像

（三）牛顿黏性定律与概念思维

1. 牛顿黏性定律产生的过程

虎克定律和牛顿黏性定律是当代力学的两大支柱。虎克定律来自试验，而牛顿定律是英国科学家牛顿（Newton）想出来的。1687年将其写入"自然哲学的数学原理"著作中，书中论述了天体以及一切物体的运动，阐明了物体运动的起因是力的本性，奠定了物理学的基础。书中对流体的黏滞性做了初步的论述。100多年后，库伦（C. ACoulob）等人用试验证明了牛顿的假说成为牛顿黏性定律。库伦的试验证明了流体流动存在内摩擦力，即平面固体带动流体的流动，也是流体间的内摩擦力所致。流体流动的内摩擦力与垂直面上的压力无关等。

牛顿定律，先是牛顿的假设，通过库仑的试验证明成为牛顿（库仑）定律。也可以说牛顿定律是牛顿通过概念思维想出来的。而虎克定律则是基于经验总结出来的。启示人们，创新基于试验；概念思维也能创新。

2. 黏性与黏性流体

黏性是流体的基本特征。黏性的本质是什么？

黏性是流动的阻力。例如用固体棒搅动容器中静止的流体，开始是与棒接触的流体随棒运动。随着棒的继续搅动，最后整个容器内的流体都随棒运动起来。其过程是附着在棒表面的流层与棒一起运动，在运动中，随棒一起运动的表面流层与其相邻的不动的流层存在速度梯度和摩擦力，于是又带动与其相邻流层运动，一层带动一层，最后整个容器中的流体都运动起来了。同样，若停止搅动，容器中回转流动的流体，放置一定的时间，其流动逐渐缓慢，最后流动停止。其原因是容器内表面上附着一层流体层，与固体壁一样处于静止态，静止态的流体层与相邻流动的流体层间存在速度梯度，对相邻流动的流体层间存在摩擦力，阻碍相邻流动层的流动，这样不动的流层阻碍流动的流层，流动慢的流层阻碍流动快的流层，最后流动停止下来。阻碍流动的因素，就是内摩擦力，是流阻，是流体的黏性。同样情况下，流动中，黏性大的流体，流动的内摩擦力就大。同样相同的情况下，黏度大的流体停止流动的速度快一些。

这样，在流体流动中表现出来的内摩擦特性，称为流体的黏滞性（度）。黏性就成为流体流动的基本特征。这样的流动称为黏性流动或黏性流。

3. 黏性流体的流动

流体是连续介质，流体的流动是连续流动。

（1）理想流体

理想流体是没有黏性的流体。实际上不存在没有黏性的流体。或者说理想流体是不考虑黏性的一种流体的理想模型。

理想流体内部任一点的切向力，在任何时刻均为零，$\tau = 0$。

理想流体流动中与管道壁接触时，切向速度不等于零（$u_t \neq 0$），即流体可沿管壁滑动。

（2）黏性流体

黏性流体是具有黏性的流体。从理论上讲，流体都有黏性。流体的流动都是黏性流动。

黏性流体的流动。黏性流体内部任一点的切线力都不等于零；黏性流体与固体壁接触处，相对固体表面的切向速度通常为零（$u_t = 0$）即一薄层附着在壁平面上；流体相对固体表面的法线速度为零（$u_n = 0$）。

黏性流体可分为牛顿流体和非牛顿流体。所谓牛顿流体，即剪切力与剪切速率成线性关系的黏性流体；剪切力与剪切速率不成线性关系的黏性流体叫非牛顿流体。

牛顿定律是流体流动的基本定律。其黏度（η）是表示流体特性的基本参数。符合牛顿定律的流体称为牛顿流体，相邻流体间的流动的剪切力与速度梯度不成正比的流体都称为非牛顿流体。也可以说除了牛顿流体（动）之外的流体（动）都是非牛顿流体（动）。

黏性流体的类型包括牛顿流体和非牛顿流体。

牛顿流体：$\tau = \eta \dfrac{du}{dt} = \eta \dot{\gamma}$

流层间的剪切力 τ 与流层间的相对速率 $\dot{\gamma}$ 成比例的流体。

符合牛顿黏性定律的流体，叫牛顿流体。

非牛顿流体：流层间的剪切力 τ 与流层间的相对速率 $\dot{\gamma}$ 不成比例的流体。

①假塑性流体：$\tau = \eta \dot{\gamma}^n$ （$n<1$）

流层间的剪切力 τ 与流层间的相对速率 $\dot{\gamma}$ 不成正比例，流动指数 $n<1$。

②胀流型流体：$\tau = \eta \dot{\gamma}^n$ （$n>1$）

流层间的剪切力 τ 与流层间的相对速率 $\dot{\gamma}$ 不成正比例，流动指数 $n>1$。

③塑性流体：$\tau = \tau_y + \eta \dot{\gamma}$ （$n=1$）

剪切力 τ 小于屈服应力 τ_y 时，流层不流动，当剪切力 τ 大于屈服应力 τ_y 时，流层开始流动，且流层间的剪切力 τ 与流层间的相对速率 $\dot{\gamma}$ 成比例。

④流动指数 $n<1$ 的假塑性流体：$\tau = \tau_y + \eta \dot{\gamma}^n$ （$n<1$）

剪切力 τ 小于屈服应力 τ_y 时，流层不流动，当剪切力 τ 大于屈服应力 τ_y 时，流层开始流动，且流层间的剪切力 τ 与流层间的相对速率 $\dot{\gamma}$ 不成比例。流动指数（$n<1$）。

⑤流动指数 $n>1$ 的假塑性流体：$\tau = \tau_y + \eta \dot{\gamma}^n$ （$n>1$）。

三、圣维南定律的基本概念

（一）圣维南定律的简化过程

圣维南（ST. venant）提出二维流中塑性体应力应变关系。认为应力与塑性流动之间没有一一对应关系。塑性体具有屈服应力（yield stress），见图 1-10 所示。

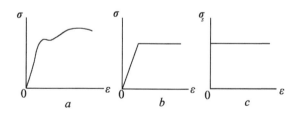

图 1-10　圣维南定律图像

图中 a 是材料受力变形曲线，受力小于屈服应力时，即直线部分，变形的大小与受力成比例，即符合虎克定律。当受力超过屈服应力，物料发生塑性流动，称为塑性流如 b。其中包含了弹性变形和塑性变形；b 曲线是对 a 曲线进行理论上的简化。当材料受力超过屈服应力时，材料在弹性变形的基础上发生塑性流动；因为塑性流动之前弹性变形可以用虎克定律表示（符合虎克定律）。所以理论上可以将弹性变形部分单独拿出来，用虎克定律表示。所以对于塑性流，理论上可以进一步简化为图 c，当材料受力小于屈服应力时，不发生变形，当受力达到或超过屈服应力时，材料发生流动。

可认为图 c 曲线是理想的圣维南塑性流定律。

(二) 圣维南定律

所谓圣维南定律，理论上可解释为当材料受力小于屈服应力 (σ_y) 时，不产生变形 (流动) ($\varepsilon = 0$)；当达到或超过屈服应力 ($\sigma \geq \sigma_y$) 时，材料发生流动 (变形) ($\varepsilon \neq 0$)。其中，屈服应力 σ_y 实际上是材料的一种阻碍变形 (流动) 的能力，是塑性流动 (变形) 的基本参量。

屈服应力 σ_y 是阻碍变形 (流动) 的能力，可认为施力于材料的力被吸收 (耗散)，施力的能量达到一定值 (σ_y) 后，多余的能量才能使材料变形 (流动)；变形或流动后，能量全部损耗在流动中。

第三节　农业工程中流变学研究的一般方法

基于对物体黏弹性概念基础上，掌握力学的 3 个基本定律，已构成对流变学研究的基础。

流变学的发展基于数学的分析计算和相关的分析研究。在这里不是进行专门的流变学研究，仅结合农业工程中的问题进行流变学试验研究。在有关农业工程流变学问题试验研究中，试图对流变学模型理论进行展开，并试图通过模型概念的分析方法进行研究。即农业流变学概念分析。

一、数理回归分析法

农业工程中，一般是在流变学相关问题的试验基础上，对数据、信息的处理，采取数理回归分析法。进行数据处理和试验结果分析。

回归分析是用数理的方法处理试验数据的一个基本方法。回归分析方法就是对大量的试验数据做成散点图；对照散点图回归成数学模型，即回归出应力时间曲线 $\sigma(t) = f(t)$ 或变形时间曲线 $\varepsilon(t) = f(t)$ 的方程式。

1. 一元回归分析

是对两个变量间关系的最简单的线性关系分析，在实际问题中两个变量之间的关系大多是非线性关系，属非线性回归问题。在许多情况下非线性回归的问题，可以通过对变量作适当变换，转化为线性回归问题来处理。

在确定两个变量间关系式的类型时，即确定数学模型 (方程式) 有两个途径：一是根据专业知识从理论上推导或根据经验确定；二是根据散点图与曲线进行比较，确定曲线的类型，从而确定数学模型。

例如，某一谷物联合收获机田间作业性能测试中，一组数据，茎秆夹带损失率 y 与喂入量 x 的关系，根据散点图，回归的数学模型为 $y = cx_i^b$，y 与 x 是非线性的幂指数关系。可以通过变量变换，化成线性方程式，两边取对数，$\ln y = \ln c + b\ln x$，即化成 $y' = b_0 + bx'$，其中

$y' = \ln y$, $x' = \ln x$, $b_0 = \ln c$ 。

显然上式是一个线性回归方程式，再用直线法检验，即用变换后的新变量的各对数据，再做散点图，检验散点是否散布在一条直线附近。

2. 多元线性回归分析

在很多实际问题中含某一变量 y，有关系的变量 x 不止一个，而是多个（ x_1， x_2， x_3，…），研究变量 y 与诸多 x 相关的问题，称为多元回归问题。

多元回归的非线性问题，仍可用变量变换法，将多元非线性问题化为多元线性问题。多元线性回归与一元线性回归完全相同，只是计算上更为复杂，一般用计算机进行。

二、一般数学推理计算法

流变学的发展基于数学的分析计算，除此之外，在试验的基础上，根据定义，列出方程式，运用数学原理和方法分析计算出过程的流变学参量。

基于计算机的应用，现代出现了很多计算软件，计算、处理任何复杂的力学问题都非常方便。似乎只要列出方程式，基本上都可以计算出结果。笔者称为演算流变学。至今流变学的发展主要依赖于数学的计算分析。数理回归分析法基本上属于数学推理计算法。

三、模型概念分析法

流变学模型是流变学研究的一个分支。流变学模型理论在农业流变学中也得到广泛应用。

模型模拟是对物料过程物料的一种假设。用模型对过程进行模拟（过程特性、规律）的研究。对进行分析研究的结论代表了物料过程（特性、规律）。

模型模拟方法，也必须在试验研究过程的数据、曲线的基础上进行。即根据物料过程（数据、曲线）和模型原理，选择和确定模型，得出模型过程方程式、求出过程参量等。即物料过程的方程式、参量。

流变学模型，不仅是一种工具和方法，也应该是一种概念思维。关于流变模型原理和方法将专门进行介绍。借助流变学模型概念和思维研究流变学的方法，具有突出的特点和优越性。展开后笔者称此为模型概念流变学分析方法。本书的特点也在于提出和着重用模型概念分析研究农业工程中的流变学问题。

模型流变学概念分析法还很初步，农业流变学概念分析法还在发展着，例如解析问题过程中除了模型模拟概念分析之外，还涉及其他概念和程序甚至需要分段分步等。至目前流变学模型还是线性模型，一般用于分析研究线性的流变学问题。

第二章　流变学模型基本原理

第一节　流变学模型基本概念

一、流变学模型

流变学模型就是模拟物料黏弹性的一种假设。它可以模拟实体物料的流变学过程。分析研究模型的过程，就等于是分析研究实体对象的流变学过程。

综合有关的论述，所谓（流变学）模型是对实体物料过程的假设，可以是宏观和微观模型。微观模型代表一类材料的结构特点。最常见的宏观模型是形象化模型。宏观模型研究实体物料的宏观的力学现象。其模拟功能可以用一般的应力、应变图像表示。

流变学模型是当代流变学研究中的一个重要分支。流变学模型和本构方程式是当代流变学研究比较活跃的领域。用流变学模型方法研究实体物料流变学问题，在流变学中占有重要位置。在研究农业物料流变学问题时，特别有助于过程的基本概念的建立、推理和展开，已经发展成为流变学的重要理论和研究农业流变学的基本理论方法。

为了定性的描述物料过程中的力学行为，要求把物料的性质与过程的应力、应变、时间等量之间，用一个或一组方程式联系起来，这就叫实体过程的本构方程式。

推导方程式时，要借助模型，因此，建立（选择）模型时要充分表达物料过程的性质。一般是根据过程中物料的特性规律（曲线）选择模拟模型和确定其方程式，最后求出物料过程中的基本参量和基本规律。

二、流变学模型的一般功能和实质

流变学模型是实体物料的假设。能够显示、模拟物料过程中的力学效应和趋势。再辅以试验，就可求得是物料过程规律和参量——流变学模型是一种理论方法。

模型是一种工具和方法。根据实体物料过程的流变学曲线，可以通过模拟模型求得实体物料过程的流变学方程式。例如根据物料的蠕变变形曲线，借助蠕变模型列出方程式，求得其蠕变过程及参量和变化规律。

用模型模拟的物料一般是单向应力、变形同轴、同向。

通过模拟模型，可以判断、分析实体过程的结构原理。由模拟模型也可预测物料过程。

流变学模型将物料的黏弹性直接带入流变学过程和显示在流变学方程式中。例如将麦克斯威 ［M］模型引入基本应力松弛方程式 $\sigma(t) = \sigma \cdot e^{-\frac{E}{\eta}t}$，式中 η，E 即为实体物料的黏性和弹性。如果没有引入模型，根据应力松弛曲线，只能求出 $\sigma(t) = \sigma \cdot e^{-At}$，其中 A 只能是有关实体性质的试验常数，象征什么并不清晰。

模型也是一种概念，可将宏观的力学现象形象地展现出来；通过模拟模型，可将物料过程形象化；通过模拟模型还可能展现和想象的物料过程。所以，流变学模型实际上还是一种概念思维。

因此，研究流变学模型，不仅仅是将其作为一种工具、方法；更有意义的应该是将其视为一种概念思维。通过模型概念，可以展现实体物料过程的应力应变现象，也可能思维出广泛的应力、变形问题；充分发挥模型概念思维，还可进一步拓展流变学模型理论。

从流变学模型理论讲，流变学研究过程中，不仅是借助于模型进行模拟对象的力学行为。是否还应该对流变学模型理论概念进行展开，模型的结构与实体基本性质关系？模型还包含着什么？它还有什么功能？模型理论的思维不止于此。

流变学模型理论还是一个新事物，有待进一步发展。

第二节　流变学模型的基本结构原理

流变学模型是由流变学基本元件构成的；流变学基本元件是构成模型的基本单元。在模型中，基本元件独立的存在。都具有固定属性、独立的功能和独立的规律。也可以说，模型元件是最简单的流变学模型。元件可以模拟物料的最基本的过程、最基本特性和最基本的规律。目前构成（设计）模型的基本元件仅有弹性元件、黏性元件和摩擦块（塑性）元件等。

一、弹性元件

（一）弹性元件的结构

弹性元件，设想为一根理想的弹簧，基本特性是模量 E，见图 2-1，代号 ［H］。

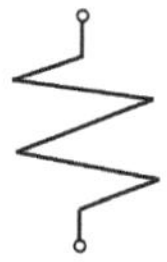

图 2-1　弹性元件

弹簧的两端为施力点。一端施力，另一端就是支撑点。两端可以施拉力、压力，效果相同。

（二）弹性元件的基本属性

弹性元件的基本属性是模量 E，在过程中模量 E 是固有、不变的。弹性元件可以模拟虎克定律。弹性元件是在模型中表征虎克定律的基本元件，也可叫虎克（体）元件。

施载荷 σ_0，时间 $t = 0$ 瞬间，弹簧能按照虎克定律瞬间同步产生（应）变形 $\varepsilon\left(= \dfrac{\sigma_0}{E}\right)$；

保持载荷 σ_0 不变，其应变 ε 也不变；即变形与时间无关。变形力 σ_0 完全储存在弹性变形之中；卸载时，原施加的载荷 σ_0 立即完全转变为弹簧的变形恢复力 $\sigma(=\sigma_0)$ 瞬间消失，且随弹性变形力的恢复，其弹性变形与其同步消失。

弹簧的加载与变形瞬间同步，卸载与变形恢复瞬间同步；从能量观点，加载，变形储能；卸载，储存于变形的能量使变形立即完全恢复。也就是说，其变形和变形恢复都是瞬间完成的。

变形过程中，变形应力与变形应变成比例，其比值等于弹性变形模量 E（即符合虎克定律）；恢复过程中，变形恢复应力与恢复变形成比例，其比值就是弹性恢复模量。变形模量与恢复模量相等（也符合虎克定律）。

弹性元件两端是施力点，既可以施拉力，也可以施压力。两种施力效果相同，正如弹簧受拉、压力效应相同。两端也是与其他元件的联结点，实现力和变形的传递，以构成新模型。

弹性元件可以与其他元件串、并联，构成新模型。在模型中各元件保持其固定的属性和其规律不变。它在模型中的属性保持独立和一定。它在模型中的功能还与其在模型中的位置有关。

（三）基本参量是弹性模量（E）

一定的物体在过程中弹性模量是固有的，特定的，不因过程而变化。弹性变形模量和其恢复模量相等。过程中弹性模量是弹性应力、弹性应变之比。

在模型结构中，弹性元件就代表弹性，代表一个独立的虎克定律概念。

在模型结构中或过程中其中弹簧的基本参量——模量 E 是通过模拟物体或弹簧上轴向施力 σ 与其方向上即时应变 ε 之比获得，即 $E = \dfrac{\sigma}{\varepsilon}$。

（四）相同弹性元件间的组合

两个不同弹性元件（E_1，E_2）串联。

①施力 σ，两个元件的受力相等；②应变等于两个元件变形的叠加；$\varepsilon(t) = \dfrac{\sigma}{E_1} + \dfrac{\sigma}{E_2} = \dfrac{(E_2 + E_1)\sigma}{E_1 E_2}$；③卸荷瞬间两者的变形同时完全恢复。

两个不同元件（E_1，E_2）并联。

①施力 σ，两者的受力不等，模量大的受力就大，模量小的受力就小；②施力两者的变形相等，为 $\varepsilon = \dfrac{\sigma_1}{E_1} = \dfrac{\sigma_2}{E_2}$；③卸荷瞬间两者的变形同时完全恢复。

在模型中，不论串联的弹簧还是并联的弹簧，本身的特性和规律相同。

二、黏性元件

（一）黏性元件的结构原理

黏性元件是一个阻尼器或称黏壶，类似活塞。

黏性元件的结构原理，设想是一个内部充满具有 ·定黏度 η 的流体的活塞，活塞上有孔，两端施（拉或压）力，活塞就从零开始慢慢移动。见图2-2，代号为［N］。

两端为施力点。一端施力，另一端就是支撑点。两端可以施拉力、压力，效果相同。两端也是与其他元件或模型的连接点，以组成新的模型。

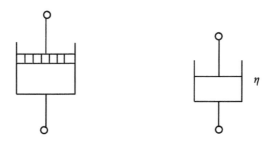

图2-2　黏性元件

（二）黏性元件基本属性

黏性元件可以模拟牛顿黏性定律。

施力 σ 瞬间（$t=0$），（由于黏液的阻碍），$\varepsilon=0$。随时间，活塞从零开始缓慢移动。应变，即变形（移动）从零开始；在一定 σ 力的持续作用下，变形（活塞的移动）随时间成线性关系，$\varepsilon=\dfrac{\sigma}{\eta}t$。在过程中黏度决定了变形（移动）的难易程度；在某时刻卸载，活塞同时停止移动，活塞没有能力进行位置恢复，即变形没有能力恢复而保持下来，过程中，其活塞的移动成为永久变形；载荷 σ 完全耗损在变形之中。其变形是非弹性变形，非弹性变形是不能恢复的；黏性元件一受力，就会移动；其变形从零开始。

两端可以作为施力点，拉力、压力效果相同；两端作为联结点，可以与其他元件联结，进行变形和应力的传递或构成新模型。

黏性元件可以与其他元件串、并联，构成新模型。在其中黏性元件保持其特定的属性和其规律不变。它在模型中的属性保持独立和一定；它在模型中的作用还与其在模型中的位置有关。

（三）基本属性的参量是黏度（黏性系数）（例如 η）

它在过程中，独立地模拟牛顿定律，也就是说它在过程中，其基本性质是特定的，不因过程而变化。

在模型结构中，黏性元件就代表牛顿黏性定律。

在模型结构中或过程中其基本参量——黏度如 η，①可用黏度计进行测量，理论依据是牛顿黏性定律（剪切）$\tau=\eta\dfrac{du}{dy}$，$\eta=\dfrac{\tau}{\dfrac{du}{dy}}$。②对不能流动体由剪切仪进行测得 $\tau=\eta\dfrac{d\gamma}{dt}=$

$\eta\dot\gamma$，$\eta = \dfrac{\tau}{\dfrac{du}{dt}}$。

（四）相同性质元件间的组合

两个不同阻尼器（η_1，η_2）串联。①施力 σ，两个阻尼器的受力相等，变形不同；②应变等于两个黏性元件变形的叠加；$\varepsilon(t) = \dfrac{\sigma}{\eta_1}t + \dfrac{\sigma}{\eta_2}t = \dfrac{(\eta_2 + \eta_1)\sigma t}{\eta_1\eta_2}$；③卸荷，两者的变形同时停止移动（变形），且变形都不能进行恢复，其变形全成为停止变形时刻 t_1 的永久变形。永久变形为 $\varepsilon(t_1) = \dfrac{\sigma}{\eta_1}t_1 + \dfrac{\sigma}{\eta_2}t_1$。

两个不同阻尼器（η_1，η_2）并联。①施力 σ，两者的受力不等，黏度大的受力就大，黏度小的受力就小；②施力两者的变形相等，为 $\varepsilon(t) = \dfrac{\sigma_1}{\eta_1}t = \dfrac{\sigma_2}{\eta_2}t$；③卸荷同时，两者停止变形，其变形也都不能恢复，其变形也都全成为永久变形。

三、摩擦块（塑性元件）

（一）摩擦元件相似一个与固体平面接触的理想摩擦块

也可叫塑性元件。

结构和符号，见图 2-3，代号［St. v］，也可叫摩擦块。

符号两端为施力点。一端施力，另一端就是支撑点。两端可以施拉力、压力，效果相同。两端也是与其他元件或模型的连接点，以组成新的模型。

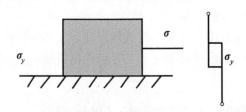

左是摩擦块原理，右是摩擦块符号

图 2-3　摩擦块元

（二）基本属性

基本属性是塑性。可以模拟圣维南定律。

施力 σ 于摩擦块，克服其摩擦力（屈服应力 σ_y）才能移动，摩擦块开始移动后，力和移动没有对应关系。移动过程中，卸荷，摩擦块没有恢复能力，保持了原来的变形。也就是变形（移动）的力耗损在变形过程之中了。

当施力 $\sigma < \sigma_y$ 时，物体（摩擦块不能移动）不变形，即 $\varepsilon = 0$；$\sigma > \sigma_y$ 时（作用力大于摩擦力时），（摩擦块移动）$\varepsilon \neq 0$，（摩擦块的移动变形与作用力不对应）变形与施力不对应；卸荷后，（摩擦块停止不动）没有恢复变形的能力，变形保持下来，成为永久变形。

摩擦块在模拟的过程中，独立地模拟圣维南定律（塑性定律），也就是说它在过程中，其基本性质（屈服应力 σ_y）是一定的，不变的。

两端作为联结点，可以与其他元件联结，进行变形和应力的传递；黏性元件可以与其他元件串、并联，构成新模型。它在模型中的功能还与其在模型中的位置有关。

摩擦块是一个特殊的模型元件，它对模型过程产生特殊的影响。

（三）基本参量

塑性的基本参量是屈服应力 σ_y（摩擦力）。

存在内摩擦力或塑性变形物料的过程的基本参量是用屈服应力 σ_y 表示。

屈服应力 σ_y 的实质是阻碍塑性变形（移动）的能力。屈服应力 σ_y 大，变形就困难，塑性就强；屈服应力 σ_y 小，变形就容易，塑性就弱。变形（流动）就容易。

第三节　流变学模型基本构成

流变学的基本元件就是实体物料的假设，即其弹性、黏性、塑性的假设。它们在过程中的融合就是实体物料的黏弹性过程，即实体物料的流变学过程和特性。

一、流变学模型构成原理

（一）流变学模型由基本元件构成

流变学模型是由不同的基本元件通过串、并联的关系联结而成．并联用一竖杠"｜"表示，串联用一横杠"－"表示。

串联的元件，受力相同，各自独立变形，变形可叠加。

并联元件，变形相同（保持模型的结构型式不变），受力不同，应力可叠加。过程中元件受力的大小取决其基本属性模量 E 和黏度 η。

模型有两端，一端为支承端，另一端为自由端，自由端为施力端，包括是拉、压力。

（二）流变学模型的功能

模拟元件或由其组成的模型可以模拟物料的流变学过程。一定的模型可以模拟物料过程特定的规律，即模型和模拟物体同样都具有固定的性质。所谓的模拟模型，在模拟过程中，可视为实体（物料）。因为材料的种类多，过程复杂，相应地物料过程、模拟模型的型式也很多，结构也很复杂。一般模型至少由两个或以上元件构成。

(三) 模型理论的思考

模型与实体的特性间的关系，还有试验研究的空间。

随科学技术的发展，模型原理、模型的模拟等都会有新思维，新趋势，新发展。

二、两元件模型的构成

两元件模型是最简单的模拟模型，也是最基本的流变学模型。可叫基本流变学模型。

两元件模型是由两个不同的流变学元件构成的模型。两元件模型可以是单独的模拟模型，也可以是组成新模型的基本组成或模块。

（目前）由三个不同基本元件（弹性元件、黏性元件、塑性元件）理论上可组合成为6个两元件模型，见图2-4。

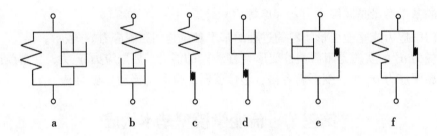

图2-4　二元件模型的结构

(一) 开尔芬模型，结构式为 [K] = ([H] ∣ [N])，代号为 [K]

由一个弹性元件 E（代号 [H] ）和一个黏性元件 η（代号 [N] ）并联而成，见图2-4 （a）。

图 (a) 是黏、弹性并联的基本模型。是开尔芬（kelvin）首先提出的，所以称为开尔芬模型，代号 [K]，是模拟蠕变过程的基本模型。蠕变模型中，一般都包含 [K] 结构型式，[K] 是最基本结构，故可称 [K] 为模拟蠕变过程的基本模型。也可以说 [K] 是蠕变模型的模块，即 [K] 与其他元件和模型的串联可模拟更为复杂的蠕变过程，[K] 是流变学中应用广泛的基本模型之一。

后面自由应力松中，又赋予 [K] 模型具有模拟自由应力松弛的基本功能。所以，自此以后 [K] 模型又被赋予了模拟自由应力松弛的功能。

开尔芬模型 [K] 将一个弹性元件和一个黏性元件并联绑在一起的基本模型，在过程中两个元件一同受力，一同变形，一同进行恢复，过程中不离不弃。

(二) 图 (b) 是麦克斯威尔模型，结构式：[M] = ([H] - [N])，代号为 [M]

由一个弹性元件 E（代号 [H] ）与一个黏性元件 η（代号 [N] ）串联而成，可理解为黏性、弹性串联的融合。图 2-4（b）是麦克斯威尔（Maxwell）首先提出的，所以称为麦克斯威尔模型，代号［M］。是在保持变形体形态条件下模拟应力松弛的基本模型，可称为模拟应力松弛过程的模块，也就是说，与其他［M］模型或其他元件并联可模拟更为复杂的应力松弛过程。［M］是流变学中应用广泛的基本模型之一。

从模型结构来看，也只有保持变形条件下，将串联的弹簧和阻尼器绑在一起，［M］才具有模拟应力松弛的功能，即延滞应力松弛的功能。

从功能上，［M］也具有模拟简单的蠕变变形功能；但是没有什么特殊意义。

提出自由应力松弛过程之后，［M］仅是保持变形体变形条件下，模拟应力松弛的基本模型。一般模拟不能保持其形态和内部不均匀变形体等的应力松弛。它不能模拟自由应力松弛过程。

（三）圣维南体与弹性元件串联结构型式：（［H］－［St. V］）模型

由一个弹性元件与一个摩擦元件串连而成，可理解为弹性、塑性串联的融合，见图 2-4（c）。

（四）圣维南体与黏性元件串联结构形式（［N］－［St. V］）

由一个黏性元件与一个摩擦元件的串联而成，可理解为黏性、塑性的串联的融合，见图 2-4(d)。

（五）圣维南体与黏性元件并联结构形式（［N］｜［St. V］）

一个黏性元件与一个塑性元件并联而成，可理解为黏性、塑性的并联融合，见图 2-4（e）。

（六）圣维南体与弹性元件并联结构式：（［H］｜［St. V］）

一个弹性元件与一个塑性元件的并联而成，可理解为弹性、塑性的并联融合，见图 2-4(f)。

一般串联结构，其元件受力相同，各自独立产生变形，串联变形可叠加。

圣维南元件在模拟流变学过程中发挥着特殊作用。

两元件模型中，最有意义和应用最广泛的是麦克斯威尔模型［M］和开尔芬模型［K］。

两元件中麦克斯威尔模型和开尔芬模型是一个［H］、一个［N］元件构成的。一个是串联，一个是并联。［M］是在保持变形不变条件下的模拟应力松弛的基本模型。［K］是模拟蠕变过程的基本模型。［K］还是模拟自由恢复应力松弛的基本模型。模拟一般的流变学现象的模型一般都含有［M］、［K］结构。所以它们都是基本的流变学模型。

三种模型元件和构成的上述 6 种两元件模型，也可以看作构成流变学模型的因（元）素。这些元素构成的流变学模型非常丰富，它们在构成流变学模型及模型的过程更加深厚，生动，有待进一步的发掘，体会和丰富。

第四节　含有摩擦块的两元件模型

两元件中，可以说摩擦块是一个特殊的元件，对模拟过程有特殊的影响。

（一）（［H］－［St. V］）模型（图 2-4c）

当作用力 $\sigma < \sigma_y$ 时，摩擦块不产生位移（变形），相当于摩擦块不存在。弹簧受力 σ，按虎克定律发生变形，$\varepsilon = \dfrac{\sigma}{E}t$，摩擦块对变形没有影响。

当作用力 $\sigma > \sigma_y$ 时，摩擦块开始移动，弹簧只承受 σ_y 大小的力产生弹性变形 $\varepsilon = \dfrac{\sigma_y}{E}$，而摩擦块的移动，与应力不对应；整个模型的变形与作用力没有对应关系。

卸荷后，仅弹性变形遵循虎克定律进行恢复。整体的变形值是一个不定值。

（二）（［N］－［St. V］）模型（图 2-4d）

当作用力 $\sigma < \sigma_y$ 时，摩擦块不产生位移（变形），相当于摩擦块不存在。仅阻尼器按牛顿定律发生变形 $\varepsilon = \dfrac{\sigma}{\eta}t$。

当作用力 $\sigma > \sigma_y$ 时，摩擦块开始移动，阻尼器在 σ_y 力的作用下也变形。但是整个模型的变形与作用力没有对应关系。

卸荷后，变形不能进行恢复。但是其永久变形值是一个不定值。

（三）（［N］　｜　［St. V］）模型（图 2-4e）

当摩擦块的受力 $\sigma < \sigma_y$ 时，摩擦块不产生位移（变形），由于摩擦块的阻碍，模型也不能产生变形。

当摩擦块受力 $\sigma \geqslant \sigma_y$ 时，摩擦块开始移动，阻尼器也同时变形，阻尼器的变形力为 $\sigma_N = (\sigma - \sigma_Y)$。模型的变形就是阻尼器的变形。

卸荷后，变形均不能恢复。其变形值等于阻尼器的变形。

（四）（［H］　｜　［St. V］）模型（图 2-4f）

当摩擦块的受力 $\sigma < \sigma_y$ 时，摩擦块不产生位移（变形），由于摩擦块的阻碍，模型也不能产生变形。

当摩擦块受力 $\sigma \geqslant \sigma_y$ 时，摩擦块开始移动，弹簧也同时变形，弹簧的变形力为 σ_H（$< \sigma$）。模型的变形就是弹簧的变形，弹簧的变形力 $\sigma_H = \sigma - \sigma_Y$。

卸荷后，如果 $\sigma_H > \sigma_y$ 变形在弹簧的恢复力的作用下，变形可以恢复，直到弹簧的恢复力等于 σ_y 时为止。

第五节 有关流变学模型的其他问题

模型的结构组成是构成模型的基础，但是在模型的模拟过程或模型的过程中还涉及一些其他问题，初步综合起来有下面几个专题提出来，例如，并联与串联；自由过程与非自由过程；模型与模拟模型；等效模型等。

这些问题仅是初步的提出来了，论述也很初步，也可能存在其他的问题。随着模型理论研究和运用的深入，这些问题将会进一步的得到充实和完善，最终，可能将会充实进流变学模型理论。

一、串联与并联

串联和并联是构成模型的基本型式。串联与并联规则与效果已成为模型理论中的基本内涵。

（一）模型的串联

所谓串联是模型元件或元素以串联的型式构成模型。是所谓元件就是前面所说的模型元件，是单一的。除了单一的元件以外，两元件构成的基本模型，在复杂模型中也可叫模型元（因）素。

模型串联的方向就是其受力和变形方向，不涉及其他方向。

1. 串联模型变形过程基本特点

受力变形过程，串联因素（元件或元素）受力相等，各自独立地按照自身的规律进行变形；模型的变形等于模型中串联因素变形的叠加；串联因素，在变形过程中相互没有关联；串联因素的串联顺序，对模型的变形没有影响。

2. 串联模型的基本型式

串联模型中一般是不同种类因素（包括元件和基本模型）的串联，广义［K］模型是不同［K］模型的串联。

串联模型中，一般可分为基本串联模型，一般串联模型和复杂串联模型。

弹性元件和黏性元件的串联的模型，称为基本串联模型，即［M］模型。

串联模型中，仅包含一个［K］的模型，可叫一般串联模型。例如［Na］，［L］，［B］模型等，已经成为流变学中蠕变过程最常用的模拟模型。

串联模型中，包含若干不同［K］的串联模型，叫复杂的串联模型，也可叫广义［K］模型。

3. 串联模型的恢复过程

串联模型的变形恢复过程，也即存在弹性变形的变形体的恢复过程，包括弹性变形恢复和弹性变形力的恢复。恢复过程的模型，可叫变形体（模型）。

（1）变形体的自由恢复

即卸载同时，模型的两端完全释放，使其变形体自由无拘地进行变形恢复和变形力恢复。

变形体变形恢复的仅是弹性变形。变形体的变形恢复是串联弹性元素（包括弹簧元件和［K］）变形恢复的叠加，与其变形过程对应。

串联弹性因素的弹性变形恢复与弹性变形力的恢复（松弛）同过程、同步。

（2）变形体保持其变形条件下的恢复

即卸载同时，保持其变形体变形不变，或保持其形态不变，即变形体在两端固定条件下的恢复，仅弹性变形力的恢复。

串联变形体，其中包含两个弹性因素的变形恢复。变形恢复不能相加。串联因素间的恢复过程，不发生相互影响。

例如其中包含两个［K］的变形体的恢复，其恢复不等于串联［K］其单独恢复的叠加。

（二）模型的并联

所谓并联模型，即两个或两个以上因素（包括元件或基本模型）并联的模型。也就是用模型将并联的因素捆绑起来。

1. 并联模型过程特点

受力变形过程，并联因素的变形相等，并联因素的力的叠加等于并联模型的力。

并联因素的受力大小与并联顺序无关。

过程中，各并联因素单独进行过程，互不发生影响。

并联因素的受力不等，其大小取决与本身的模量和黏度。

2. 并联模型的基本型式

基本并联模型。即一个弹性元件和一个黏性元件的并联，例如［K］模型，叫基本并联模型。可以作为一个因素，串联于模型中。

一般并联模型。是两个或两个以上因素（包含一个［M］）的并联模型。例如［PTh］模型。

复杂的并联模型。即并联因素中包含两个或两个以上的基本模型［M］。例如广义［M］模型等。

二、模型与模拟模型

模型和模拟模型都是流变学模型。应该说流变模型之中，按功能不同有本身过程模型和模拟模型之分。

1. 流变学模拟模型

在过程中，具有模拟一般实体过程的流变学模型，可称为模拟模型。模型理论的初衷就是用来模拟实物对象的流变学过程。

（1）流变学模拟模型的基本特点

具有模拟实物流变学过程的基本功能；是模拟基本功能中结构最简单、充分，处理运算最简单的模型；除了反映自身过程之外，模拟模型被用来模拟一般流变学过程的通用的模型。

（2）流变学过程中的模拟模型

蠕变过程的模拟模型：①蠕变的基本模拟模型：［K］模型；②一般蠕变过程模拟模型：［L］，［Na］，［B］模型；③模拟复杂蠕变的广义［K］类模拟模型等。

保持变形体变形不变条件下的应力松弛的模拟模型：仅是［M］类模型和［L］模型。

变形体自由应力松弛的模拟模型：①基本应力松弛模拟模型：［K］模型。②一般弹性串联模型：［Na］，［B］模型；③复杂弹性串联模型：广义［K］类模型。

2. 流变学模型

流变学中所有的模型都是流变学模型。

研究模型本身的流变学过程，有些模型在有的过程中可以模拟自身的过程，在另外的过程中，不能选择作为本身过程的模拟模型。

例1，变形体［L］模型可以模拟其蠕变过程。但是，在保持其变形体变形条件下的应力松弛时，它就不能作为其本身过程的模拟模型了。只能选择［M］模型作为模拟模型进行模拟，在此过程［L］模型仅叫流变学模型，不能叫其模拟模型。

例2，变形体［B］=［H］-［K］-［N］，自由状态下，其变形力只能各自恢复，其模型不能作为变形体自由应力松弛的模拟模型。

例3，同样［B］=［H］-［K］-［N］模型，在保持变形条件下的应力松弛，过程中应力松弛的趋势由［Na］和［L］两个模型联合起来进行模拟。但在保持其变形条件下其变形体应力松弛过程中，只能选择广义［M］类模型进行模拟。广义［M］才可称其为模拟模型。

类似的情况有很多。

三、两类应力松弛模拟模型

1. 应力松弛是变形体的基本特性也是变形体的基本过程

变形体一定存在着弹性变形。

应力松弛过程就是变形体的弹性变形力的恢复过程。

变形体的变形力的恢复与其弹性变形的恢复对应。

变形体的过程就是弹性变形能的释放过程。

2. 变形体的应力松弛有两种类型

（1）保持变形体变形条件下的应力松弛

实体受力变形后，立即保持其变形不变。

不论什么样的变形体，保持变形体条件下的应力松弛，只能选择［M］类模型进行模拟。

一般不能保持其形态的变形体的应力松弛，必定选择［M］类模型进行模拟。

过程中，变形体应力松弛过程不能反映弹性变形的恢复过程。

（2）变形体自由应力松弛

实体受力变形后，释放变形体，让其无任何约束进行恢复，变形恢复和应力松弛。

一般能够保持其形态的变形体，且仅有一个弹性串联因素的模型可选自由应力松弛。

自由应力松弛，必定选择［K］模型进行模拟。

自由应力松弛过程与变形体的弹性变形恢复保持着同步关系。

四、等效模型

在一定条件下，不同的模型，模拟功能相同的模型，可叫等效模型。是一个牵涉模型结构分析，过程分析等复杂问题。在此仅将问题提出，下文中，将有初步的涉及。

五、模型结构表示

模型元件或两元件模型，可视为一个独立的"力学杆件"。构成新模型时，在模型中应当将其两端的连接点标示出来。

鉴于有关模型的文献中，基本上都没有将构成模型元件的连接点标示出来，基本上没有影响对模型的分析。

本书中一般还沿用相关文献模型的结构表示方法，在模型中没有表示接点的符号。

第三章　基本模型模拟过程流变学解析

在流变学模型中，麦克斯威尔模型［M］（［H］-［N］）和开尔芬模型［K］（［H］｜［N］）是最简单、应用最广泛的模型，可称为流变学中基本模拟模型。不仅能够单独模拟流变学过程，而且在模拟一般的流变学过程和复杂的流变学过程中，都以其模型结构为基础。也就是说，所有的一般和复杂的流变学模型中，都含有基本模型结构。也可以称［M］模型和［K］模型是流变学模型中的基本模型。因此对［M］模型和［K］模型的解析构成了流变学模型理论基本内容。

所谓对模型的流变学解析，应包括结构分析，过程分析和参量分析。

第一节　麦克斯威尔模型［M］流变学解析

流变学中，麦克斯威尔（Maxwell）［M］模型是保持变形体形态条件下，模拟应力松弛的基本模型。也可认为［M］（［H］-［N］）为［M］类模型的一个模块。

所谓［M］类模型就是由［M］模型为基础和其他［M］模型和元件并联组成的流变学模型。

麦克斯威尔模型代号、结构：［M］=［H］-［N］，见图2-4b。

一、［M］模型的结构及基本功能

（一）［M］模型的结构功能

是一个弹性元件［H］和一个黏性元件［N］的串联结构；这样的串联结构，除了能模拟串联元件各自变形之外，最基本的功能，可以在保持变形体变形不变的条件下，模拟其应力（恢复）松弛过程。在流变学中，已经成为模拟应力松弛的基本模型结构。

［M］模型，模拟的应力松弛的实体必须是存在着弹性变形的变形体，即为［M］变形体。

（二）［M］模型模拟的基本原理

所谓保持变形体变形的条件，实质就是用保持变形，将串联的弹簧和阻尼器绑在一起，在过程中，弹簧的变形（恢复）力，只能拉动串联的阻尼器随时间进行变形恢复和变形力的松弛，这就是［M］模拟应力松弛的实质，也是［M］变形体应力松弛的基本过程；在模拟应力松弛过程中，变形体的应力松弛与其弹性变形恢复同过程，同步，同规律；可以与其他元件或其他［M］模型并联，模拟更广泛，模拟更为复杂的应力松弛过程。

在其构成复杂的模型中，其中［M］独立地模拟其中的基本应力松弛过程。模拟的功能仅与本身结构性质有关。模拟过程中，不受并联的其他模型、元件的影响。

[M] 是应力松弛模型的一个模块。是模拟应力松弛的独立结构，在保持变形体变形条件下，在其构成的模型中，具有完成基本应力松弛的功能。

若干 [M] 可并联为广义麦克斯威尔模型（Generalized Maxweell Model），可用代号 G [M] 表示，模拟变形体更为复杂的应力松弛过程。

二、[M] 模型模拟应力松弛过程的解析

(一) [M] 模型模拟基本应力松弛的方程式及应力松弛曲线

结合 [M] 模型结构，进行应力松弛方程式的推导，是一般流变学文献采取的基本方法。

即给模型施以阶跃力，仅弹簧产生阶跃变形 ε。

1. [M] 模型的应力松弛方程式的推导

(1) 根据 [M] 模型的结构原理和应力松弛的定义进行推导

模型结构是 [H] 与 [N] 串联关系，

初始条件，给予阶跃载荷 σ，弹簧产生阶跃变形 ε。

所以，$\begin{aligned} &\sigma = \sigma_H = \sigma_N \\ &\varepsilon = \varepsilon_H + \varepsilon_N \end{aligned}$

根据虎克定律和牛顿定律有：

$$\varepsilon = \varepsilon_H + \varepsilon_N = \frac{\sigma}{E} + \frac{\sigma}{\eta}t$$

对上式微分，得：

$$\dot{\varepsilon} = \frac{\dot{\sigma}}{E} + \frac{\sigma}{\eta}$$

进一步简化为：

$$\dot{\sigma} = \frac{E}{\eta}\dot{\sigma} = E\dot{\varepsilon}$$

——上两式都是 [M] 的本构方程式。

(2) [M] 的应力松弛方程式

当变形不变 $\varepsilon = c$ 时，解出 [M] 变形体的应力松弛方程式：

$$\sigma(t) = \sigma \cdot e^{-\frac{E}{\eta}t}$$

令 $T = \dfrac{\eta}{E}$

则方程式 $\sigma(t) = \sigma \cdot e^{-\frac{E}{\eta}t} = \sigma \cdot e^{-t/T} = E(t)\varepsilon$（这个 ε 不变）

令 $t = T$

则 $\sigma(t) = \sigma\left(\dfrac{1}{e}\right) \approx 0.37\sigma$

其中，$E(t)$ ——应力松弛模量，ε ——［M］变形体的变形，$T = \dfrac{\eta}{E}$ 是应力松弛延滞时间，即应力松弛到 0.37σ 时的时间值。

因为保持初始弹簧的变形 ε 不变，所以［M］模型的应力松弛方程式为：

$$\sigma(t) = \sigma \cdot e^{-\frac{E}{\eta}t} = \sigma \cdot e^{-t/T} = E_M e^{-t/T_M} \cdot \varepsilon = E(t) \cdot \varepsilon$$

注意：据方程式推导过程中，以及在以后的应力松弛研究中，保持变形体弹簧的变形不变，所以普遍认为是保持 $\varepsilon = c$ 条件下发生应力松弛 $\sigma(t)$。其中的模量被视为变量 $E(t)$。

2. 由应力松弛方程式绘出［M］的应力松弛曲线

（1）根据应力松弛方程式，可描绘出应力松弛曲线 $AB(t)$ 为降幂指数曲线

［M］的应力松弛曲线见图 3-1。

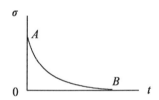

图 3-1　［M］的应力松弛曲线

（2）应力松弛曲线也可以用半对数坐标（$\ln\sigma - t$）表示

将［M］的应力松弛方程式用对数应力、时间坐标表示，应力松弛方程式 $\sigma(t) = \sigma \cdot e^{-t/T}$ 两端取对数：

$$\ln\sigma(t) = \ln\sigma + \frac{-t}{T}，\text{或 } \ln\sigma(t) - \ln\sigma = \frac{-t}{T}。$$

可在对数坐标纸上，做半对数应力—时间坐标图见图 3-2。

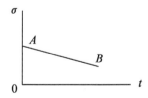

图 3-2　［M］的半对数应力坐标应力松弛曲线

对照曲线 $\ln\sigma(B) - \ln\sigma(A) = \dfrac{-1}{T}$，应力松弛延滞时间 T 就是应力松弛斜线 $A - B$ 的斜率

的倒数。

3. 应力松弛方程式与应力松弛曲线

见图 3-1。

（1）$\sigma(t) = \sigma \cdot e^{-t/T} = \sigma_{A0} \cdot e^{-t/T}$

应力松弛曲线上任一时刻 t_i 的应力为 $\sigma(t_i) = \sigma_{A0} \cdot e^{-t_i/T_i}$。

（2）论证应力松弛曲线只有一个应力松弛延滞时间 T

在曲线上按照应力松弛延滞时间 $T\left(\dfrac{\eta}{E}\right)$ 定义，是其应力松弛到起始应力 $\sigma_{A0}(A0)$ 的

$\dfrac{1}{e} \approx 0.37$ 时的时间值。

在应力松弛曲线上，任取时间 t_1 位置，对应 σ_1，起始应力 $\sigma = A0$，将其代入方程式。

$\sigma(t_1) = \sigma \cdot e^{-t_1/T_1}$，其中，$\sigma(t_1)$，$\sigma$，$t_1$ 均为已知，从中求得 T_1 值。

同上，在曲线上取 t_2，对应的 $\sigma(t_2) = \sigma \cdot e^{-t_2/T_2}$，同样由此求得 T_2 值。

同样求得 T_3，T_4，……

结果，$T_1 = T_2 = T_3 =$，…，$= T$，即可证明曲线仅有一个应力松弛延滞时间 T。

也就是曲线 $AB(t)$ 为变形体 ［M］ 的应力松弛曲线，基本应力松弛曲线。

（3）T 是 ［M］ 模型中阻尼器的 η 与弹簧模量 E 的比值

η，E 在模型中是串联关系。

4. 文献上推导方程式中的应力松弛模量视为变量 $E(t)$ 值得商榷

方程式中的变形 ε 不变，实际上指的是变形体的整体变形不变，即弹簧的弹性变形和阻尼器的非弹性变形 $\varepsilon = \varepsilon_H + \varepsilon_N$ 不变。推导过程时，认为是保持变形体的弹性变形不变，在此条件下，得出应的应力松弛方程式为：

$$\sigma(t) = \sigma \cdot e^{-\frac{E}{\eta}t} = \sigma \cdot e^{-t/T} = E_M e^{-t/T_M} \cdot \varepsilon = E(t)\varepsilon$$

所以，应力松弛过程，既然变形不变 $\varepsilon = c$，$\sigma(t)$ 变化，其应力松弛模量必然是变量，即 $E(t) = E e^{-t/T}$，文献上都是这样确定的（在后面将进行论述）。

（二）［M］模型模拟应力松弛的过程解析

1. ［M］进行应力松弛过程和条件

见图 3-3。

①保持变形体的变形不变条件下的所谓应力松弛，即宏观上，变形体变形不变条件下的应力随时间减小的过程。

②发生应力松弛的条件的 ［M］ 必须是存在弹性变形的变形体，即首先必须存在弹性变形，所以 ［M］ 模型进行应力松弛首先应该是存在弹性变形的变形体见图 3-3。

［M］ 模型进行应力松弛模型结构原理，即 ［M］ 变形体存在弹性变形（同时存在弹性

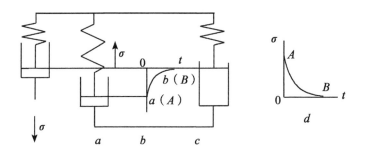

图3-3　［M］应力松弛原理及应力松弛过程

变形恢复力 σ）（图3-3a）。

保持变形不变的条件下的应力松弛（恢复）曲线 $AB(t)$，同步变形恢复曲线的趋势应为 $ab(t)$，（图3-3b）。

应力松弛毕的模型结构，变形体已经转变为力的平衡体，阻尼器的变形取代了弹簧的弹性变形（图3-3c）。

应力松弛坐标中应力松弛曲线 $AB(t)$（图3-3d、图3-3b）。

由图中 a，c 应力松弛过程，其变形体的尺寸没有变化，弹性变形力却松弛（恢复）了。

2. ［M］变形体应力松弛过程曲线

［M］变形体，在保持变形体的变形不变，其中的弹簧 E 的变形力 σ 立即转变为弹性变形恢复力 σ（变形力与恢复力相等如图 a）。因为保持总体变形不变，其中弹簧的恢复力只能拉动阻尼器 η 随时间进行变形恢复。直到弹性变形完全恢复，变形恢复曲线 $ab(t)$。相应的变形力 $AB(t)$ 也同步进行完全恢复如图 b）。弹性变形的恢复是以阻尼器的非弹性变形所取代，如图 c（比较图 a 和图 c）。这就是（保持变形体变形不变条件下）其应力松弛过程，也就是 ［M］模型模拟应力松弛的基本原理，结构原理，过程原理。

其 ［M］变形体的应力松弛曲线为 $AB(t)$ 见图3-4，同图3-3。

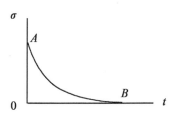

图3-4　［M］应力松弛曲线

从 ［M］应力松弛过程还发现，弹性变形力的松弛与其弹性变形的恢复同过程，同步，同规律。也就是说没有弹性变形的恢复，也就没有了应力松弛。松弛的应力与弹性变形恢复同步进行。见图 3-3b 。

3. 应力松弛曲线和应力松弛方程式

应力松弛方程式 $\sigma(t) = A0 \cdot e^{-t/T} = \sigma \cdot e^{-t/T}$ ；用上面同样方法，确定方程式和曲线的应力松弛延滞时间 T ，只有一个应力 T ；$T = \dfrac{\eta}{E}$ ，η 、E 在模型中是串联关系。

4. ［M］变形体的应力松弛过程中，应力松弛模量不应该是变量 $E(t)$

从 ［M］模型应力松弛过程基本原理可悉：［M］变形体存在弹性变形；［M］变形体存在弹性变形转变为非弹性变形的条件；［M］变形体的应力松弛与弹性变形恢复同过程、同步进行等。这三条可视为 ［M］变形体进行应力松弛的必要条件。

应力松弛过程中，弹性变形是变化的 $\varepsilon(t)$ ，没有弹性变形的变化，也就不可能发生应力松弛 $\sigma(t)$ 。所以过程中 $\varepsilon(t)$ 与 $\sigma(t)$ 同步发生变化，相互依存。

又根据虎克定律，弹性变形力与弹性变形的比例 $\dfrac{\sigma(t)}{\varepsilon(t)} = E$ ，其模量不应该是变量 $E(t)$ 。

另外，对一定的变形体的应力松弛过程，应力松弛时间 $T = \dfrac{\eta}{E}$ 是一个不变值，E ，η 也是定值，所以模量 E 在过程中也不能为变量 $E(t)$ 。

应力松弛方程式中，$\sigma(t) = \sigma \cdot e^{-\frac{E}{\eta}t} = \sigma \cdot e^{-t/T} = E_M e^{-t/T_M} \cdot \varepsilon = E(t)\varepsilon$ ，其中模量不应该是变量 $E(t)$ 。不然就有违虎克定律了。

从 ［M］变形体应力松弛过程分析，其应力松弛方程式不能是 $\sigma(t) = \sigma \cdot e^{-t/T} = E(t) \cdot \varepsilon$ ，而应该是 $\sigma(t) = \sigma \cdot e^{-t/T} = E \cdot \varepsilon \cdot e^{-t/T} = E \cdot \varepsilon(t)$ 。

（三）［M］变形体应力松弛参量

1. 松弛应力

变形体的弹性变形恢复力，过程中有 σ ，$\sigma(t)$ 。［M］变形体的弹性变形恢复力就是过程中松弛的应力。应力松弛过程能够显示，也可进行测量的参量。

σ 是变形体 ［M］的弹性变形恢复力，是应力松弛的起始应力。其大小取决于变形体受力过程的弹性变形力。起始应力 σ 在过程中可以显示和进行测量，是已知量。注意，它仅是弹性变形力，不能说是变形力。应力松弛应力与变形力不是一个概念。

$\sigma(t)$ 是过程中变形体随时间变化的松弛应力，在应力松弛过程中均能显示（即应力松弛曲线），也可以进行测量。应力松弛曲线就是松弛应力随时间的变化过程显示，即 $AB(t)$ 曲线。

2. 变形体的弹性变形

应力松弛过程的变形仅是弹性恢复变形 ε ，$\varepsilon(t)$ 。

［M］变形体应力松弛过程，在保持变形体变形不变的条件下，其弹性变形及其恢复只能是内部过程，不能显示，也不能测量。

ε 变形体的最大弹性变形，即应力松弛起始时与起始应力对应的弹性变形，过程中是个未知量，理论上与应力松弛的起始应力 σ 对应。两者之比 $\dfrac{\sigma}{\varepsilon} = E$ 即是 ［M］变形体的应力松弛模量。

$\varepsilon(t)$，应力松弛过程与松弛应力 $\sigma(t)$ 同步恢复的弹性变形，$\varepsilon(t)$，与 $\sigma(t)$ 对应，是一个随时间恢复的变量。在过程中它也是一个未知量。与松弛应力的关系为 $\varepsilon(t) = \dfrac{\sigma(t)}{E}$，也即应力松弛的实体应力松弛过程起始时 $E = \dfrac{\sigma}{\varepsilon}$，过程中 $E = \dfrac{\sigma(t)}{\varepsilon(t)}$，模量是不变值。

3. 应力松弛延滞时间 $T = \dfrac{\eta}{E}$

T 是应力松弛过程的基本参量。

关于应力松弛延滞时间。在应力松弛的文献中对应力松弛时间是这样定义的：

在 ［M］的应力松弛方程式：$\sigma(t) = \sigma \cdot e^{-\frac{E}{\eta}t}$ 中，

令 $\dfrac{\eta}{E} = T$，应力松弛方程式变为 $\sigma(t) = \sigma \cdot e^{-t/T}$，

令 $t = T$，$\sigma(t) = \dfrac{1}{e}\sigma \approx 0.37\sigma$。

所以文献上的定义 T 为起始（弹性恢复）应力松弛到其 37% 时的时间值。T 值的大小决定了应力松弛的快慢，T 值大，应力松弛的就慢，T 值小，应力松弛的就快。所以定义 $T = \dfrac{\eta}{E}$ 为应力松弛延滞时间。

文献上关于应力松弛延滞时间的分析仅此而已。在这里有必要对应力松弛延滞时间概念进一步展开。

首先应该确定 $T = \dfrac{\eta}{E}$ 是变形体过程的黏弹性比，从量纲分析 $T = \dfrac{\eta(\mathrm{pa.s})}{E(\mathrm{pa})} = s$（秒）所以它是时间因素。

模型中存在弹簧 E 和阻尼器 η 两元件的串联，即其中的 E，η 为定值，$T = \dfrac{\eta}{E}$ 即串联的 E，η 的比值，也是定值。在复杂的应力松弛模型中，由几个 ［H］，［N］两元件的串联的组合模型，就有几个应力松弛时间 $T_i = \dfrac{\eta_i}{E_i}$ 组成的应力松弛时间谱；松弛时间谱中的应力松弛时间 T_i 之间没有联系。

$T = \dfrac{\eta}{E}$ 是二元素组合参数。T 仅与 η，E 的比值有关，也仅与实体的黏性，弹性的比例有关，与其绝对值大小无关。

（四）[M] 变形体应力松弛的基本特征

不论是从 [M] 模型结构，还是从 [M] 模拟过程分析；从变形体应力松弛曲线还是从其应力松弛方程式进行分析，可得出如下基本结论。

[M] 模拟模型，仅有两个元件，弹簧 E 与阻尼器 η 串联；

应力松弛方程式 $\sigma(t) = \sigma \cdot e^{-t/T} = E \cdot \varepsilon(t)$ ，是一个单项的递降幂函数方程式；

应力松弛曲线（见图 3-4）$AB(t)$ ，是一个单项递降幂函数曲线；

拥有一个应力松弛延滞时间 $T = \dfrac{\eta}{E}$ 。

上述四条相互融合，构成了 [M] 模型的应力松弛的基本点，也可谓 [M] 变形体的应力松弛的基本特征，也即流变学中，保持变形体形态条件下的基本应力松弛的特征。上述几条，也是判断在保持变形体变形不变的条件下的基本应力松弛必具的基本条件。

（五）[M] 模型过程三维曲线

见图 3-5。注意图中，A″B″与 A′B′（t）曲线对应。

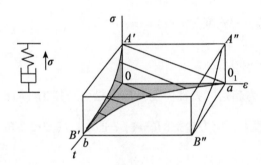

图 3-5 [M] 的松弛应力、变形、时间三维图示

保持变形条件下，开始进行应力松弛。应力松弛的起始应力值 OA' 随时间坐标 t 进行松弛的曲线 $A'B'(t)$ ，[对应的是 $A''B''(t)$]。同过程，在 ε 坐标上，内部的最大弹性恢复变形值 $0a$ 随时间 t 进行恢复，其恢复曲线是 $ab(t)$ 。过程中任意时刻的 $ab(t_i)$ ，$A'B'(t_i)$ 两条曲线的对应值成比例。比值就是其应力松弛模量，也是其弹性变形恢复模量，即 $E = \dfrac{OA'}{Oa}$ ，或

过程中 $E = \dfrac{OA'(t)}{Oa(t)}$ 。

（六）关于应力松弛过程中变形体 [M] 存在非弹性变形的分析

即 [M] 变形体中的阻尼器也存在初始变形。

很多文献对 [M] 的应力松弛分析中，变形体存在的变形仅是其中的弹簧发生了变形（例如说给以阶跃变形，即仅给以弹簧的小变形），阻尼器并没有发生变形。如果应力松弛

的初始条件中，变形体其中的阻尼器也存在非弹性变形 ε_N ，这对 ［M］的应力松弛过程并没有影响。分析如下：

有两种情况，见图3-6，左1为 ［M］平衡体。

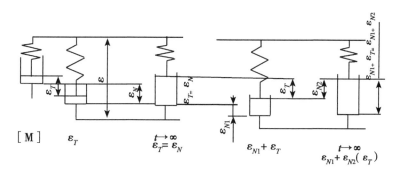

图3-6　［M］变形体的应力松弛过程

第一种情况（图3-6），一般文献中变形体 ［M］仅弹簧发生了弹性变形 ε_T ，阻尼器并没有发生变形（图3-6左2，）保持其变形 ε 不变，即是弹簧的弹性变形 ε_T 值（仅是保持 ε_T 的值不变（其中还没有非弹性变形），开始进行应力松弛。当时间 $t \to \infty$ 时，内部的弹簧的变形 ε_T 逐渐恢复并为阻尼器的变形 ε_N 取代，即 $\varepsilon_T = \varepsilon_N$ ，如变成图3-6左3。应力松弛前后，变形体的总体尺寸 ε 不变，只是内部弹性变形已经恢复，为非弹性变形变化所取代。另外所谓保持变形体的变形不变，仅能是保持变形体的尺寸不变，内部的弹性变形还是变化的。实际上变形体内部的尺寸是变化的。换句话讲，如果没有内部弹性变形的变化，也就没有应力松弛过程发生了。

第二种情况（图3-6左4开始），［M］变形体应力松弛前，变形体除了存在弹性变形 ε_T 之外，阻尼器也发发生了变形 ε_{N_1} 。保持变形体尺寸不变，实际上是保持变形体变形值（ $\varepsilon_T + \varepsilon_{N_1}$ ）不变，过程中，弹簧拉动阻尼器发生变形 ε_{N_2} ，当 $t \to \infty$ ，弹簧的变形 ε_T 为阻尼器的变形 ε_{N_2} 取代。即 $\varepsilon_T = \varepsilon_{N_2}$ ，弹簧的弹性变形完全为阻尼器的非弹性变形取代，随弹性变形恢复，其弹性变形力松弛了。此时变形体的内部变形仅是 $\varepsilon_{N_2}(= \varepsilon_T)$ ，与阻尼器起始的变形 ε_{N_1} 无关。应力松弛前后，变形体的总体尺寸没有变，仅是由（ $\varepsilon_T + \varepsilon_{N_1}$ ）$\to$（ $\varepsilon_{N_2} + \varepsilon_{N_1}$ ），且 $\varepsilon_T = \varepsilon_{N_2}$ 仅是其内部的弹性变形已经为非弹性变形取代。变形体内部也已经没有弹性恢复力了。即变形体的弹性变形力已经完全松弛了。

从应力松弛过程分析，保持变形，应力松弛仅与弹性变形 ε_T 及其恢复有关，而与阻尼器是否已经发生变形 ε_{N_1} 无关。如果应力松弛前阻尼器发生了变形 ε_{N1} ，仅是变形体的总体尺寸比阻尼器没有发生变形多出了 ε_{N1} 。

所以 ［M］变形体的应力松弛过程只与变形体弹簧的变形有关，与阻尼器是否存在变形没有关系。

三、［M］模型是 ［M］类模型中的基本模拟模型

对于保持变形体变形条件下的应力松弛，一般都选择 ［M］类模型进行模拟。尤其对于

不能保持其形态变形体的应力松弛，保持其变形体的变形应该为其进行应力松弛的基本条件。模拟应力松弛过程的模型不止［M］模型，为什么确定［M］模型是模拟基本应力松弛的模型？根据笔者的初步体会简要提出以下几点。

［M］是具有应力松弛的模型中，在保持其变形体变形不变条件下，模拟过程应力松弛过程充分；仅有两个元件，是过程最简单的模拟模型；过程中没有其他因素的影响。

具有变形体应力松弛的必要条件，即最基本的条件，且过程最简单，仅是弹簧的变形力拉动串联的阻尼器进行应力松弛。

过程中仅有一个延滞时间参量 $T = \dfrac{\eta}{E}$。

在模拟应力松弛模型中，只有［M］模型可以作为一个模块构成更复杂过程模型，模拟更复杂的应力松弛过程，而在过程中［M］模块功能、规律保持不变。

［M］模拟应力松弛的条件，代表了所有［M］类模型模拟应力松弛过程的条件。

以［M］模型为基础，并联上其他元件或其他［M］模型，就构成了模拟一般应力松弛或复杂应力松弛过程。它们都属［M］类模拟模型。

第二节　开尔芬模型模拟过程流变学解析

开尔芬（Kelvin）模型是一根弹簧［H］和一个阻尼器［N］的并联模型。见图2-4。其结构代号是［K］（ = ［H］ | ［N］ ）。

［K］模型是模拟蠕变模型的基本模拟模型，也属模拟变形体自由状态条件下应力松弛的基本模拟模型。

一、［K］模型的结构特征、基本功能

（一）［K］的结构特征

是［H］和［N］的并联结构，也属于最简单的流变学模型；可以和其他元件或［K］模型串联为比较复杂的流变学模型。

（二）［K］的基本功能

是模拟蠕变的基本模型；实际上［K］是模拟蠕变变形的一个模块。是模拟蠕变变形的独立结构，在模拟蠕变变形的模型中，是最基本的模拟模型；以［K］模型为基础，串联上其他元件或串联上其他［K］模型，构成了模拟蠕变的［K］类模型；从模型结构原理分析，［K］模型变形体，在自由状态下，还应该具有模拟变形恢复和模拟应力松弛的基本功能。

二、［K］模型模拟原理及蠕变过程解析

（一）［K］模型模拟蠕变方程式

一般文献是通过推导方法求出［K］模型的蠕变方程式。

1. [K] 模拟受载的蠕变方程式

可以从模型结构原理上进行推导。

（1）推导本构方程式

因为是 [H]，[N] 的并联结构，受载 σ，根据虎克定律和牛顿定律，有

$$\sigma = \sigma_H + \sigma_N = E\varepsilon + \eta\dot{\varepsilon}$$

由此得 $\dot{\varepsilon} = \dfrac{\sigma}{\eta} - \dfrac{E}{\eta}\varepsilon$，即 [K] 的本构方程式。

（2）解得蠕变变形方程式

当载荷不变进行蠕变时，$\sigma = c$，解本构方程式整理可得：

$$\varepsilon(t) = \frac{\sigma}{E} - \frac{\sigma}{E}e^{-\frac{E}{\eta}t} = \frac{\sigma}{E}\left(1 - e^{-\frac{E}{\eta}t}\right)$$

令 $\dfrac{\eta}{E} = T$

则方程式变成 $\varepsilon(t) = \dfrac{\sigma}{E}\left(1 - e^{-t/T}\right)$。

这就是 [K] 模型的蠕变变形方程式。

2. 根据方程式可绘出蠕变变形曲线

见图 3-7。

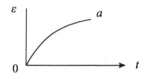

图 3-7　[K] 蠕变变形曲线 $\varepsilon(t)$

曲线上任意时刻的变形都符合 $\varepsilon(t_i) = \dfrac{\sigma}{E}\left(1 - e^{-t_i/T}\right)$。

3. 根据变形方程式，确定蠕变变形延滞时间 T

令 $t = T$，$\varepsilon(t) = \dfrac{\sigma}{E}\left(1 - \dfrac{1}{e}\right) \approx 0.63\dfrac{\sigma}{E} = 0.63\varepsilon_{max}$，即 T 为变形到最大变形 $\varepsilon_{max}\left(=\dfrac{\sigma}{E}\right)$ 值的 0.63 时的时间值。

在变形曲线上应该可求得变形延滞时间 T，且变形曲线仅有一个 T。在变形曲线上确定 [K] 变形延滞时间 T，也可根据其定义，在变形曲线上取得其最大变形 $\dfrac{\sigma}{E}$ 的 63% 时坐标上对应的时间，就是其延滞时间 T，因为最大变形值是变形趋势，在变形曲线上，还不

能确定最大变形值。可以认为时间 $t \to 3T$ 以上时，其变形 $\varepsilon = 0.95 \dfrac{\sigma}{E} \to \varepsilon_{\max}$ ，近似地求出其最大变形值，从而确定其延滞变形时间 T 值。另外又由于变形方程式中有两个未知量（ T ，E ）求解比较困难，后面可参照其变形恢复过程求得［K］的蠕变变形延滞时间 T 的简便方法进行。变形恢复的延滞时间与变形的延滞时间值相同。

（二）［K］蠕变过程分析

所谓蠕变，即载荷 σ 一定，其变形随时间的变化过程。［K］模型模拟的受力体，必须是能够保持其形态的实体；且变形前应是一个不受力，没有弹性变形力的平衡体。

1. ［K］蠕变变形过程及蠕变变形曲线

施力 σ 于［K］见图 3-8。弹簧 E ，阻尼器 η 同时受力，变形相等。其受力的大小取决于基本参量 E 和 η 。在各自受力的作用下，各自按照自身的规律（弹簧按照虎克定律，阻尼器遵循牛顿定律）协同进行蠕变变形，因为是弹簧和阻尼器的并联，其变形是一条过零点的延滞弹性变形曲线 $Oa(t)$ 。由于弹簧 E 的限制，其变形存在最大值，其变形随时间接近 $\varepsilon(t) \to \varepsilon_{\max} = \dfrac{\sigma}{E}$ ，见图 3-8 中的 $Oa(t)$ 曲线的趋势。

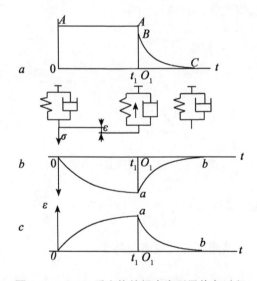

图 3-8 ［K］受力体的蠕变变形及恢复过程

即最大变形值发生在 $t \to \infty$ 时，曲线的变化率趋于零的位置。

若在 t_1 时刻卸去载荷 σ ，模型自由变形恢复，弹簧的弹性变形储存的变形恢复力，拓动阻尼器一同进行变形恢复。

基于弹簧，阻尼器的并联，其变形的恢复也是延滞弹性变形恢复，其变形恢复曲线 $ab(t)$ ， $t \to \infty$ 时可以恢复到零。

2. ［K］模型蠕变过程参量

［K］模型是模拟蠕变的基本模型。其蠕变变形主要参量如下。

σ，［K］的变形载荷，在变形过程中保持不变。

E，弹性模量，过程中是不变量。

$J(t) = \dfrac{1}{E}(1 - e^{-t/T})$，［K］（受力体）的蠕变柔度，是其蠕变过程的参量；其中的模量 E 过程中为不变值。

$\varepsilon(t)$，任一时刻受力体（［K］）蠕变变形；是延滞弹性应变。$\dfrac{\sigma}{E}$ 是其最大应变值。

蠕变过程载荷不变，变形随时间发生变化，其柔度随时间而变化。是一个过程参量。

在蠕变过程中的 η，E 性质是固定的，是并联关系，如果改变 η，E 比例，就会变成另外的一个［K］模型，就可以模拟不同实体的蠕变过程。

$\dfrac{\eta}{E} = T$，受力体（［K］）蠕变的延滞时间。蠕变到最大应变值的 0.63 的时间值，称为蠕变延滞时间。是决定蠕变快慢的基本参量。是［K］蠕变的基本参量之一。$T = \dfrac{\eta}{E}$ 是模型中的弹簧 E 阻尼器的黏性 η 的比值，量纲是时间。在模型中 η，E 是并联关系。

［K］模型中 T 值的意义

T 中 η，E 是比例关系。若 E 一定，η 大，即 T 大，受力体［K］模型蠕变变形得就慢，当 $\eta \to \infty$ 时，［K］模型变形的延滞时间值 T 无限大，［K］模型就变成了不能变形的刚体了，即不能进行蠕变了；当 η 变小时，延滞时间 T 小，［K］模型蠕变得就快，当 $\eta \to 0$，蠕变延滞时间 $T \to 0$，［K］模型的蠕变变成了瞬间变形，模型［K］变成了瞬间变形的［H］虎克体了。

如果其中的 η 一定，E 大，即 T 小，蠕变得就快；E 小，即 T 大，蠕变得就慢。所以蠕变延滞时间 T 是确定［K］模型蠕变快慢的基本参量，也是［K］模型模拟实体的蠕变变形快慢的基本参量。

3. 蠕变变形曲线的趋势

根据蠕变方程式分析蠕变曲线。

蠕变方程式 $\varepsilon(t) = \dfrac{\sigma}{E}(1 - e^{-t/T}) = \varepsilon_{max}(1 - e^{-t/T}) = \varepsilon_{max} - \varepsilon_{max}e^{-t/T}$。

按照上面的方程式。将变形和变形恢复放在一个坐标中。［K］的变形有两部分组成，即 $\varepsilon_{max} - \varepsilon_{max}e^{-t/T} = \dfrac{\sigma}{E} - \dfrac{\sigma}{E}e^{-t/T}$。

见图 3-9，即［K］变形曲线为 $0a(t) = aa - ab(t)$。

变形到最大变形的变形恢复曲线为 $ab(t) = aa - 0a(t)$。

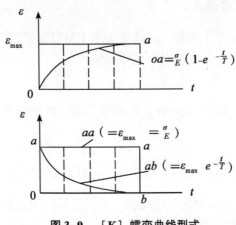

图 3-9   [K] 蠕变曲线型式

上述分析表明，[K] 模型是模拟延滞弹性变形充分而最简单的模型。即为蠕变变形的基本模型。

[K] 是模拟延滞弹性的模型，属于弹性变形模型。

$$\varepsilon(t) = \frac{\sigma}{E}(1 - e^{-t/T}), \quad T = \frac{\eta}{E}$$

当变形时间 $t \to \infty$，$\varepsilon(t) \to \frac{\sigma}{E}$，表明模型的变形为延滞弹性变形，其模型的最大弹性变形值为 $\frac{\sigma}{E}$，一般可用 3 倍变形延滞时间 $T(= \frac{\eta}{E})$，表示其最大弹性变形值的情况。

即 $\varepsilon(t) = \frac{\sigma}{E}(1 - e^{-t/T}) = \frac{\sigma}{E} - \frac{\sigma}{E}e^{-3T/T} = \frac{\sigma}{E} - \frac{\sigma}{E}e^{-3} \approx 0.95\frac{\sigma}{E} = 0.95\varepsilon_{\max}$。

也就是 [K] 模型变形很长时间，例如时间 $t = 3T$ 时，其弹性变形可接近达到其最大弹性变形 $\frac{\sigma}{E}$ 值，所以 [K] 也为模拟延滞弹性变形的模型。

三、[K] 模型模拟蠕变的基本特征

综上，[K] 模拟蠕变变形具有下面四个基本特征。也就是具有下面几个特征的流变学过程，即为基本蠕变过程。

[K] 模拟基本蠕变过程的特征与 [M] 基本应力松弛的特征相类似。

[K] 模型，仅有一个弹簧和一个阻尼器的并联模型，是最简单的蠕变模型。

一根蠕变曲线 $0a(t)$，也是一个（T）单项升幂指数曲线（见图 3-9）。

一个（T）的单项升幂指数变形方程式 $\varepsilon(t) = \frac{\sigma}{E}(1 - e^{-t/T})$。

一个蠕变延滞时间 $T = \frac{\eta}{E}$。

上述几个因素相互对应，构成了［K］的蠕变的基本特征，也就成了基本蠕变的基本条件。

第三节 ［K］变形体的变形恢复过程分析

一、［K］的变形体的变形恢复过程

［K］的变形为延滞弹性变形。所以其变形是能够完全恢复的。

受力变形过程的［K］是受力体，受力体的基本特性是受力变形；变了形的［K］变成了变形体，变形体的基本特性是弹性恢复。所以［K］模型在变形过程是受力体，变了形的［K］的过程就是其弹性恢复过程了，见图3-10。

［K］模型受力变形过程，受力 σ，拉动模型（并联的弹簧和阻尼器）变形，见图3-10a。变了形的［K］弹簧的变形力 σ_{HK}，立即转变为恢复力 σ_{HK}，拉动模型（阻尼器）进行恢复，见图3-10b。

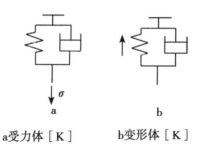

a受力体［K］　　　b变形体［K］

图3-10　［K］模型的变形结构和变形体的结构

（一）变形体［K］恢复变形

从模型结构看，由于并联弹簧 E 的存在，其蠕变变形也可以完全恢复。

弹性变形储存的力 σ_{HK}，在变形恢复过程，可以拓动模型克服阻尼器 η 其变形阻力与弹簧一同进行变形恢复，直到弹性变形完全恢复，其储存的弹性变形力 σ_{HK} 同步释放完毕，即变形体的变形可以恢复到零。变形恢复见图3-11ab（t）曲线。

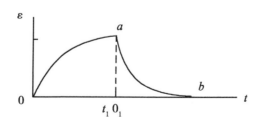

图3-11　变形体［K］的变形曲线 $0a(t)$ 和变形恢复曲线 $ab(t)$

(二) 关于 [K] 的变形恢复

1. 用叠加原理分析

有的文献对 [K] 的蠕变变形恢复，采用叠加原理的方法进行分析计算。

蠕变过程是施加载荷 σ 的变形过程，变形恢复相当于施一负载荷 $(-\sigma)$ 的变形过程。根据叠加原理，代入蠕变公式得：

$$\varepsilon(t) = \frac{\sigma}{E}(1 - e^{-t_1/T}) + \left[-\frac{\sigma}{E}(1 - e^{-(t-t_1)/T}) \right] = \frac{\sigma}{E} - \frac{\sigma}{E}e^{-t_1/T} - \frac{\sigma}{E} + \frac{\sigma}{E}e^{-(t-t_1)/T} = \frac{\sigma}{E}e^{-t/T}e^{t_1/T} -$$

$$\frac{\sigma}{E}e^{-t_1/T} = \frac{\sigma}{E}(e^{t/T} \cdot e^{-t_1/T} - e^{-t_1/T}) \text{。}$$

当时间 $t \to \infty$ 时，$\varepsilon(t)$ 不为零。

即按照变形叠加原理分析 [K] 的变形不能完全恢复。

2. 根据模型变形原理进行概念分析

[K] 蠕变变形是弹性变形，在自由状态下，弹性变形到任何值，卸荷后其变形可以随时间完全恢复。显然两种分析结果存在差异。

公式中 $\frac{\sigma}{E}$ 为变形过程的最大变形，所以上述计算变形恢复是从变形的最大变形为起始进行恢复的。因为蠕变最大变形仅是极限变形值。一般变形的恢复，是其过程恢复变形值不是最大变形值 $\frac{\sigma}{E}$。变形到什么值，就从什么值开始恢复。从最大变形值恢复与实际变形值恢复值也有所不同。

最基本原因是，变形的恢复过程的恢复力 (σ_{HK}) 与变形过程的变形力 (σ) 不同了。变形力是载荷 σ，变形恢复力仅是变形过程弹簧的恢复力 σ_{HK}，起始恢复变形值是 $\frac{\sigma_{HK}}{E}$，而不是 $\frac{\sigma}{E}$。所以其变形恢复方程式应是 $\varepsilon_{HF}(t) = \frac{\sigma_{HK}}{E}e^{-t/T}$。

据此，当变形恢复时间 $t \to \infty$时，$\varepsilon_{HF}(t) \to 0$。

也就是叠加原理分析的变形恢复是公式中的起始变形 $\frac{\sigma}{E}$，所以变形恢复力是 σ，实际上变形恢复的起始变形为 $\frac{\sigma}{E_{HK}}$。其变形恢复力仅为 σ_{HK}，而 $\sigma_{HK} \neq \sigma$。

(三) [K] 模型的三维图像

[K] 的 $\sigma - \varepsilon - t$ 的三维曲线，见图 3-12。

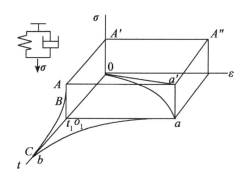

图 3-12　〔K〕模型的三维图像

载荷 $\sigma = A'A$（不变条件下）蠕变变形曲线 $0a(t)$，变形恢复曲线 $ab(t)$，应力松弛曲线 $BC(t)$，损耗应力 AB。

二、变形体〔K〕的变形恢复曲线及方程式

（一）变形体变形恢复曲线

1. 变形体的变形恢复曲线

起始恢复变形 ε_{a0_1}，变形恢复曲线 $ab(t)$，在时间 t_1 之前为受力体，变形曲线为 $0a(t)$。t_1 之后为变形体，变形体的变形恢复曲线 $ab(t)$，见图 3-13。

2. 变形恢复曲线分析

起始变形 $a0_1$，随时间完全延滞恢复，如曲线 $ab(t)$。可以证明也是一条单项降幂指数曲线，与〔M〕的应力松弛曲线趋势相同。

在变形恢复曲线上确定变形恢复延滞时间 T，参考〔M〕的应力松弛时间 T 的确定方法，确定其变形恢复延滞时间 $T = \dfrac{\eta}{E}$，且证明变形恢复曲线仅有一个 T。

3.〔K〕变形体的变形恢复曲线与〔M〕应力松弛曲线趋势相同，恢复规律相同（下面将进行论证）

见图 3-13。

〔M〕的应力松弛曲线 $AB(t)$ 与其变形恢复曲线 $ab(t)$ 同过程、同步，其趋势完全相同，$\dfrac{AB(t)}{ab(t)} = E$ 其比例等于一个常数，即模量 E。

〔K〕的弹性变形力的松弛曲线 $AB(t)$，与其弹性变形恢复曲线 $ab(t)$ 同过程、同步，其趋势完全相同，$\dfrac{AB(t)}{ab(t)} = E$ 其比例等于一个常数，即模量 E。

〔M〕和〔K〕，在其各自的应力松弛条件下，从模型结构原理，从弹性变形原理，都是

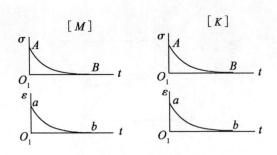

上为变形力的恢复 AB (t)

下为变形恢复 ab (t)

图 3-13 [M]，[K] 变形力恢复与变形恢复

一根弹簧拉动一个阻尼器发生的。其应力松弛过程相同，应力松弛曲线 $AB(t)$ 相同。

(二) 变形恢复方程式

[M] 模型保持变形条件下的应力松弛是延滞恢复。

[K] 模型的变形自由应力松弛也是延滞恢复。

[M] 和 [K] 在各自的条件下，模拟弹性恢复过程中，可为等效模型。

所以 [K] 变形恢复曲线 $ab(t)$ 可以回归出与 [M] 恢复曲线相同的变形恢复方程式：

$$\varepsilon(t) = \varepsilon \cdot e^{-t/T} = \varepsilon_{a_0} \cdot e^{-t/T} = \frac{\sigma_{HK}}{E} \cdot e^{-t/T}$$

三、[K] 变形体变形恢复参量

(一) ε, $\varepsilon(t)$

是弹性变形恢复过程的变形量。

ε 是恢复过程起始变形值。从结构原理上分析，[K] 的变形属于可以完全恢复的延滞弹性变形。其起始值就是蠕变变形终止时刻 t_1 的弹性变形值 ε $(t_1) = \frac{\sigma}{E}$ $(1-e^{-t_1/T})$。

所以在变形恢复过程的起始值 ε 就是停止蠕变时刻 [K] 的变形值 ε $(t_1) = \varepsilon$，为已知。

ε (t) 过程中随时间的弹性变形的变化值，过程中可以显示，也可以进行测量。

(二) T——变形恢复延滞时间

为变形体的基本性质参量。

根据定义，在恢复曲线上确定 T。方程式中，设 $t=T$，得 ε $(t) = \frac{1}{e}\varepsilon \approx 0.37\varepsilon$。

所以也可以将 T 定为变形恢复到起始变形的 0.37 时的时间值。

这个定义，可以帮助在其恢复曲线上求得延滞恢复时间 T 值。

T 是模型中阻尼器黏度 η 与弹簧模量 E 之比值，即 $T = \dfrac{\eta}{E} = \dfrac{\eta_{NK}}{E_{HK}}$，在模型中 η_{NK}，E_{HK} 为并联。

四、[K] 的变形和变形恢复关系

（一）[K] 模型的变形和变形恢复方程式

变形过程的 [K] 与变形恢复的 [K] 模型结构相同，为同一实体，同一个实体的基本参量应该相同。

变形过程 [K] 是受力体。其特性是受力变形。

变形恢复过程 [K] 是变形体。变形体的特性是弹性恢复特性，包括弹性变形恢复和弹性变形力的恢复。

同一个 [K] 两个过程方程式相对应。

变形过程，[K] 的蠕变变形方程式：$\varepsilon(t) = \dfrac{\sigma}{E}(1 - e^{-t/T})$ （1）

变形恢复过程，[K] 的变形恢复方程式：$\varepsilon(t) = \dfrac{\sigma_{HK}}{E} \cdot e^{-t/T} = \varepsilon \cdot e^{-t/T}$ （2）

（二）变形和变形恢复过程的参量

方程式（1）中的 $\varepsilon(t)$ 是载荷作用下的延滞弹性变形，变形过程变形随时间趋近最大变形值 $\dfrac{\sigma}{E}$。

方程式（2）中的 $\varepsilon(t)$ 是其中弹簧变形恢复力作用下的延滞恢复变形，随时间变形可以完全恢复。

变形延滞时间和变形恢复延滞时间 T：①同是模型阻尼器 η 与弹簧模量 E 的比值 $T = \dfrac{\eta}{E}$；②T 同值，但定义不同；蠕变变形延滞时间是变形到最大变形 $\dfrac{\sigma}{E}$ 的 $(1 - \dfrac{1}{e}) \approx 0.63$ 时的时间值。变形体变形恢复延滞时间为变形恢复到起始变形 $\dfrac{\sigma_{HK}}{E}$ 的 $\dfrac{1}{e} \approx 0.37$ 时的时间值。

蠕变变形柔度 $J(t) = \dfrac{1}{E}(1 - e^{-t/T})$。

蠕变方程式（1）中有 T，E 两个未知量，据此求蠕变参量比较困难。而方程式（2）中 T 可从曲线上求得，仅有一个未知量 E。而且两个方程式中 T 同值，所以根据变形恢复试验求解变形恢复参量很容易。由此提供了由变形恢复过程求知蠕变过程的一个途径。

(三) 变形和变形恢复过程的关系

受力体 [K] 和变形体 [K] 同为一个模型实体，两个过程间参量存在一定的关系。

蠕变过程方程式中有两个未知量（T，E），用一般的方法很难求得蠕变过程参量。[K] 在载荷 σ 作用下的变形曲线 $0a(t)$，在 t_1 时刻卸载，其变形恢复曲线 $ab(t)$，见图 3-13。

变形恢复曲线 $ab(t)$，方程式 $\varepsilon(t) = \varepsilon_{a_{0_1}} e^{-t/T} = \dfrac{\sigma_{HK}}{E_{HK}} e^{-t/T}$。

根据恢复延滞时间的定义，在 $ab(t)$ 曲线上确定 T，即 T 是变形恢复到起始变形 $\varepsilon_{a_{0_1}}$ 的 $\left(\dfrac{1}{e}\right) \approx 0.37$ 时间，求得 T 值。

将 T 值代入蠕变方程式 $\varepsilon(t_1) = \dfrac{\sigma}{E_{HK}}(1 - e^{-t_1/T}) = \varepsilon_{a_{0_1}}$ 求得 $E_{HK} = \dfrac{\sigma(1 - e^{-t_1/T})}{\varepsilon_{a_{0_1}}}$。在变形终止即变形恢复起始时间 t_1 时刻，变形值 $\varepsilon(t_1) = \varepsilon_{a_{0_1}}$，过程可显示，也可测量。

将 T，E_{HK} 代入蠕变方程式 $\varepsilon(t) = \dfrac{\sigma}{E_{HK}}(1 - e^{-t/T})$，可求得蠕变过程的所有参量。

再将 E_{HK} 代入 $\varepsilon_{a_{0_1}} = \dfrac{\sigma_{HK}}{E_{HK}}$，求得弹性变形力 $\sigma_{HK} = E_{HK} \cdot \varepsilon_{a_{0_1}}$。因为变形过程载荷 $\sigma = \sigma_{HK} + \sigma_{NK}$，由此可求得非弹性变形力 σ_{NK}，即变形过程阻尼器的承受的力。也即变形过程非弹性变形的应力，在变形过程耗损的力 $\sigma_{NK} = \sigma - \sigma_{HK}$。

$T = \dfrac{\eta_{NK}}{E_{HK}}$，求得 $\eta_{NK} = E_{HK} T$。也可以根据在变形过程时间 t_1 时刻 [K] 的变形，弹簧和阻尼器的变形相同，即都等于 $\varepsilon_{a_{0_1}}$，也就是 $\varepsilon_{a_{0_1}} = \dfrac{\sigma_{HK}}{E_{HK}} = \dfrac{\sigma_{NK}}{\eta_{NK}} t_1$，由此求得 $\eta_{NK} = \dfrac{\sigma_{NK}}{\varepsilon_{a_{0_1}}} t_1$。

至此，[K] 蠕变过程和其变形体变形恢复过程的所有参量（E_{HK}，T，η_{NK}，$\varepsilon_{a_{0_1}}$，σ，σ_{HK}，σ_{NK}），包括蠕变柔度和变形恢复柔度及其在过程中的关系等都求出来了。

第四节　变形体 [K] 的应力松弛

应力松弛过程就是变形体弹性变形力的恢复过程与其弹性变形恢复同步、同过程。变形体 [K] 在自由状态条件下，其弹性变形力也会恢复，且与 [M] 在保持变形条件下的应力松弛过程趋势相同。因此变形体 [K] 的弹性变形力的恢复过程也具有基本应力松弛过程的一切特征。变形体 [K] 应力松弛过程，只能在其自由状态条件下进行。

[K] 是模拟延滞弹性变形的基本模型。其变形体必然存在弹性变形力的恢复。其恢复力就是其变形过程的弹性变形力。

一、变形力与变形恢复力

变形体［K］的变形和变形力恢复（应力松弛）过程

1. 变形体［K］变形恢复和变形力恢复曲线

见图3-14。

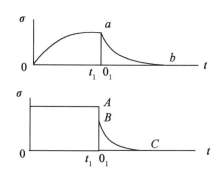

图3-14 ［K］的变形力与变形恢复力

变形过程，［K］受载σ（不变），［K］随时间发生变形$0a(t)$，在t_1时刻卸载，变形体［K］发生变形恢复和变形力恢复，变形恢复曲线为$ab(t)$，变形力恢复曲线为$BC(t)$。

［K］模型在载荷σ的作用下发生变形，前已分析，载荷不变，模型发生变形，其变形是弹簧和阻尼器绑在一起的弹性变形，即延滞弹性变形（注意发生变形的是载荷σ）卸载瞬间t_1，变形体［K］的弹性变形开始恢复，也只有弹性变形才能恢复，即弹簧的变形力σ_{HK}与弹性变形同步进行恢复。其变形力的恢复与其变形恢复同步，同规律，如图$BC(t)$曲线。注意变形载荷$\sigma = \sigma_{HK} + \sigma_{NK}$，阻尼器变形力$\sigma_{NK}$在变形过程中耗损了。所以开始恢复瞬间（$t_1$时刻）不能显示，可认为瞬间消失了，可叫损耗应力，如AB，因为他不属于弹性变形力的恢复，所以$AB = \sigma_{NK}$力可用虚线或细实线表示，以示与松弛应力的区别。变形体［K］的弹性变形恢复力仅是$\sigma_{HK} = B0_1$。

2. 变形力和变形力恢复方程式

变形力为载荷σ，变形恢复力σ_{B0_1}，即变形体［K］中弹簧的变形恢复力σ_{HK}。

载荷$\sigma = AB + B0_1 = \sigma_{NK} + \sigma_{HK}$。

变形力$\sigma = \sigma_{HK} + \sigma_{NK}$，对应的变形$\varepsilon(t) = 0a(t)$。

变形恢复力$\sigma(t) = BC(t)$。耗损应力AB不是弹性变形力，不能列入变形恢复力值中。载荷等于$\sigma = B0_1 + AB$。

变形力的恢复与变形的恢复同过程、同步，所以其变形力的恢复方程式即应力松弛方程式，应为

$$\sigma(t) = B0_1 \cdot e^{-t/T} = \sigma_{HK} \cdot e^{-t/T} = F_{HK} \cdot \varepsilon \cdot e^{-t/T}$$

二、变形体［K］的变形恢复与应力松弛

（一）变形体［K］的应力松弛方程式

［K］模型的应力松弛就是其弹性变形力的恢复过程，见图 3-14。弹性变形力的松弛 $BC(t)$ 与弹性变形恢复 $ab(t)$ 同过程、同步。

［K］变形体中弹簧存在恢复力 σ_{HK}，释放载荷后在其变形恢复的同时也将发生应力恢复，其恢复的动力是弹性恢复力 σ_{HK}。

变形恢复曲线 $ab(t)$，变形恢复方程式：$\varepsilon(t) = \varepsilon \cdot e^{-t/T} = \dfrac{\sigma_{HK}}{E} e^{-t/T} = \dfrac{\sigma_{HK}}{E_{HK}} e^{-t/T}$。

应力松弛（恢复）曲线 $BC(t)$，应力松弛方程式：$\sigma(t) = \sigma_{HK} e^{-t/T} = E_{HK} \cdot \varepsilon e^{-t/T}$。

与［M］的应力松弛方程式形式相同，趋势相同。

（二）变形体［K］的应力松弛曲线与变形恢复的关系

应力松弛（恢复）曲线 $BC(t)$ 与变形恢复曲线 $ab(t)$ 趋势相同。

曲线上变形恢复力与变形恢复对应。$\dfrac{BC(t)}{ab(t)} = E$，即弹性变形力恢复模量，也即应力松弛模量。

三、变形体［K］进行的应力松弛的条件和基本特征

（一）［K］进行应力松弛的条件

变形体必须具备保持形态的能力，过程中其基本性质不变的实体，例如固体。不能保持形态的变形体，没有固定性质的实体，其应力松弛过程，不能选择［K］模型进行模拟。

变形体的力和变形必须完全释放，不得有任何约束。即变形体的应力松弛，是在自由状态下进行的。

能够用［K］模型模拟应力松弛的实体，可称为［K］变形体，或变形体［K］。

（二）［K］变形体基本应力松弛特征

①一条基本应力松弛曲线，与［M］应力松弛曲线相同。

②一个应力松弛方程式

$$\sigma(t) = \sigma \cdot e^{-t/T}$$

与［M］的应力松弛方程式相同。

③一个应力松弛时间 $T = \dfrac{\eta}{E}$，η，E 在模型中并联。

［M］的应力松弛时间在模型中 η，E 串联。

④一个最简单的模型——［K］模型。

（三）［K］为其基本应力松弛模拟模型

模拟自由应力松弛的模型中都有［K］模型结构。［K］模型为模拟自由应力松弛的基本模拟模型。

第五节　［K］模型与［M］模型对比解析

蠕变和应力松弛是流变学中的两个基本过程。［K］是蠕变过程的基本模型，［M］是应力松弛过程的基本模型，变形体［K］也是自由应力松弛过程的基本模型。两个模型都是由弹簧 E 和阻尼器 η 两个基本元件组成的。只是一个并联，一个串联。对其进行分析，试图从中寻求蠕变过程和应力松弛过程的某些基本关联。

在流变学模型中，［M］模型定义为保持变形条件下模拟应力松弛的基本模型。［M］模型的基本功能就是模拟应力松弛。［K］模型的功能就是模拟蠕变的基本模型。其基本功能就是模拟基本蠕变变形。但是在自由应力松弛过程中，［K］也是模拟自由应力松弛的基本模拟模型。前面已经进行过简单的分析，下面对两个模型模拟应力松弛过程进行系统对比分析。

一、两个模型模拟应力松弛结构原理相同

两个模型皆为弹簧和阻尼器两个元件构成，且其模型结构中仅为两个基本元件。［M］模型为弹簧和阻尼器的串联，在［K］模型中弹簧和阻尼器为并联。

变形体［M］应力松弛过程，仅是弹簧的变形恢复力拉动阻尼器变形，使其弹性变形恢复，结果其弹簧的弹性变形为阻尼器的非弹性变形取代，使变形体中的弹性变形恢复，从而实现了其弹性变形力的恢复（松弛）。见图3-15左。

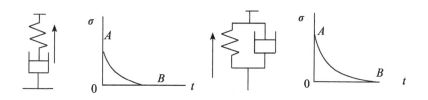

图3-15　两个模型变形力恢复结构原理
左［M］变形体的应力松弛，右［K］变形体的应力松弛

变形体［M］是靠保持变形不变的条件，将弹簧和阻尼器捆绑在一起，保证弹簧的弹性恢复变形能拉动阻尼器变形，实现延滞恢复。

变形体［K］模型结构本身将弹簧和阻尼器捆绑在一起，弹簧的弹性变形恢复力拉动模型拓动阻尼器进行变形恢复，即为延滞恢复，进而变形体的弹性变形力与其弹性变形同步进行恢复。

变形体［M］的应力松弛过桎中，是弹簧拉动阻尼器变形，让阻尼器的非弹性变形取代

弹簧的弹性变形。变形体［K］实际上也是弹簧拉动阻尼器，弹性变形与阻尼器的变形同过程进行变形恢复。

两个模型的应力松弛过程都是弹性变形力拓动阻尼器与其非弹性变形同过程进行恢复。

仅是应力松弛结束，［M］变形体保留了阻尼器的非弹性变形，［K］变形体阻尼器的变形与弹性变形同过程恢复了。实际上非弹性变形对应力松弛没有影响。

二、两个模型模拟应力松弛过程原理相同

变形体［M］的应力松弛，是弹簧拉动阻尼器，实现延滞应力松弛。

变形体［K］的应力松弛，是弹簧拉动模型，与阻尼器一同进行变形恢复，实现延滞应力松弛。

［M］模拟应力松弛过程中，弹簧的弹性变形恢复力是动力，阻尼器是阻力，是弹簧拉动阻尼器进行延滞恢复。

［K］模拟恢复过程中，也是弹簧的变形恢复力是动力，阻尼器是阻力，是弹簧拉动模型与阻尼器一同进行延滞恢复。

所以［M］模型变形体在保持变形体变形不变的条件下的应力松弛过程与［K］模型变形体在自由状态下的应力松弛过程规律相同。

三、两个模型模拟应力松弛的力学参量相同

［M］模拟的应力松弛过程，因为应力松弛，实际上是弹性变形力的恢复，弹性变形力 $\sigma(t)$ 的恢复与弹性变形 $\varepsilon(t)$ 的恢复必然同时、同步发生，规律相同，且符合虎克定律。恢复应力与恢复变形之比，就是其模量，即 $\dfrac{\sigma(t)}{\varepsilon(t)} = E$。

［K］模拟变形恢复过程，也是弹性变形恢复过程。实际上是弹性变形力的恢复，弹性变形力 $\sigma(t)$ 的恢复与弹性变形 $\varepsilon(t)$ 的恢复也同时、同步发生，规律相同，且符合虎克定律，恢复应力与恢复变形之比，就是其模量，即 $\dfrac{\sigma(t)}{\varepsilon(t)} = E$。

两者的恢复延滞时间相同，即 $T = \dfrac{\eta}{E}$，且都是阻尼器黏度与弹簧的模量之比。

变形体［M］和变形体［K］弹性变形力的恢复，弹性变形的恢复的方程式形式相同。

（一）［M］的模拟应力松弛方程式

$$\sigma_M(t) = \sigma_M \cdot e^{-t/T_M}$$

其内部弹性变形恢复方程式

$\varepsilon_M(t) = \varepsilon_M \cdot e^{-t/T_M}$（不能显示），

应力延滞时间 $T_M = \dfrac{\eta_M}{E_M}$，$T_M$ 是松弛到起始应力 $\dfrac{1}{e}$ 的时间值，是模型中阻尼器黏度 η 与弹簧模量 E 的比值。

（二）［K］的模拟应力松弛方程式

$$\sigma_K(t) = \sigma_K \cdot e^{-t/T_K}$$

同步发生的变形恢复方程式

$$\varepsilon_K(t) = \varepsilon_K \cdot e^{-t/T_K}$$

延滞恢复时间 $T_K = \dfrac{\eta_{HK}}{E_{NK}}$，$T_K$ 是松弛到起始应力 $\dfrac{1}{e}$ 的时间值，是模型中阻尼器黏度 η 与弹簧模量 E 的比值。

①两者应力松弛的方程式相同。

$$\sigma_M(t) = \sigma_M \cdot e^{-t/T_M}, \ \sigma_K(t) = \sigma_K \cdot e^{-t/T_K}$$

②两者变形恢复的方程式相同。

$$\varepsilon_K(t) = \varepsilon_K \cdot e^{-t/T_K}, \ \varepsilon_M(t) = \varepsilon_M \cdot e^{-t/T_M}$$

③两者过程的基本参量相同。

所以［M］，［K］是在各自条件下弹性恢复过程，可视为应力松弛等效模拟模型。［M］变形体是模拟在保持变形体变形条件下弹性恢复过程模拟模型。

一般适于不能保持形态的实体对象，例如松散物料压缩变形体等。

［K］变形体是模拟自由状态下弹性恢复过程的模拟模型。一般可用于能够保持变形形态的实体。

四、在应力松弛研究中，应根据过程条件选择模拟模型

流变学中，原来应力松弛中，仅有保持变形体变形不变条件下的应力松弛，即仅有［M］类模型进行模拟。上面提出自由应力松弛过程，即用［K］类模型模拟的应力松弛过程。因而在应力松弛研究中，提出了一个新问题，即如何选择模拟模型的基本问题。

［M］，［K］的应力松弛的基本特征形式相同，应根据变形体、过程条件和试验研究目的选择模拟模型。

保持变形体变形条件下的应力松弛，应该选择［M］模型进行模拟。

一般不能保持其形态的实体或者其内部结构不均匀的实体，应该选择［M］模型进行模拟。

变形体的应力松弛与变形过程没有直接关系。即不论什么样的变形过程，在保持变形体变形条件下，只要具备［M］应力松弛的基本特征，就可选择［M］模型进行模拟。

任意过程的变形体的应力松弛，一般采取保持其变形体变形条件下，用［M］模型进行模拟。

变形体在自由状态下的应力松弛，应该选择［K］类模型进行模拟。一般适于保持形态的内部结构均匀的固体。一般是小变形。

［K］模型是模拟固体性质的模拟模型。［K］模拟的应力松弛过程与其受力的变形过程具有固定的关联。且变形和变形恢复在过程中均能显示。所以［K］也是研究应力松弛与变形过程关系的典型的基本模拟模型。

模拟受力变形过程，可以选择［K］模型模拟；模拟其变形体的变形（力）的自由恢复的应力松弛，只能选择［K］模型进行模拟。

所以，[K] 是自由应力松弛的典型模拟模型。

两类应力松弛的试验研究，将会丰富流变学内容。

第六节　摩擦块对基本模型的影响

摩擦块 $[St \cdot V]$ 在变形过程的作用比较简单，在应力松弛过程中作用具有特殊功能。

一、变形体（$[M]$ │ $[St \cdot V]$）

$[St \cdot V]$ 的屈服应力 σ_y。变形体存在弹性变形。

保持变形条件下，应力松弛过程中，变形体中仅有 $[M]$ 存在弹性恢复力为 σ_M 发生应力松弛，而变形力 σ_y 不存在弹性恢复力而瞬降了。也就是摩擦块 $[St \cdot V]$ 不影响变形体的应力松弛过程。瞬降应力 AB 等于 σ_y。瞬降应力与应力松弛过程无关。$B0$ 就是松弛的起始应力 σ_M。见图 3–16。

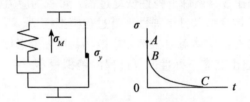

图 3–16　摩擦块对应力松弛的影响

保持变形条件下，变形体（$[M]$ │ $[St \cdot V]$）的起始恢复应力为 $B0$。

应力松弛过程中，应力松弛曲线为 $BC(t)$，应力松弛方程式为 $\sigma(t) = \sigma_M e^{-t/T}$，应力松弛参量与 $[StV]$ 无关，应力松弛时间 $T = \dfrac{\eta_M}{E_M}$ 应力松弛模量 $E_M = \dfrac{\sigma_M}{\varepsilon_M} = \dfrac{\sigma_M(t)}{\varepsilon_M(t)}$。

二、受力体（$[K]$ - $[St \cdot V]$）

摩擦块 $[St \cdot V]$ 的屈服应力 σ_y。

施力 σ 发生蠕变，见图 3–17。

图 3–17　摩擦块对 [K] 蠕变的影响

当 $\sigma < \sigma_Y$ 时，仅 $[K]$ 发生蠕变，摩擦块不影响变形，其蠕变方程式为 $\varepsilon(t) = \dfrac{\sigma}{E_{HK}}(1 - e^{-t/T})$，卸荷后其变形体 $[K]$ 的变形随时间可以完全恢复。

当 $\sigma > \sigma_y$ 时，因为摩擦块在 σ_y 作用下发生流动，变形与作用力没有对应关系。即变形曲线为不确定曲线。

第七节 举例

举一个自由应力松弛的例子和一个保持变形条件下应力松弛的例子。进行比较，进一步说明两类应力松弛的特点和关系。

一、例证1——自由应力松弛（恢复）

已知一个轴状构件，在轴向载荷 σ 作用下，随时间产生变形，变形至某一时刻的变形曲线见图 3-18。在 t_1 时刻开始开始应力松弛试验，求其自由应力松弛特性？解如下。

（一）首先选择应力松弛过程

应该根据实体的特性选择应力松弛过程，或保持变形体的变形条件下进行应力松弛？或进行自由应力松弛？

判断该实体是内部结构均匀的固体。所谓内部结构均匀，变形体具有保持形态的能力的固体——选择自由应力松弛。

由于准备试验，在时间 t_2 时刻才开始进行恢复试验，变形过程曲线和变形恢复曲线。在 t_1 时刻停止变形，在时刻 t_2 开始测量其变形恢复曲线为 $bc(t)$。试验过程中测试的变形和变形恢复曲线和变形力曲线见图 3-18，求其应力松弛情况。

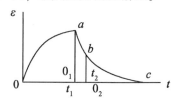

图 3-18 一实体的变形和变形恢复曲线

（二）分析过程

根据试验曲线

第一步，首先解析和求得变形体的变形恢复特性。

因为是结构均匀固体，其变形体的弹性变形力的松弛与其弹性变形的恢复同过程，同步，其关系固定。

第二步，由变形体的变形恢复特性，分析求得其应力松弛特性。

1. 首先分析变形恢复曲线 $bc(t)$

是延滞恢复，是弹性恢复变形。

在其曲线上，判断恢复规律，是基本变形恢复还是复杂变形恢复。

基本变形恢复曲线仅有一个变形恢复延滞时间 T，如果是复杂变形恢复，变形恢复曲线存在一个变形延滞时间谱，即不止一个 T。其方法如前所论述。

设该变形恢复曲线仅有一个 T，确定其变形恢复为基本变形恢复。在变形恢复曲线上可求得其 T 值。

选择变形恢复模拟模型 [K]，因为 [K] 模型是模拟基本蠕变，基本变形恢复的模型。

变形恢复 $bc(t)$ 的恢复方程式应该是：

$$\varepsilon(t) = \varepsilon_{b0_2} \cdot e^{-t/T}$$

其中，ε_{b0_2}——可认为是变形恢复的起始变形值，$T = \dfrac{\eta}{E}$——变形恢复的延滞时间，应该是模拟模型中 η，E 的比值。

基于①变形恢复曲线的规律一定，即只有一个 T，②变形恢复是弹性变形恢复。

其变形恢复曲线应该与变形曲线衔接，将 $bc(t)$ 向时间坐标延伸，必然与变形曲线的 $0a$ 点相接，且 $abc(t)$ 为一圆滑的恢复曲线。所以变形体的整体变形恢复曲线应该为 $ac(t)$。其变形恢复方程式应为

$$\varepsilon(t) = \varepsilon_{a0_1} \cdot e^{-t/T}$$

其中，ε_{a0_1}——变形恢复的起始变形，$T = \dfrac{\eta}{E}$——变形恢复的延滞时间，应该是模拟模型中 η，E 的比。

2. 根据弹性变形恢复分析其应力松弛

根据应力松弛与弹性变形同步、同过程，即应力松弛与弹性变形同规律。

应力松弛与其弹性变形恢复仅差一个应力松弛模量。

3. 应力松弛方程式

$$\sigma(t) = \sigma \cdot e^{-t/T} = E \cdot \varepsilon_{a0_1} \cdot e^{-t/T}$$

其中，ε_{a0_1}——变形体的变形恢复的起始变形值，已知

$T = \dfrac{\eta}{E}$——应力松弛延滞时间，与变形恢复延滞时间相同，已知

E——应力松弛模量，$E = \dfrac{\sigma_{HK}}{\varepsilon_{a0_1}}$，其中应力松弛起始应力 σ_{HK} 还是一个未知量。

4. 分析求应力松弛的起始应力 σ_{HK}

根据 [K] 在时刻 t_1 的变形，即变形体的起始变形，$\varepsilon_{a0_1} = \dfrac{\sigma}{E}(1 - e^{-t_1/T})$。

根据变形体的应力松弛延滞时间与变形的延滞时间相同，将变形体的应力松弛延滞时间

T 代入蠕变方程式 $T \to \varepsilon(t_1) = \dfrac{\sigma}{E}(1 - e^{-t_1/T}) = \varepsilon_{a0_1}$，求出 $E = \dfrac{\sigma}{\varepsilon_{a0_1}}(1 - e^{-t_1/T})$

其中：

σ——变形载荷，试验已知；

t_1——是变形停止时刻，也是变形体应力松弛的起始时刻，可为已知；

ε_{a0_1}——变形停止时刻，也是变形体应力松弛的起始时刻的弹性变形值，可为已知；

因为 $\dfrac{\sigma_{HK}}{E} = \varepsilon_{a0_1} \to \sigma_{HK} = E \cdot \varepsilon_{a0_1}$。

5. 求出其他参量

因为：$T = \dfrac{\eta}{E}$，$\to \eta = T \cdot E$，

$\sigma = \sigma_{HK} + \sigma_{NK}$，

所以非弹性变形力，即变形中的耗损力：

$\sigma_{NK} = \sigma - \sigma_{HK}$，

由此，可以绘出应力松弛曲线 $BC(t)$，损耗应力 $\sigma_{NK} = \sigma - \sigma_{HK} = AB$，见图 3-19。

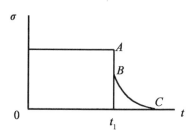

图 3-19　应力松弛曲线

变形体应力松弛的参量：T，E，ε_{a0_1} σ_{HK}。

变形过程的参量：T，E，σ——都求出来了。

思考的问题：

①该构件的弹性变形力可以完全松弛，最后变成力的平衡体。

②如果选择保持变形条件下的应力松弛过程，可能就不能发生应力松弛了，或者变形体就不能进行完全应力松弛。

类似这样的情况，①自由恢复能保持变形体的形态，应该选择［K］类应力松弛；②自由应力松弛，才能充分反映其应力松弛过程和其应力松弛特性。

二、例证 2——苏丹草的压缩变形体的应力松弛

（一）已知条件

松散草在压缩室内，由往复运动的活塞进行压缩，每次压缩成·个草片，压缩成的草片

在压缩室内移动，最后从压缩室出口处连续排出。

例如一次压缩量 G =6kg，每次压成一个草片，压缩过程，压缩成的草片在压缩活塞的作用下向压缩室出口移动，随草片移动的有与其贴合的应力传感器和位移传感器，记录草片的变形力的变化和草片位置和尺寸的变化。压缩活塞上装有压力传感器，可以测量过程中草片弹性变形反力。

在试验过程中，被压缩成的草片在向出口处移动中存在三个阶段：第一阶段被压缩的草片，在活塞回程时，发生反弹，草片膨胀；继续移动，当活塞回程时草片的尺寸不变，即草片的密度不变，草片两边的压力平衡，称为第二阶段；草片移动的第三阶段，当活塞回程时，草片的尺寸又开始向后膨胀，尺寸变大，密度变小。其中第二阶段，草片的尺寸基本不变，而其弹性恢复力随时间在变化，笔者称为过程中自动形成的应力松弛过程（条件）。在压缩室很长的压捆机上，一般多存在这个阶段。

（二）试验过程草片移动的第二阶段应力松弛曲线

见图 3-20。

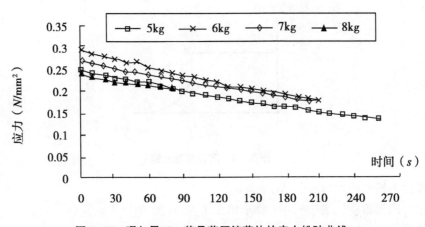

图 3-20　喂入量 6kg 苏丹草压缩草片的应力松弛曲线

（三）试验结果

应力松弛方程式：

$$\sigma(t) = \sigma \cdot e^{-t/T} = E \cdot \varepsilon \cdot e^{-t/T} = 0.2951 e^{-t/400}$$

选择 [M] 类模拟模型。

应力松弛参量

应力松弛延滞时间 $T = \dfrac{\eta}{E} = 400s$ ，

应力松弛起始应力 $\sigma = 0.2951 \mathrm{N/mm^2}$ ，

应力松弛模量 $E = \dfrac{\sigma}{\varepsilon}$。

在松散物料压缩草片过程中其弹性变形无法测量，所以其应力松弛模量也不能求出（用数学计算法计算出来的模量和变形也都是虚的）。

（四）讨论

这一阶段应力松弛比较缓慢，也就是应力松弛效果不够明显。

草片在移动过程中的第一阶段和第三阶段，虽然变形体的变形在变化，其弹性变形力也在随时间减少，实际上草片在压缩室移动过程中，其弹性应力都在松弛。

但是这次试验，对草片（草捆）在出口时的密度变化没有进行针对性的试验，即压缩成草片的最大密度（相应最大压缩力），草片移动过程密度也在变化（对其应力也应有变化），出口时的密度并没有进行测量。将要出口是草片（捆）密度对压缩工程具有重要意义。

（五）本例采取方法的说明

1. 采用保持变形体变形条件下进行应力松弛

松散草物料的压缩变形体，不能保持其形态，如果让其在自由状态下，其本身发生蓬松，无法进行应力松弛过程。

类似的变形体的应力松弛，必须保持其变形体的变形条件不变，才能进行应力松弛过程。所以类似的变形体的应力松弛，只能选择保持变形体变形不变 ［M］的应力松弛，才能反映变形体的应力松弛特性。

2. 保持变形条件下应力松弛试验结果的进一步分析

这样的变形体内部结构不均匀，密度不均匀，保持变形体变形条件下，其弹性变形有可能进行内部恢复，其变形力有可能进行应力松弛。

这样的变形体，在保持变形体变形条件下，其内部存在弹性变形转变为非弹性变形的可能。

尤其流动性差的松散物料，压缩过程容易产生内部不均匀，所以流动性差的松散物料压缩成的变形体在保持变形体变形条件下，其应力松弛更明显。

流动性非常好的松散物料的压缩变形体，其内部比较均匀，在保持其变形不变的条件下可能出现不能松弛的弹性变形力，即出现平衡应力的可能性大。

保持变形体变形不变条件下的应力松弛的基本特点是应力松弛过程中的变形变化是内部变形的变化，应力松弛也是其内部应力的变化。

由上，两类应力松弛的展开试验研究，可能发现更多的问题，所以两类应力松弛的试验研究应该是流变学研究的新空间。

第四章　蠕变模型模拟过程解析

所谓蠕变，就是载荷一定的变形过程，即应力一定，变形随时间的变化过程。

蠕变一般有基本蠕变过程、一般蠕变过程和复杂蠕变过程。

相应的蠕变模拟模型，也有基本蠕变模拟模型（［K］模型）、一般蠕变模拟模型和复杂蠕变模拟模型。

模拟蠕变的模型可称为开尔芬类（［K］）模型，所谓［K］类模型是以基本［K］模型为基本结构构成的模型。也就是［K］模型基础上，串联上其他元件组成的一般蠕变模型。串联上其他［K］模型等的复杂蠕变模型。

［K］模型和一般蠕变模型可模拟含有一个蠕变延滞时间 T 的蠕变过程。复杂蠕变模型可模拟含有两个或两个以上的蠕变延滞时间 T 的蠕变过程。

开尔芬模型［K］基本过程，已在第三章进行了论述。本章集中对一般蠕变模型和复杂蠕变及模拟过程进行较详细的分析。

一般蠕变模型，基本上有以［K］为基础的三元件模型，和以［K］为基础的四元件模型。

复杂蠕变模型，基本上是两个或两个以上［K］模型的串联模型，即广义开尔芬模型。

第一节　蠕变三元件模型

蠕变三元件模型的结构是在［K］模型基础上串联上一个模型元件而成，是模拟一般蠕变过程最简单的模型。在开尔芬类模型中，属于一般蠕变模型的三元件模型主要有［Na］模型和［L］模型。

一、模拟弹性变形的［Na］模型

在［K］模型上串联一个弹簧的模型，是 Naramura（栖村）首先提出的可称为栖村模型，也简称［Na］模型。是模拟弹性变形的重要模拟模型。

(一)［Na］模型的结构及功能

结构代号：$[N_a] = [K] - [H]$，见图4-1。

是模拟具有瞬间弹性变形和延滞弹性变形的模型。属于弹性变形的模拟模型。

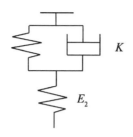

图 4-1 　[N_a] 模型

（二）[Na] 模型的蠕变过程

1. 变形过程结构分析

模型一端支承，一端施力。在载荷 σ 作用下，串联的 [K]、[H] 受力相同，[K] 按照其延滞弹性变形规律进行变形，串联的弹簧 E_2 按虎克定律发生瞬间变形。[Na] 模型就是模拟两者叠加的变形过程。相应的变形曲线也是两者变形过程的叠加。其中 [K] 为延滞弹性变形 $\varepsilon_1(t)$，串联的弹簧的瞬间弹性变形 ε_2。模型的蠕变变形为 $\varepsilon(t) = \varepsilon_1(t) + \varepsilon_2$。

[Na] 模型变形过程见图 4-2，载荷 σ 一定。

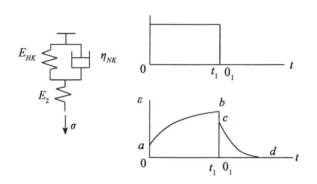

图 4-2 　[Na] 模型的蠕变过程和变形曲线

2. [Na] 模型的蠕变变形曲线

瞬间加载，在一定载荷 σ 作用下发生蠕变变形。

图左是模型加载变形情况，图右为在载荷作用下的变形过程和变形恢复过程曲线。

变形曲线为：

$$\varepsilon(t) = \varepsilon_{0a} + \varepsilon_{ab}t$$

其中，$0a$ 是弹簧 E_2 的瞬间弹性变形；$ab(t)$ 是 [K] 的延滞弹性变形。

$\varepsilon_{0u} = \dfrac{\sigma}{E_2'}$，$\varepsilon_{ab}t = \dfrac{\sigma}{E_{HK}}(1 - e^{-t/T})$，在 t_1 时刻 [Na] 的变形值为 $\varepsilon(t_1) = b0_1$。

3. 蠕变变形方程式及参量

蠕变方程式

根据蠕变曲线，其变形方程式比较简单，即［K］的延滞弹性变形和弹簧 E_2 的瞬间弹性变形的叠加。

$$\varepsilon(t) = \frac{\sigma}{E_2} + \frac{\sigma}{E_{HK}}(1 - e^{-t/T})$$

蠕变参量

$\varepsilon(t)$ ——蠕变变形，过程中显示，可测量，过程中可为已知；

σ ——变形载荷。串联的弹簧和［K］的变形载荷均为 σ，为已知；

E_{HK} ——［K］模型中的弹簧的模量；

E_2 ——瞬间弹性变形模量，即串联弹簧的模量。根据载荷 σ 和弹簧的变形 ε_{0a} 可求得

$E_2 = \dfrac{\sigma}{\varepsilon_{0a}}$；

$T = \dfrac{\eta_{NK}}{E_{HK}}$ ——变形延滞时间，弹簧 E_2 的变形与变形延滞时间无关，所以 T 仅是［K］变形延滞时间。为［K］中阻尼器黏度 η_{NK} 与弹簧模量 E_{HK} 的比值。参照［K］模型蠕变延滞时间的求解方法，可求得 T 值。

（三）［Na］模型变形恢复过程

［Na］模型点两个弹性因素串联和模型，恢复过程中串联的［K］和弹簧变形各自进行恢复，且恢复变形可以叠加。

1. 变形恢复过程

恢复仅是弹性变形力和恢复和弹性变形的恢复，在蠕变过程 t_1 时刻卸载，弹簧 E_2 和［K］的变形均为弹性变形，均能进行恢复。所以变形恢复也是弹性变形恢复，其恢复曲线见图4-2。

弹性变形恢复过程，串联的弹簧和［K］的弹性变形各自进行变形恢复。

（1）弹簧变形的瞬间恢复。

（2）［K］的延滞变形延滞恢复。

2. 变形恢复曲线

如图中变形恢复曲线为 $\varepsilon_{bc} + \varepsilon_{cd}(t)$，

其中，①瞬间恢复变形 $\varepsilon_{bc} = \varepsilon_{0a}$；②［K］的延滞弹性变形为延滞恢复曲线 $\varepsilon_{cd}(t)$。

所以［Na］模型都是弹性变形，所以随时间都能进行恢复。

3. 变形恢复方程式

（1）变形恢复包括串联弹簧 E_2 的瞬间弹性变形恢复 $\varepsilon_{bc} = \varepsilon_{0a} = \dfrac{\sigma}{E_2}$

（2）［K］变形的延滞恢复 $\varepsilon_{cd}(t) = \dfrac{\sigma_{HK}}{E_{HK}} e^{-t/T} = \varepsilon_{c0_1} \cdot e^{-t/T}$。

（3）［Na］变形恢复方程式 $\varepsilon(t) = \dfrac{\sigma}{E_2} + \dfrac{\sigma_{HK}}{E_{HK}} \cdot e^{-t/T}$

4. 变形恢复过程的参量

① $\varepsilon(t)$ ——延滞恢复变形，过程中显示，可测量与延滞变形过程对应。

② $T = \dfrac{\eta_{NK}}{E_{HK}}$ ——变形恢复延滞时间，同［K］变形恢复延滞时间；由变形恢复曲线可求得 T 值。

③E_{HK}，η_{NK}——其中［K］的弹簧模量和阻尼器黏度，由其恢复过程和变形过程分析求得。

（四）［Na］模型的特性

1.［Na］模型的特性

模型的变形包括［K］的延滞弹性变形和弹簧的瞬间弹性变形，所以［Na］模型是模拟弹性变形的模型。

从变形方程式分析其模型的特性，变形方程式：$\varepsilon(t) = \dfrac{\sigma}{E_{HK}}(1 - e^{-t/T}) + \dfrac{\sigma}{E_2}$，均为弹性变形，其变形包括两部分。

①延滞弹性变形 $\varepsilon_1(t) = \dfrac{\sigma}{E_{HK}}(1 - e^{-t/T})$，其最大变形 $\to \dfrac{\sigma}{E_{HK}}$，前已述及可用三倍延滞时间的变形表示模型弹性变形值，即 $\varepsilon_1 = \dfrac{\sigma}{E_{HK}}(1 - e^{-3T/T}) = \dfrac{\sigma}{E_{HK}} - \dfrac{\sigma}{E_{HK}} \cdot e^{-3} \approx 0.95\varepsilon_{\max}$。

说明此时［K］的延滞弹性变形已接近其最大弹性变形值 $\dfrac{\sigma}{E_{HK}}$。

②瞬间弹性变形 $\varepsilon_2 = \varepsilon_{bc}$ 与变形恢复延滞时间无关。所以［Na］模型是模拟弹性变形的模型。

2.［Na］模型的本构方程式

上面的分析方法是根据试验求出过程变形曲线，再根据曲线选择模拟模型和求出过程方程式，通过计算求出过程中的参量。

此例是先确定模拟模型，求得模型结构的本构方程式，通过计算求出过程方程式，进一步求得过程中的参量。

（1）根据模型结构求出本构方程式。

$\varepsilon = \varepsilon_1 + \varepsilon_2$——$\varepsilon_1$，$\varepsilon_2$ 分别是模型［K］和串联弹簧 E_2 变形，所以，

$$\varepsilon_1 = \varepsilon - \varepsilon_2 \rightarrow \dot{\varepsilon}_1 = \dot{\varepsilon} - \dot{\varepsilon}_2 ,$$

由 [K] 知, $\sigma = E_1\varepsilon_1 + \eta_1\dot{\varepsilon}_1 = E_1(\varepsilon - \varepsilon_2) + \eta_1(\dot{\varepsilon} - \dot{\varepsilon}_2) = E_1\varepsilon - E_1\dfrac{\sigma}{E_2} + \eta_1\dot{\varepsilon} - \dfrac{\dot{\sigma}}{E_2} \rightarrow \sigma +$

$E_1\dfrac{\sigma}{E_2} + \dfrac{\dot{\sigma}}{E_2} = E_1\varepsilon + \eta_1\dot{\varepsilon}_1$

整理得：$\sigma + \dfrac{\dot{\sigma}}{E_1 + E_2} = \dfrac{E_1 E_2}{E_1 + E_2}\varepsilon + \dfrac{\eta E_2}{E_1 + E_2}\dot{\varepsilon}$ （1）

式（1）是 [Na] 模型的本构方程式，其中 E_1 即 [K] 模型中的弹簧模量，η 是 [K] 中的阻尼器的黏度。

（2）也可从微分本构方程式，求解出其蠕变方程式。

(五) [Na] 模型模拟举例

来自参考文献 5. 金树新等，沥青流变特性的试验研究。

1. 选择沥青流动变形的模拟模型实例

建筑沥青具有显著的温度敏感性。高温易流淌，低温易脆裂，使其在工程上应用受到限制，为此进行了试验研究。

对制备的沥青试件（采用了薄板剪力流变仪）测量出材料的剪切蠕变曲线，见图 4-2。

沥青是符合 Botzmann 叠加原理的线性黏弹性材料，经过论证可选择 [Na] 模型进行模拟，可称为标准线性体。

2. 对模型方程式的分析

在蠕变过程载荷 σ 一定，从本构方程式（1）可解出模拟蠕变过程的方程式。

$$\varepsilon(t) = \frac{\sigma}{E_1}(1 - e^{-\frac{E_1}{\eta}t}) + \frac{\sigma}{E_2} \qquad (2)$$

式（2）为沥青的蠕变变形方程式。其中 $\dfrac{\sigma}{E_2}$ 为沥青在恒定应力 σ 的作用下产生的瞬时弹性变形值；$\dfrac{\sigma}{E_1}$ 为沥青发生延滞变形的极限弹性变形值。

对变形方程式求导有：

$$\dot{\varepsilon} = \frac{\sigma}{\eta} \cdot e^{-\frac{E_1}{\eta}t} \qquad (3)$$

该式是沥青在受到恒定应力 σ 作用时发生变形速率方程式。

表明，变形速率随时间按指数关系衰减，在受力开始时，变形速率取得最大值，在受力时间足够长以后，变形速率趋于零。即：

$$t = 0 \text{ 时}, \; \dot{\varepsilon} = \frac{\sigma}{\eta}$$

$$t \to \infty \text{ 时}, \; \dot{\varepsilon} = 0$$

蠕变变形方程式，在恒定应力的作用下，当 $t = t_1$ 时，设 $\varepsilon = \varepsilon_0$，卸荷，则方程式（1）的解为：

$$\varepsilon(t) = \left(\varepsilon_0 - \frac{\sigma}{E_2} \right) e^{-\frac{E}{\eta}(t-t_1)} \tag{4}$$

方程式（4）为沥青变形恢复方程式。表明，卸荷后变形随时间按指数规律减小，当时间足够长时，其变形趋于零，即 $[Na]$ 模型具有固体的特征，在恒定应力作用下延滞变形具有极限值，反映固体黏弹性材料。

3. 对沥青改变温度进行试验

对 10#及 60#沥青改变温度分别进行试验，得出沥青的变形曲线，分别求出 10#，60#沥青的三个流变学参量 E_1，E_2，$K(\eta)$。

不同温度下对 10#沥青和 60#沥青进行试验，得出不同温度下三个流变学参量曲线，见图 4-3，图 4-4。

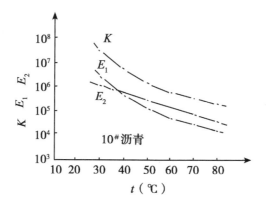

图 4-3　10#沥青流变学参量随温度的变化

图中 K 即 η。

由图知，沥青的流变学参量 E_1，E_2，η 随温度升高而减小，因而沥青具有温度敏感性。

随温度升高 E_1 比 E_2 具有较大的变化率，即 $\dfrac{dE_1}{dt} >> \dfrac{dE_2}{dt}$，在低温时延滞剪切模量 E_1 较大，高温时 E_1 又较小。

E_1 的变化显著影响材料的性能。极端的两种情况如下。

在低温条件下，$E_1 >> E_2$，相对 E_1，E_2 可忽略。其本构方程式（1）可近似变为

$$\sigma + \frac{\eta}{E_1} \dot{\sigma} = E_2 \varepsilon + \frac{\eta E_2}{E_1} \dot{\varepsilon}$$

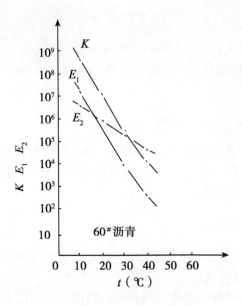

图 4-4　60#沥青流变学参量随温度变化

E_1 很大，所以该式趋于 $\sigma = E_2\varepsilon$ ，即材料的性能趋于虎克弹性体。

在高温条件下，$E_2 >> E_1$ ，本构方程式（1）可近似变为：

$\sigma + \dfrac{\eta}{E_2}\dot{\sigma} = \eta\dot{\varepsilon}$ ，材料接近 [M] 的本构方程式（$\dot{\sigma} + \dfrac{E}{\eta}\sigma = E\varepsilon$ ），[M] 可以模拟接近流体。

可根据其弹性的变化指导试验。

沥青的 E_1 ，E_2 ，η 参量随温度的变化如下表。

温度（℃）		10	20	30	40	50	60	70	80
10 号沥青	$E_1(Dyn/cm^2)$			2.65×10^6	3.922×10^5	1.26×10^5	4.01×10^4	2.14×10^4	1.055×10^4
	$E_2(Dyn/cm^2)$			1.18×10^6	5.65×10^5	2.35×10^5	1.07×10^5	5.88×10^4	3.21×10^4
	η(泊)			3.52×10^7	5.27×10^6	1.59×10^6	5.156×10^5	2.77×10^5	1.376×10^5
60 号沥青	$E_1(Dyn/cm^2)$	1.8×10^7	3.52×10^5	9.08×10^3	4.9×10^3				
	$E_2(Dyn/cm^2)$	4.25×10^6	9.81×10^5	2.11×10^5	4.65×10^4				
	η(泊)	5.14×10^8	1.31×10^7	2.87×10^5	1.4×10^4				

注：60 号沥青在 40℃ 以上流淌。10 号沥青在 40℃ 以下各参量数值还较高

所以 60 号沥青对温度敏感，高温地区容易流淌，适于低温度地区。而 10 号沥青具有冷

脆性，寒冷地区易脆裂，对温度较不敏感，适于高温地区。

也可通过对样品进行蠕变变形试验，获得变形曲线，求出变形方程式，求得蠕变参量，对其弹性进行分析。

二、模拟黏弹性的 [L] 模型

[L] 模型是模拟一般蠕变变形的又一个三元件模型，也是模拟蠕变变形的重要模型。

[L] 模型是 Lethersic 首先提出的 [K] - [N] 串联的模型，可简称 [L] 模型。

（一）[L] 模型的结构及蠕变过程

1. [L] 模型结构

[L] 模型代号 [L] = [K] - [N]。

[L] 模型结构见图 4-5。

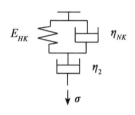

图 4-5 [L] 模型

2. 蠕变变形过程

在载荷 σ 作用下 [K] 与串联的 [N] 各自按照自己的结构原理进行变形，且变形过程可进行叠加。其变形曲线见图 4-6，在试验过程可获得。

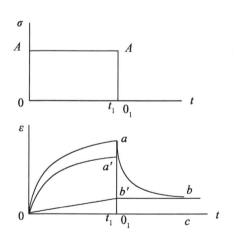

图 4-6 [L] 蠕变曲线及恢复曲线

施力 $\sigma = 0A$ 不变，串联的［K］和阻尼器 η_2 在 σ 作用下各自独立地进行变形。［K］进行基本蠕变变形。η_2 随时间进行线性变形。所以其变形曲线应该是基本延滞变形曲线和一个线性变形曲线叠加，如 $0a(t) = 0a'(t) + 0b'(t)$。

蠕变变形方程式是［K］，［N］变形的叠加，即

$$\varepsilon(t) = \frac{\sigma}{E_{HK}}(1 - e^{-t/T}) + \frac{\sigma}{\eta_2}t$$

包含一个变形延滞时间，即为基本蠕变过程［K］的延滞时间 $T = \dfrac{\eta_{NK}}{E_{HK}}$。蠕变方程式中参量 T，E_{HK}，η_2 为未知量。

仅根据变形曲线 $0a(t)$ 很难进行分析求解。

（二）［L］模型的变形恢复过程求解

1. 变形恢复过程

［L］受形恢复仅是［K］的延滞弹性变形恢复。

［L］模型蠕变过程的求解，基本上是［K］模型过程的求解。还是从其恢复过程开始分析比较简单。

在时间 t_1 时刻释放载荷，变形进行自由恢复。因为［K］的延滞弹性变形随时间可以完全延滞恢复，其恢复曲线仅是［K］的变形恢复曲线，如 $ab(t)$ 曲线。而阻尼器 η_2 的变形不能进行恢复。作为永久变形固化在卸荷时刻 t_1，如 $bc = b'0_1$。

2. 变形恢复曲线及方程式

变形恢复曲线与变形曲线对应，仅是［K］延滞弹性恢复。

变形恢复曲线，$\varepsilon(t) = ab(t) + (bc)$。

变形恢复方程式，$\varepsilon(t) = \dfrac{\sigma_{HK}}{E_{HK}}e^{-t/T} + (bc)$。

括号（bc）为不能恢复的变形。

变形恢复参量：

① T——变形恢复延滞时间，与变形延滞时间等值。都是［K］模型中阻尼器黏度 η_{NK} 与弹簧模量 E_{HK} 的之比。变形恢复过程中，是变形恢复到起始变形值 $a'o_1(= \dfrac{\sigma_{HK}}{E_{HK}})$ 的 $\dfrac{1}{e} \approx 0.37$ 时的时间值。

② σ_{HK}——弹性变形恢复力，为［K］中弹簧的变形力，即弹性变形恢复力。而变形载荷为 $\sigma = \sigma_{HK} + \sigma_{NK}$。其中，$\sigma_{NK}$ 为［K］中阻尼器的变形力。［L］模型的变形恢复力仅是 σ_{HK}。

③ ε_{bc}——永久变形，不属于恢复变形，其值 $b'0_1 = \varepsilon_{bc} = \dfrac{\sigma}{\eta_2}t_1$。

（三）［L］模型的变形与变形恢复的关系

1. ［L］变形方程式

$$\varepsilon(t) = \frac{\sigma}{E_{HK}}(1 - e^{-t/T}) + \frac{\sigma}{\eta_2}t。$$

式中的未知量为 E_{HK}，T，η_2，直接求解困难。

［L］蠕变过程和变形恢复过程的分析判断与［K］变形恢复过程的分析判断原理、方法程序相同。［L］的蠕变曲线比较［K］基本蠕变过程复杂一点，其中存在 3 个未知参量（T，E_{HK}，η_2）。从蠕变曲线方程式直接求解困难。

2. 参照［K］模型的方法求其参量

对于一般蠕变过程分析判断的方法、程序与基本蠕变［K］过程的分析判断相同。还是先分析确定变形恢复过程，然后根据变形恢复与蠕变过程的关系分析判断蠕变过程，进一步求得参量。

（1）首先分析判断变形恢复曲线

①参考图 4-6，［L］变形恢复。

变形曲线与变形恢复曲线解析

［L］变形曲线：$\varepsilon_{0a}(t) = \varepsilon_{0a'}(t) + \varepsilon_{0b'}(t)$。

其中，［K］的变形曲线：$\varepsilon_{0a'}(t)$，

串联阻尼器 η_2 的变形曲线：$\varepsilon_{0b'}(t)$，

串联阻尼器 η_2 的变形值：$\varepsilon_{aa'} = \varepsilon_{b'0_1}$，

［L］变形恢复曲线：$\varepsilon_{ab}(t) = \varepsilon_{ab'}(t) + (\varepsilon_{bc})$，

也即［K］的变形恢复曲线：$ab(t)$，

［K］的起始变形恢复值 $\varepsilon_{ab'} = \varepsilon_{a'0_1}$，

当 $t \to \infty$，［K］的恢复变形 $\varepsilon_{ab}(t) \to 0$，

而［L］永久变形值 $\varepsilon_{bc} = \varepsilon_{aa'} = \varepsilon_{b'0_1}$。

②变形恢复曲线、方程式，变形恢复曲线见图 4-6。

即变形恢复曲线 $ab(t)$ 可以恢复到零；恢复方程式为 $\varepsilon(t) = \varepsilon_{ab'} \cdot e^{-t/T}$。

变形恢复延滞时间 $T = \dfrac{\eta_{NK}}{E_{HK}}$，变形恢复曲线与基本蠕变模型变形恢复曲线［K］进行符合（同前）。

恢复变形的起始值 $\varepsilon_{ab'}$。从曲线上按照变形恢复延滞时间定义，在变形恢复曲线 $ab(t)$ 上确定其变形恢复延滞时间 $T = \dfrac{\eta_{NK}}{E_{HK}}$ 值，等于［K］变形过程的延滞时间 $T = \dfrac{\eta_{NK}}{E_{HK}}$，连同［K］的变形恢复起始值 $\varepsilon_{ab'}$，过程中可测量，可为已知。就此可确定［K］的变形恢复过程的基

本参量 $T = \dfrac{\eta_{NK}}{E_{HK}}$。

（2）分析判断永久变形值 bc

从变形起始原点画出 $0b'$ 直线，使 $b'0_1 = bc$，则 $\varepsilon_{0b'}(t)$ 就是串联阻尼器 η_2 蠕变过程的变形曲线。

变形恢复曲线中，ε_{bc} 是串联阻尼器 η_2 在蠕变过程中的变形值。

即　$\dfrac{\sigma}{\eta_2} t_1 = \varepsilon_{bc}(bc = b'0_1)$。

（3）［L］模型变形过程和变形恢复过程参量

将变形恢复过程的参量 T，变形的载荷 σ，变形 $\varepsilon_{a'0_1}$ 值代入［K］的方程式求出模量 E_{HK}。

即 $(T, \sigma, \varepsilon_{a'0_1}) \rightarrow \varepsilon_{a'0_1} = \dfrac{\sigma}{E_{HK}}(1 - e^{-t_1/T}) \rightarrow E_{HK} = \dfrac{\sigma}{\varepsilon_{a'0_1}}(1 - e^{-t_1/T})$。

由串联阻尼器的变形求得 η_2，$\varepsilon_{b'0_1} = \dfrac{\sigma}{\eta_2} t_1 \rightarrow \eta_2$。

至此［K］的蠕变方程式的参量（E_{HK}，T）均为已知。连同 σ，η_2 等代入［L］蠕变方程式。即可求得［L］蠕变方程式及其参量值。

即 $(T, E_{HK}, \eta_2, \sigma) \rightarrow \dfrac{\sigma}{E_{HK}}(1 - e^{-t_1/T}) + \dfrac{\sigma}{\eta_2} t_1 = \varepsilon_{a0_1}(\varepsilon_{ab'} + \varepsilon_{b'0_1})$。

至此已经求出了［L］变形过程和变形恢复过程所有参量。

（四）［L］模型的特性

结构上［L］模型是模拟延滞弹性变形的［K］和模拟黏性流动的阻尼器［N］串联的模型，所以它属于模拟延滞弹性和黏性流动的模型。

同前也可从其蠕变变形方程式分析判断，

$$\varepsilon(t) = \dfrac{\sigma}{E_{HK}}(1 - e^{-t/T}) + \dfrac{\sigma}{\eta_2} t。$$

其中延滞弹性在三倍延滞时间 T 的变形值为

$\varepsilon_T = \dfrac{\sigma}{E_{HK}}(1 - e^{-3T/T}) = 0.95 \dfrac{\sigma}{E_{HK}}$，相应三倍延滞时间 T，黏性变形值为

$$\varepsilon_N = \dfrac{\sigma}{\eta_2} \cdot 3T = \dfrac{\sigma}{\eta_2}(3 \dfrac{\eta_{NK}}{E_{HK}}) = \dfrac{3\sigma \eta_{NK}}{\eta_2 E_{HK}}。$$

最大弹性变形与黏性变形的比

$$\dfrac{\varepsilon_T}{\varepsilon_N} = (\dfrac{\sigma}{E_{HK}}) / (\dfrac{3\sigma \eta_{NK}}{E_{HK} \eta_2}) = \dfrac{\eta_2}{3\eta_{NK}}。$$

显然，［L］模型是模拟延滞弹性变形和黏性流动的模型。

串联阻尼器黏度 η_2 比例大，相对弹性变形 ε_T 比例就大；串联阻尼器黏度 η_2 比例小，相

对黏性 ε_N 流动特性比例就大。

（五）［L］模型举例

举例 1：已知［L］模型

在载荷 σ 作用下产生变形曲线 $\varepsilon_{0a}(t)$，在时刻 t_1 卸载，变形恢复曲线 $\varepsilon_{ab}(t)$，当时间足够长时，永久变形可认为等于 ε_{bc}，见图 4-7。

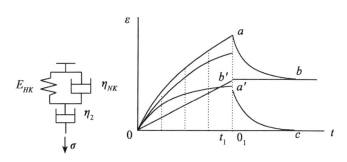

图 4-7　［L］模型

设其中，已知变形载荷 σ，求其蠕变和变形恢复过程参量。

1. 首先对变形曲线和变形恢复曲线进行分析

变形恢复曲线中，$ab(t)$ 曲线是模型中［K］的变形恢复曲线，bc 是串联 η_2 在变形过程的变形值。在 $a0_1$ 线上取 b' 点，使 $\varepsilon_{b'0_1} = \varepsilon_{bc}$ 值，连接 $0b'$ 则 $\varepsilon_{0b'}(t)$ 为串联阻尼器 η_2 在时间 t_1 的变形曲线。$\varepsilon_{0a}(t) - \varepsilon_{0b'}(t)$ 得 $\varepsilon_{0a'}(t)$ 就是［L］模型中［K］的蠕变曲线，它与变形恢复曲线 $\varepsilon_{ab}(t)$ 对应。比照 $\varepsilon_{ab}(t)$，绘出 $\varepsilon_{a'c}(t)$ 曲线，即为［K］的变形恢复曲线。

所以，［L］模型中的曲线

（1）变形曲线为 $\varepsilon_{0a}(t) = \varepsilon_{0a'}(t) + \varepsilon_{0b'}(t)$

其中：

［K］模型变形曲线 $\varepsilon_{0a'}(t)$，

串联阻尼器 η_2 的变形 $\varepsilon_{0b'}(t)$。

（2）变形恢复曲线为 $\varepsilon_{ab}(t) + \varepsilon(bc)$

其中：

［K］变形恢复曲线 $\varepsilon_{ab}(t) = \varepsilon_{a'c}(t)$，串联阻尼器 η_2 变形值 ε_{bc}（不能恢复）。

2.［L］变形方程式和变形恢复方程式

根据模型结构就可写出变形和变形恢复方程式，并与过程曲线对应。

（1）［L］的变形方程式

$$\varepsilon_{0a}(t) = \frac{\sigma}{E_{HK}}(1 - e^{-t/T}) + \frac{\sigma}{\eta_2}t。$$

其中：

$\varepsilon_{0a'}(t) = \dfrac{\sigma}{E_{HK}}(1 - e^{-t/T})$ 为 ［K］ 的变形方程式。

$\varepsilon_{0b'}(t) = \dfrac{\sigma}{\eta_2}t$ 为串联阻尼器的变形方程式。

（2）［L］ 变形恢复方程式

$$\varepsilon_{ab}(t) = \frac{\sigma_{HK}}{E_{HK}}e^{-t/T},$$

$$\varepsilon_{ab}(t) = \varepsilon_{a'0_1} \cdot e^{-t/T}, \ (\varepsilon_{a'0_1} = \varepsilon_{a0_1} - \varepsilon_{b'0_1}),$$

$$\varepsilon_{bc} = \frac{\sigma}{\eta_2}t_1 \ (永久变形值)。$$

3. ［L］ 模型变形和变形恢复的参量

还是由变形恢复过程开始。

根据前述，还是先在 ［K］ 的变形恢复曲线上求得其延滞时间 T 值。

再将已知 σ，变形恢复延滞时间 T 值代入 ［K］ 的变形方程式。

$\varepsilon(t_1) = \varepsilon_{a'0_1} = \dfrac{\sigma}{E_{HK}}(1 - e^{-t_1/T}) \rightarrow E_{HK} = \dfrac{\sigma(1 - e^{-t_1/T})}{\varepsilon_{a'0_1}}$，求出 E_{HK}。

$\varepsilon_{a'0_1} = \dfrac{\sigma_{HK}}{E_{HK}} \rightarrow \sigma_{HK}$，$\sigma = \sigma_{HK} + \sigma_{NK} \rightarrow \sigma_{NK}$，

因为 $T = \dfrac{\eta_{NK}}{E_{HK}}$，所以 $\eta_{NK} = T \cdot E_{HK}$，

$\varepsilon_{bc} = \dfrac{\sigma}{\eta_2}t_1 \rightarrow \eta_2$。

至此 ［L］ 参量 T，E_{HK}，σ_{HK}，η_{NK}，η_2 都求出来了。

举例 2. 分析图 4-8 的蠕变曲线和变形恢复曲线的特点

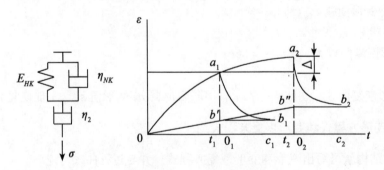

图 4-8 ［L］ 模型过程

已知：图 4-8 为两个不同的 ［L］ 模型的蠕变曲线和变形恢复曲线。其中变形载荷 σ 相

同。变形曲线 $0a_1a_2$ 是一条圆滑的曲线。

①［L_1］在时间 t_1 内蠕变变形曲线 $0a_1(t)$；其中串联阻尼器的变形曲线 $0b'(t)$；变形恢复曲线：$\varepsilon(t) = a_1b_1(t) + (b_1c_1)$。

②［L_2］在时间 t_2 内蠕变变形曲线 $0a_2(t)$；其中串联阻尼器的变形 $0b''(t)$；变形恢复曲线：$\varepsilon(t) = \varepsilon_{a_2b_2}(t) + (\varepsilon_{b_2c_2})$，比［$L_1$］的变形值多出 Δ，设 $\Delta = \varepsilon_{b''0_2} - \varepsilon_{b'0_1}$。

试分析确定两个［L］的参量。

分析变形恢复曲线：

①因为 $0 - b' - b''$ 是一条直线，与时间 t 的夹角相同，所以两个［L］串联的阻尼器 η_2 相同。

其变形值为：$\dfrac{\sigma}{\eta_2}t_1 = \varepsilon_{0b'} \rightarrow \eta_2 = \dfrac{\sigma \cdot t_1}{\varepsilon_{0b'}}$，

$$\frac{\sigma}{\eta_2}t_2 = \varepsilon_{b''}0_2 \rightarrow \eta_2 = \frac{\sigma \cdot t_2}{\varepsilon_{b''0_2}}。$$

②因为 $0a_1a_2(t)$ 是一条圆滑的变形曲线，从而可确定两个［L］中的［K］模型是相同的。其蠕变方程式皆为：$\varepsilon_K(t) = \dfrac{\sigma}{E_{HK}}(1 - e^{-t/T})$。两者的［K］的变形恢复曲线分别为 $a_1b_1(t)$，$a_2b_2(t)$。

③两个［L］的蠕变变形曲线方程式都为 $\varepsilon(t) = \dfrac{\sigma}{E_{HK}}(1 - e^{-t/T}) + \dfrac{\sigma}{\eta_2}$。

④蠕变时间相同 $T = \dfrac{\eta_{NK}}{E_{HK}}$，可在变形恢复曲线上求出其值。

⑤过程中，还可以求出 σ_{HK}，σ_{NK}，E_{HK}，η_{NK}。

分析确定图中的变形曲线和变形恢复曲线，两个［L］模型是一个 L 模型不同时刻的变形曲线，其中［K］变形恢复曲线加上其 η_2 的变形值。

第二节　蠕变四元件模型

模拟蠕变最常用或最典型的模型是巴格斯（Bugers）模型，是常说的四元件模型。代号结构表示为：［B］=（［H］-［K］-［N］）。

一般结构是［H］，［N］，［K］三者的串联，有三种串联顺序。蠕变变形过程与串联顺序无关（串联元素各自独立进行变形）。

一、［B］模型结构原理及变形过程

（一）［B］模型结构及变形过程

1. ［B］模型结构及变形原理

以［H_1］，［K_2］，［N_3］串联结构顺序为例，见图 4-9。

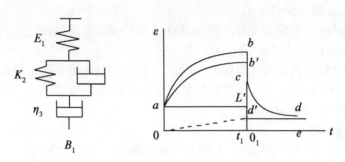

图 4-9 [B]（[H_1] - [K_2] - [N_3]）及变形曲线

[B] 受载 σ，串联的三部分都在载荷 σ 作用下，各自独立地产生变形，弹簧 E_1 产生瞬间弹性变形，[K] 产生延滞弹性变形，阻尼器产生非弹性变形，三种变形进行叠加就是 [B] 的变形，其变形与串联顺序无关。

变形曲线 $\varepsilon_{0a} + \varepsilon_{ab}(t)$。其中，$\varepsilon_{0a}$ 是弹簧 [H_1] 的瞬间弹性变形。$\varepsilon_{ab}(t)$ 是（[K_2] - [N_3]）的变形，其中 $\varepsilon_{0d'}(t)$ 是 [N_3] 的变形曲线，$\varepsilon_{ab'}(t)$ 是 [K_2] 的变形曲线。

变形恢复曲线 $\varepsilon_{bc} + \varepsilon_{cd}(t)(+ \varepsilon_{de})$。其中，$\varepsilon_{bc}$ 是弹簧 [H_1] 的瞬间弹性恢复变形，与 0a 对应。$\varepsilon_{cd}(t)$ 是 [K_2] 的恢复变形，与变形曲线 $\varepsilon_{ab'}(t)$ 对应，$\varepsilon_{bb'} = \varepsilon_{de} = \varepsilon_{d'0_1}$。永久变形 $\varepsilon_{de} = \varepsilon_{d'0_1}$。

2. 蠕变变形（曲线）与方程式

（1）变形曲线

弹簧 [H_1] 的变形 $\varepsilon_{0a} = \dfrac{\sigma}{E_1}$，瞬间弹性变形。

[K_2] 和 [N_3] 的变形 $\varepsilon_{ab}(t) = \dfrac{\sigma}{E_{HK}}(1 - e^{-t/T}) + \dfrac{\sigma}{\eta_3}t$。在 t_1 时两者的变形值为 bL'。

[B] 的变形曲线和变形值为 $\varepsilon(t) = \varepsilon_{0a} + \varepsilon_{ab}(t) = \varepsilon_{b0_1}$。

变形曲线分解：

弹簧的变形 $\varepsilon_{a0} = \varepsilon_{bc} = \dfrac{\sigma}{E_1}$，变形与时间无关；

[K] 的变形曲线 $\varepsilon_{ab'}(t) = \dfrac{\sigma}{E_{HK}}(1 - e^{-t_1/T})$；在 t_1 时刻 [K] 的变形值为 [$b'L'$]。

阻尼器的变形曲线 $\dfrac{\sigma}{\eta_3}t_1 = \varepsilon_{0d'}(t)$，在 t_1 时刻的变形值为 $\varepsilon_{d'0_1} = \varepsilon_{bb'} = \varepsilon_{de} = \varepsilon_{d'0_1}$。

（2）[B] 变形方程式

$$\varepsilon(t) = \frac{\sigma}{E_1} + \frac{\sigma}{E_{HK}}(1 - e^{-t/T}) + \frac{\sigma}{\eta_3}t。$$

（3）[B] 的变形参量

在时刻 t_1 变形结束，载荷 σ，瞬间弹性变形 $0a = \varepsilon_{0a}$ 试验中为已知。

弹簧模量 $E_1 = \dfrac{\sigma}{\varepsilon_{0a}}$，可求得。

串联阻尼器 η_3，由 $\dfrac{\sigma}{\eta_3} t_1 = \varepsilon_{d'0_1} \rightarrow \eta_3 = \dfrac{\sigma}{\varepsilon_{d'0_1}} t_1$。

T，E_{HK}，还未知，求起来比较困难，但也可求得。

（二）[B] 模型变形恢复过程

1. 变形恢复过程

t_1 时刻卸载，[B] 串联的三部分开始各自进行变形恢复。

瞬间变形恢复 bc；

[K] 进行变形延滞恢复，恢复曲线 $cd(t)$；

阻尼器 η_3 是非弹性变形，其变形过程的变形值成为永久变形 $d'0_1 = bb' = de$。

——变形体的弹性变形均能进行恢复。其弹性变形恢复与弹性变形对应均可进行恢复。

2. 变形曲线和变形恢复曲线图解

（1）[B] 变形至时刻 t_1

变形曲线及总变形曲线：$\varepsilon(t_1) = \varepsilon_{0a} + \varepsilon_{ab}(t_1) = \varepsilon_{bc} + \varepsilon_{cd'} + \varepsilon_{d'0_1}$。（$bc = L'0_1$）

[B] 变形恢复的起始值等于其弹性变形 $\varepsilon_{b'0_1} = \varepsilon_{bc} + \varepsilon_{cd'}$。

（2）[B] 从时刻 t_1 开始变形恢复

弹簧 E_1 瞬间弹性变形 $\varepsilon_{bc} = \varepsilon_{a0}$；

[K_2] 的变形恢复 $\varepsilon_{cd}(t)$，当时间 $t \rightarrow \infty$，变形恢复到零；[B] 变形恢复曲线 $\varepsilon_{bc} + \varepsilon_{cd}(t)$

（3）阻尼器器 η_3 的变形 $d'0_1$ 保留下来成为永久变形 $\varepsilon_{de} = \varepsilon_{d'0_1}$；

[B] 变形恢复方程式：

$$\varepsilon(t) = \frac{\sigma}{E_1} + \frac{\sigma_{HK}}{E_{HK}} e^{-t/T} + (\varepsilon_{de}) ;$$

在 $b0_1$ 竖线上取 $\varepsilon_{d'0_1} = \varepsilon_{de}$，连接 $0d'$，即 $0d'(t)$ 为串联阻尼器变形时间内的变形曲线；

在 $b0_1$ 竖线上取 $\varepsilon_{bb'} = \varepsilon_{de} = \varepsilon_{d'0_1}$，则 $\varepsilon_{cd}(t)$ 为 [K_2] 的变形恢复曲线；$\varepsilon_{ab'}(t)$ 为 [K_2] 的变形曲线；

则 $\varepsilon_{cd'}$ 为 [K_2] 变形恢复的起始值。

（三）[B] 模型变形过程和变形恢复过程的参量

[H_1] 中弹簧的变形模量 $E_1 = \dfrac{\sigma}{\varepsilon_{0a}}$；

串联阻尼器的黏度 $\eta_3 = \dfrac{\sigma}{\varepsilon_{d'0_1}} t_1$；$\varepsilon_{de} = \varepsilon_{d'0_1}$；

[B] 变形恢复过程与其弹性变形过程对应。

[K] 的由变形恢复曲线 $\varepsilon_{cd}(t)$ 在变形恢复曲线上按延滞时间的定义确定 $T(=\frac{\eta_{NK}}{E_{HK}})$ 值；

将 T 值代入 [K] 的变形方程式

$$\varepsilon(t_1) = \varepsilon_{cd'} = \frac{\sigma}{E_{HK}}(1 - e^{-t_1/T}) \rightarrow E_{HK} = \frac{\sigma(1-e^{-t_1/T})}{\varepsilon_{cd'}}，求出 E_{HK}；$$

$$T = \frac{\eta_{NK}}{E_{HK}} \rightarrow \eta_{NK} = T \cdot E_{HK}. 求出 \eta_{NK}；$$

$$由 \varepsilon_{cd'} = \varepsilon_{b'L'} = \frac{\sigma_{HK}}{E_{HK}} \rightarrow \sigma_{HK} = \varepsilon_{cd'} \cdot E_{HK}；求出 \sigma_{HK}；$$

$$由 \sigma = \sigma_{HK} + \sigma_{NK} \rightarrow \sigma_{NK} = \sigma - \sigma_{HK}，求出 \sigma_{NK}。$$

[B] 模型蠕变变形和变形恢复过程的参量 $T(=\frac{\eta_{NK}}{E_{HK}})$，$E_{HK}$，$\eta_{NK}$，$\sigma_{HK}$，$\sigma_{NK}$，$\eta_3$ 都求出来了。

设其中变形过程。因串联三部分的受力相同，弹簧 E_1 的受力 σ。所以变形过程弹簧模量为 $E_1 = \frac{\sigma}{\varepsilon_{0a}}$。

不论 [B] 模型的串联顺序，其蠕变变形过程的参量的求解方法相同。

[B] 模型中串联弹簧和 E_{HK} 模量关系需要根据串联弹性原理进行计算下同。

二、[B] 模型应用举例

沥青改性试验研究的产品的特性与 [B] 的蠕变特性相近。也就是借助 [B] 模型的模拟功能，对材料的试验研究具有重要意义。

石油沥青是一种重要的有机胶凝材料，是炼石油的残留物。沥青中含有三种成分，即油分、树脂和沥青质。

油分呈液体状态，油分存在是沥青具有流动性的主要因素。

树脂呈半固体状态，树脂的存在，在一定程度上决定着沥青的可塑性、可流动性和黏性。

沥青质是沥青中固态无定型物，通常呈固态，沥青质含量增加，沥青的黏度和黏结力增加，硬度和温度稳定性提高。

沥青是一种复杂的胶体系统。具有显著的黏性、弹性和塑性。随温度升高，黏度降低，塑性降低，易流动；温度降低，变硬脆，易脆裂。

橡胶是高弹性材料，弹性模量低，形变率高，延伸率大，为 100% ~ 1 000%，沥青与橡胶混融，可使沥青具有橡胶的优点，使沥青在高温下结构稳定性提高，在低温时，仍有良好的弹性和黏性。

下面介绍沥青油渣加入顺丁橡胶（顺丁橡胶油渣）试验研究。

（一）沥青的蠕变试验

在料浆杯中，盛有油渣样品，剪切刀片在其中与料浆紧密结合，在剪切力作用下无滑动，料浆通过剪切刀片受到一个剪切力，产生剪切应变，过程中保持恒定室温度条件下，施恒定剪切力 233.333 达因/cm²，466.667 达因/cm²，700 达因/cm²，933.333 达因/cm²，1 166.67 达因/cm² 连续实验 5 次，采样周期 1s，加载时间 35s，恢复时间 36s，每次试验采集延滞变形值 72 个等。五组共 360 个数据，输入计算机，使用自制的流变模型辨识程序进行处理，打印出流变学模型，见图 4-10，为 ［B］ 模拟模型。

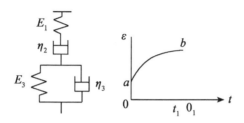

图 4-10　顺丁沥青蠕变曲线及模拟模型 ［B］

得出变形方程式及参量：

$$\varepsilon(t) = \frac{\sigma}{E_1} + \frac{\sigma}{\eta_2}t + \frac{\sigma}{E_3}(1 - e^{-t/T})$$

其中 $\dfrac{\eta_3}{E_3} = T$。

试验得参量的平均值：

$$\eta_2 = 212\,666,\quad E_1 = 86\,018.7,\quad E_3 = 28\,943.7,\quad \eta_3 = 345\,918。$$

（二）试验结果分析

本例仅根据试验测试的蠕变变形曲线，设载荷 σ 和为已知，进行分析处理。

（1）从模型和其变形曲线，可得出变形方程式（同上）

$$\varepsilon(t) = \frac{\sigma}{E_{.1}} + \frac{\sigma}{E_3}(1 - e^{-t/T}) + \frac{\sigma}{\eta_2}t,$$

由方程式可悉，顺丁沥青蠕变变形包括弹性变形和黏性变形（流动），弹性变形包括弹簧瞬间变形 $\dfrac{\sigma}{E_1}$ 和 ［K］ 的延滞弹性变形 $\dfrac{\sigma}{E_3}(1 - e^{-t/T})$。

①弹性变形 $\varepsilon_1 = \dfrac{\sigma}{E_{.1}} + \dfrac{\sigma}{E_3}(1 - e^{-t/T})$。

设变形时间 $t = 3T$（延滞弹性变形接近最大值），则弹性变形

$$\varepsilon_1 = \frac{\sigma}{E_1} + \frac{\sigma}{E_3}(1 - e^{-3}) = \frac{\sigma}{E_1} + 0.95\frac{\sigma}{E_3} \approx (\frac{\sigma}{E_1} + \frac{\sigma}{E_3})。$$

可认为顺丁橡胶弹性变形 $\varepsilon_1 \approx (\frac{\sigma}{E_1} + \frac{\sigma}{E_3})$。

②相应黏性变形 $\varepsilon_2 = \frac{\sigma}{\eta_2}t = \frac{\sigma}{\eta_2}3\frac{\eta_3}{E_3} = \frac{3 \cdot \sigma \cdot \eta_3}{E_3 \cdot \eta_2}$。

③黏性变形与弹性变形之比。

$$\frac{\varepsilon_2}{\varepsilon_1} = (\frac{3 \cdot \sigma \cdot \eta_3}{E_3 \cdot \eta_2})/(\frac{\sigma}{E_1} + \frac{\sigma}{E_3}) = \frac{3 \cdot \eta_3 \cdot E_1}{\eta_2(E_1 + E_3)}$$

代入试验值可得顺丁沥青黏性流动与弹性性变形值比 $\frac{\varepsilon_2}{\varepsilon_1} \approx 3.7$。

橡胶的加入流动性中具有显著的弹性（弹性变形小）。

（2）从数据看沥青的瞬间弹性变形 $\frac{\sigma}{E_1}$ 不明显

其延滞弹性变形占主导，延滞弹性变形与瞬间弹性变形之比为 $(\frac{\sigma}{E_3})/(\frac{\sigma}{E_1}) = \frac{E_1}{E_2}$，

代入试验数值延滞弹性是瞬间弹性 $(\frac{\sigma}{E_3})/(\frac{\sigma}{E_1}) = \frac{E_1}{E_3} = 2.972 \approx 3$ 倍。

顺丁沥青弹性变形中延滞弹性变形比例较大；顺丁沥青具有良好的流动性，并具有一定程度的橡胶的弹性。

三、[B] 模型中元素串联的顺序对变形恢复影响分析

[B] 模型蠕变变形过程中，模型中结构的串联顺序对其变形没有影响。模型的串联顺序对其变形恢复有否影响，进行如下的分析。

[B] 模型结构有三种串联顺序，见图4-11。

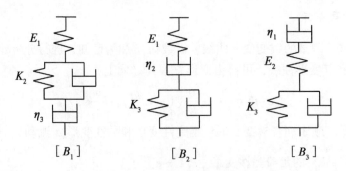

图4-11　[B] 模型的三种串联顺序

变形恢复的条件说明：
①瞬间卸载，即瞬间完成卸载，没有过程。
②模型的两端均应处于自由端。
③模型的两端均是自由恢复，即两端的恢复不受任何影响。

④处在自由端的弹簧瞬间变形恢复。

⑤处在自由端的阻尼器不受任何影响。

⑥变形恢复只与模型中的弹性因素有关。

（一）串联顺序 $[B_1]$ 模型的变形恢复

自由状态变形体 $[B_1]$ 各串联因素独立进行恢复，互相间不产生影响。

$[K]$ 变形恢复过程，其中的弹簧拉动模型（带动阻尼器 η_2）同时拉动串联的阻尼器 η_3，只能使阻尼器 η_3 发生位移，而不是产生变形。所以 $[K]$ 的弹性变形恢复对 η_3 的永久变形没有影响。

$[K]$ 另一端的弹簧 E_1 处于自由状态，瞬间自由恢复，$[K]$ 变形延滞恢复过程，不会使弹簧 E_1 承受变形力，所以也不影响弹簧 E_1 的变形恢复。串联阻尼器 η_3 变形成为永久变形。

所以串联型式 $[B_1]$ 的变形恢复为 E_1 自由进行瞬间变形恢复和 $[K]$ 弹簧 E_{HK} 拓动 η_{NK} 进行延滞变形恢复。所以 $[B_1]$ 的变形恢复是串联弹簧的瞬间恢复和 $[K]$ 的变形的延滞恢复两部分的叠加。$\varepsilon_{(t)} = \dfrac{\sigma}{E} + \dfrac{\sigma_{HK}}{E_{HK}} \cdot e^{-t/T}$。

（二）串联顺序 $[B_2]$ 模型的变形恢复

自由状态变形体 $[B_2]$ 各串联因素独立进行恢复，互相间不产生影响。

因为弹簧 E_1 已是自由状态，瞬间变形恢复，对阻尼器 η_2 没有影响。阻尼器 η_2 也是自由状态，没有恢复力。

$[K]$ 独立的进行变形恢复，因为相邻的阻尼器 η_2 没有支撑，所以变形恢复中互不影响。

所以串联型式 $[B_2]$ 的变形恢复也为 E_1 自由进行瞬间变形恢复和 $[K]$ 在弹簧 E_{HK} 拓动阻尼器 η_{NK} 进行延滞变形恢复。所以 $[B_2]$ 的变形恢复是串联弹簧瞬间恢复和 $[K]$ 的变形的延滞恢复两部分的叠加，$\varepsilon_{(t)} = \dfrac{\sigma}{E} + \dfrac{\sigma_{HK}}{E_{HK}} \cdot e^{-t/T}$，同图 4-9 中的 bc+cd（t）曲线。

（三）串联顺序 $[B_3]$ 模型的变形恢复

自由状态变形体 $[B_3]$ 各串联因素独立进行恢复，互相间不产生影响。

η_1 处在自由端，不影响弹簧 E_2 的进行瞬间变形恢复，$[K]$ 在弹簧 E_{HK} 的驱动下与阻尼器 η_{NK} 一起进行延滞变形恢复。

所以串联型式的 $[B_3]$ 变形恢复为 E_1 自由进行瞬间变形恢复和 $[K]$ 在弹簧 E_{HK} 的驱动下进行延滞变形恢复。所以 $[B_3]$ 的变形恢复也是串联弹簧瞬间恢复和 $[K]$ 的变形延滞恢复两部分的叠加 $\varepsilon_{(t)} = \dfrac{\sigma}{E} + \dfrac{\sigma_{HK}}{E_{HK}} \cdot e^{-t/T}$，同图 4-9 中的 bc+cd（t）曲线。

(四)分析结论

自由状态条件下，[B]模型的弹性变形恢复为串联弹簧的瞬间弹性变形恢复和[K]的延滞弹性变形恢复。

变形恢复和变形过程一样，[B]模型的串联顺序也不影响其变形恢复过程。

作为模型整体自由状态串联部分各自进行变形，各自进行恢复。

[B]模型，不论串联顺序其变形恢复曲线形式均相同，如图4-9所示。

第三节　摩擦块对一般蠕变模型的影响

摩擦块，即圣维南元件，在模型中是一个特殊的元件，举例说明对模型一般变形和恢复过程的影响。摩擦块是塑性变形的特征。

一、模型 [H] – ([N] | [StV])

见图4-12。

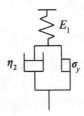

图4-12　[H] – ([N] | [StV]) 模型

当受载 $\sigma < \sigma_y$ 时，仅弹簧 E_1 变形，([N] | [StV])不能变形，模型的变形仅为弹簧 E_1 瞬间弹性变形 $\varepsilon = \dfrac{\sigma}{E_1}$；卸荷后，若保持变形不变，不能发生应力松弛。

当 $\sigma > \sigma_y$ 时，([N] | [StV])开始变形，模型的变形为 $\varepsilon(t) = \dfrac{\sigma}{E_1} + \dfrac{(\sigma - \sigma_y)}{\eta_2} t$。

在变形的某一时刻卸荷，仅有弹簧的变形可以恢复。

卸荷后，若保持变形不变，相当于 E_1，η_2 串联成 [M] 模型，可发生应力松弛，$(\sigma - \sigma_y)$ 拉动阻尼器 η_2 进行应力松弛，方程式：

$$\sigma(t) = (\sigma - \sigma_y) \cdot e^{-t/T}$$

因为弹簧的恢复力，克服屈服应力 σ_y，才能拉动阻尼器进行应力松弛，所以延滞时间

$$T = \frac{\eta_2}{E_1 - \sigma_y}。$$

二、模型 [N] - ([H] ｜[StV])

见图 4-13。

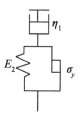

图 4-13　[N] - ([H] ｜[StV]) 模型

模型受载 $\sigma < \sigma_y$ 时，仅串联的阻尼器 η_1 变形，变形 $\varepsilon(t) = \dfrac{\sigma}{\eta_1}t$。

当 $\sigma > \sigma_y$ 时，整个模型产生变形 $\varepsilon(t) = \dfrac{\sigma}{\eta_1}t + \dfrac{(\sigma - \sigma_y)}{E_2}$。相当于 [M] 模型的变形。

在变形的某一时刻 t_1 卸荷；若其中 $\sigma < \sigma_y$ 都不能进行变形自由恢复；若 $\sigma > 2\sigma_y$，即其中弹簧的恢复力大于 σ_y，其弹性恢复力可以克服屈服力进行变形恢复。仍有一部分弹性变形不能恢复。

若保持变形体的变形不变条件下，可能发生应力松弛过程，其应力松弛过程与图 4-12 模型相同。

三、模型 ([H] ｜[StV]) - ([H] ｜[N])

见图 4-14。

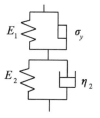

图 4-14　([H] ｜[StV]) - ([H] ｜[N]) 模型

受载 $\sigma < \sigma_y$ 时，仅串联的 [K] 变形，变形方程式 $\varepsilon(t) = \dfrac{\sigma}{E_2}(1 - e^{-t/T})$。变形和变形恢复曲线见图 4-15，即 [K] 的变形和变形恢复。

当 $\sigma \geqslant 2\sigma_y$ 时，除了 [K] 的变形之外，串联弹簧 E_1 变形力大于 σ_y 的部分，克服摩擦块的

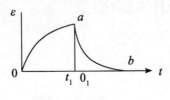

图 4-15 $\sigma < \sigma_y$

阻力进行弹性变形，变形方程式 $\varepsilon(t) = \dfrac{\sigma}{E_2}(1 - e^{-t/T}) + \dfrac{(\sigma - \sigma_y)}{E_1}$. 见图 4-16，同 $[Na]$ 模型。

$$\frac{(\sigma - \sigma_y)}{E_1} = \varepsilon_{0a}$$

若在时间 t_1 卸载，即弹簧 E_1 的变形力大于于摩擦块的阻力 σ_y，串联弹簧 E_1 变形力大于 σ_y 的部分，克服摩擦块的阻力进行弹性变形恢复，其变形恢复 ε_{bc}，变形体的变形恢复 $\varepsilon(t) = \varepsilon_{bc} + \varepsilon_{c0_1} \cdot e^{-t/T}$，$\varepsilon_{bc} = \varepsilon_{0a}$，$T = \dfrac{\eta_2}{E_2}$。

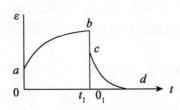

图 4-16 $\sigma \geqslant 2\sigma_y$

第四节 复杂蠕变模拟模型

$[K]$ 是基本蠕变模型，由两个或两个以上 $[K]$ 串联的模型为复杂蠕变模型。复杂的蠕变模型包含两个或两个以上的变形延滞时间 T，即存在一个变形延滞时间谱。这样的模型称为广义开尔芬模型，可用 $G[K]$ 表示。

一、广义开尔芬模型模拟蠕变过程

（一）一般广义开尔芬模型

1. 代号、结构

$G[K] = [K_1] - [K_2] - [K_3] - \cdots - [K_n]$，$G[K]$ 模型，见图 4-17。

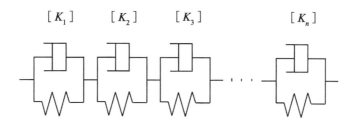

图 4-17 广义开尔芬模型，$G[K] = [K_1] - [K_2] - [K_3] \cdots - [K_n]$

2. 模型结构原理

广义 $[K]$ 模型结构原理同 $[K]$ 模型。施载 σ，串联的 $[K]$ 受载相同，各按照自己（$[K]$）的规律独立产生变形，相互不产生影响，变形与串联顺序无关，各自的变形可以叠加。变形随时间从零开始。

3. 蠕变变形方程式

$$\varepsilon(t) = \varepsilon_1(t) + \varepsilon_2(t) + \varepsilon_3(t) + \cdots + \varepsilon_n(t)$$

$$= \frac{\sigma}{E_1}(1 - e^{-t/T_1}) + \frac{\sigma}{E_2}(1 - e^{-t/T_2}) + \frac{\sigma}{E_3}(1 - e^{-t/T_3}) + \cdots + \frac{\sigma}{E_n}(1 - e^{-t/T_n})$$

其中，$T_1 = \dfrac{\eta_1}{E_1}$，$T_2 = \dfrac{\eta_2}{E_2}$，$T_3 = \dfrac{\eta_3}{E_3}$，$\cdots$，$T_n = \dfrac{\eta_n}{E_n}$，构成了 $G[K]$ 的蠕变延滞时间谱。

4. 蠕变变形曲线

是各串联 $[K]$ 变形曲线的叠加，即若干延滞弹性变形曲线的叠加，也为延滞弹性变形曲线。

变形曲线的特点

变形曲线趋势与 $[K]$ 的变形曲线相似，基本区别是 $G[K]$ 的蠕变变形曲线有若干变形的延滞时间谱 T_i，而 $[K]$ 仅有一个变形延滞时间 T，见图 4-18。

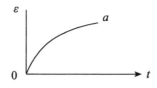

图 4-18 $G[K]$ 模型的蠕变曲线

$G[K]$ 中的各串联的 $[K]$ 受力相同，在相同力的作用下，按照自己规律独立地完成其蠕变过程，串起来完成 G［K］模型的蠕变功能。G［K］模型的蠕变变形是串联［K］变形的叠加。

（二）串联弹簧或阻尼器的广义开尔芬模型

1. 模型

广义［K］上，串联上［H］或［N］，其模型见图4-19，模型代号：G［K］-［H］-［N］。也可叫一般 G［M］。

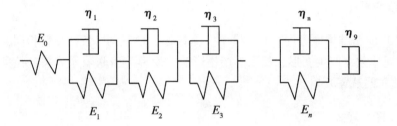

图4-19 一般 G［K］-［H］-［N］广义开尔芬模型

2. 变形方程式

$$\varepsilon(t) = \varepsilon_1(t) + \varepsilon_2(t) + \varepsilon_3(t) + \cdots + \varepsilon_n(t) + \varepsilon_0 + \varepsilon_N(t)$$

$$= \frac{\sigma}{E_1}(1 - e^{-t/T_1}) + \frac{\sigma}{E_2}(1 - e^{-t/T_2}) + \frac{\sigma}{E_3}(1 - e^{-t/T_3}) + \cdots + \frac{\sigma}{E_n}(1 - e^{-t/T_n}) + \frac{\sigma}{E_0} + \frac{\sigma}{\eta_N}t。$$

3. 变形曲线

施载 σ 变形曲线曲线，与［B］变形曲线相似，见图4-20。

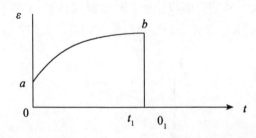

图4-20 G［K］-［H］-［N］模型的蠕变曲线

图中，$0a$——是串联弹簧的瞬间变形，$ab(t)$ 曲线——是广义［K］-［N］的变形曲线，包含一个变形延滞时间谱。

二、串联 [K] 模型的变形恢复过程

前面已经分析,一般串联模型或广义 [K] 模型蠕变变形过程,串联因素相互之间不发生影响。模型中只串联一个 [K] 的模型,例如 [B] 模型,对其变形恢复也没有影响。那么如果模型中串联有两个或两个以上 [K],其变形恢复过程如何呢?举例进行分析。例如三个 [K] 串联的模型的变形恢复过程,见图 4-21。

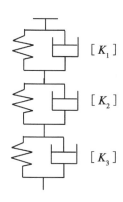

图 4-21 三个 [K] 串联广义 [K] 模型

1. 串联 [K] 模型变形恢复过程分析

即串联 [K] 的变形体的变形恢复过程。

在变形过程,串联 [K] 模型的两端都有支承,变形过程,串联的 [K] 受力相同,都产生了变形。变形体的自由状态,串联的 [K] 都存在弹性变形恢复。

所谓变形体变形的自由恢复,即变形过程,完全释放载荷,串联模型的两端完全释放,让其成为自由端。其中串联 [K] 的两端也相当于自由端,即让模型自由进行变形恢复,每个 [K] 也都会自由变形恢复。也就是串联的 [K] 各自独立地进行变形恢复。因为每个 [K] 的两端没有了支撑,相互间弹簧的张力差,也不会引起 [K] 的变形。所以不会影响各自的变形恢复过程。

2. 自由变形恢复过程分析

①串联 [K] 在弹簧恢复力的作用下各自的弹性变形进行变形恢复,且都存在一个恢复过程。

每个 [K] 中,在模型结构保证下,弹簧的恢复力只能拓动并联阻尼器一同进行变形恢复。

②串联 [K] 的两端为自由端,表明其中的 [K] 的两端都没有了支承,所以 [K] 变形恢复也不会影响相邻 [K] 的变形恢复。

③相邻 [K] 各自进行恢复过程的同时,相邻 [K] 的弹簧恢复张力拓动并联阻尼器进行恢复变形过程中,相邻 [K] 之间也会相互拓动,张力大的 [K] 会拉动相邻张力小的

[K] 产生移动（不是模型变形）的趋势，（因为两端均为自由端，弹性变形的张力差只会影响 [K] 的整体移动），但不会使其内部产生变形。也就是相邻 [K] 弹簧的恢复张力差，不会影响之间的变形恢复过程。见图4-21，设 E_2 大于 E_1，因为 [K_1] 端自由，两者的张力差 $\Delta E = (E_2 - E_1)$ 对模型 [K_1] 的拉力，不会影响模型 [K_1] 的变形恢复。同样与 [K_3] 变形恢复也不会产生互相影响。

④所以串联 [K] 在变形过程各自获得的能量，各自独立地进行恢复，即按照各自的变形恢复规律进行变形恢复，不会产生相互影响。

⑤变形恢复过程与 [K] 的串联顺序也无关。

串联 [K] 自由变形恢复的特点：综上分析，串联两个或两个以上 [K] 模型的自由变形恢复的特点如下。

①变形恢复过程，各串联 [K] 在变形过程获得的能量，独立地进行变形恢复。

②串联的 [K] 变形恢复过程规律不同。

③相邻 [K] 的变形恢复过程互不产生影响；也不影响模型的整体变形恢复。

④各串联 [K] 按照自己的规律进行变形恢复，且其变形均可完全恢复。

⑤各串联 [K] 的变形恢复与其应力恢复同步进行。

三、广义 [K] 的变形和变形恢复

(一) 广义 [K] 模型蠕变过程的一般分析方法

1. 一般的数学演算方法

施力 σ 对模型（物体试件）进行蠕变试验，获得的蠕变曲线，列出蠕变方程式，用计算机进行处理演算，求出模型（物体试件）的蠕变参量。用现代软件，可以计算出复杂方程式中的所有参量（略）。

2. 模型概念分析方法

与前面对 [K] 模型的分析研究过程一样，也从其变形恢复过程开始进行分析，再利用求得恢复过程的参量来分析蠕变过程的参量。

[K] 的变形恢复曲线（方程式）仅有一个变形恢复延滞时间 $T = \dfrac{\eta_{NK}}{E_{HK}}$，而 G [K] 含有若干个变形延滞恢复时间 T。G [K] 变形恢复曲线，是由若干 [K] 变形恢复曲线叠加而成。

①一般首先在试验过程中，回归出试验样品的变形和变形恢复曲线。可以将 G [K] 的变形恢复曲线分解为串联的各 [K] 的变形恢复曲线。求出串联各 [K] 的变形恢复方程式及参量。

②再利用各 [K] 变形恢复参量，求出其蠕变变形方程式、参量，并绘出各 [K] 的变形恢复曲线。进行叠加绘出串联 [K] 的变形恢复曲线。

③对分析出来的各 [K] 的变形恢复叠加出来的曲线与试验过程获得的串联 [K] 模型

（样品）的恢复曲线进行符合。

④再对分析出来的各［K］的变形曲线与试验过程获得的串联［K］模型（样品）的变形曲线进行符合。

（二）用模型概念分析方法举例

例如对三个［K］串联的广义［K］模型的变形和恢复过程进行分析。自由状态下各［K］各自变形，各自进行恢复，互不影响。

1. 已知条件

瞬间加载 σ 对样品蠕变变形和变形恢复试验，获得的变形曲线 $0a(t)$，在时刻 t_1 卸荷进行变形恢复，其变形恢复曲线为 $ab(t)$，见图4-22。

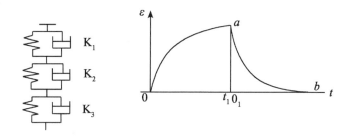

图4-22　串联［K］模型及其蠕变变形和变形恢复曲线

2. 用模型模拟的方法进行分析和求解思路

根据模拟模型——由变形恢复曲线开始进行分析求解，在变形恢复曲线上，求得变形恢复延滞时间。

变形恢复延滞时间与其变形的延滞时间相等——代入变形方程式，求得变形参量。设本例题已知是三个串联［K］模型的蠕变变形和变形恢复曲线，见图4-22。

3. 求解过程

①根据上面的论述，在分析串联［K］模型蠕变过程和变形恢复过程中，采取从其变形恢复曲线入手进行分析。

②根据一般变形恢复曲线，首先判断恢复曲线 $ab(t)$ 不是一个［K］的变形恢复曲线，即不是一个变形延滞恢复时间 T 的基本变形恢复曲线。

在变形恢复曲线 $\varepsilon_{ab}(t)$ 上判断变形恢复延滞时间不是一个 T，即可判定是复杂变形恢复曲线。

按照广义［K］变形恢复曲线进行分析。

③因为［K］的变形恢复曲线与［M］的应力松弛趋势相同。例如［M］的基本应力松弛方程式 $\sigma(t)=\sigma\cdot e^{-t/T}$，［K］基本变形恢复方程式 $\varepsilon(t)=\varepsilon\cdot e^{-t/T}$，［K］在半对数坐标中，

变形恢复曲线也是一条斜直线，其方程式为：

$$\ln\varepsilon(t) - \ln\varepsilon = \frac{-t}{T}。$$

斜直线与应变坐标的交点，即为变形恢复的起始值 ε，斜直线的斜率就是其变形恢复延滞时间的倒数（$1/T$），求得 T。

也就是说变形体基本变形恢复曲线，在半对数坐标中也是一条斜直线，三个［K］串联模型的复杂变形恢复曲线在半对数坐标中是由三条斜直线叠加成的曲线。现在就是要分析叠加成的这个变形恢复曲线是由几个基本变形恢复曲线叠加的及其方程式和参量。

④参照广义［M］半对数应力松弛曲线，用逐次剩余法，求出各［K］的变形恢复方程式及参量（该方法将在下一章介绍）。将上面变形恢复曲线 $ab(t)$ 变成半对数坐标，在半对数坐标中 $ab(t)$ 曲线也是一条曲线，将这条曲线用逐次剩余法分解得出若干基本变形恢复曲线，设得出三个变形恢复方程及参量见图4-23。

$$\varepsilon_1 \cdot e^{-t/T_1}，\varepsilon_2 \cdot e^{-t/T_2}，\varepsilon_3 \cdot e^{-t/T_3}，$$

其中变形恢复起始变形分别为 $\varepsilon_1 = \varepsilon_{a_10_1}$，$\varepsilon_2 = \varepsilon_{a_20_1}$，$\varepsilon_3 = \varepsilon_{a_30_1}$。

其中变形恢复延滞时间分别为 T_1，T_2，T_3。

故可判断三条变形恢复曲线，分别符合三个［K］模型的变形恢复曲线。

即变形恢复曲线可用三个［K］串联的广义［K］模型进行模拟。

结合选择的模拟模型，其变形恢复延滞时间分别表示为：

$$T_1 = \frac{\eta_1}{E_1}，T_2 = \frac{\eta_2}{E_2}，T_3 = \frac{\eta_3}{E_3}$$

⑤用上面的数据分别绘出三条变形恢复曲线。

见图4-23。

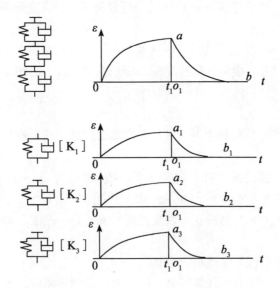

图4-23 三个［K］串联变形恢复分析

三条变形恢复曲线 $\varepsilon_{a_1b_1}(t)$，$\varepsilon_{a_2b_2}(t)$，$\varepsilon_{a_3b_3}(t)$。

分别与下面方程式、变形恢复延滞时间对应。

$$\varepsilon_1 \cdot e^{-t/T_1} = \varepsilon_{a_10_1} \cdot e^{-t/T_1}，\quad \varepsilon_2 \cdot e^{-t/T_2} = \varepsilon_{a_20_1} \cdot e^{-t/T_2}，\quad \varepsilon_3 \cdot e^{-t/T_3} = \varepsilon_{a_30_1} \cdot e^{-t/T_3}$$

$$T_1 = \frac{\eta_1}{E_1}，\quad T_2 = \frac{\eta_2}{E_2}，\quad T_3 = \frac{\eta_3}{E_3}。$$

⑥三条变形恢复曲线与试验得变形恢复曲线进行符合。

$$\varepsilon_{a_10_1} + \varepsilon_{a_20_1} + \varepsilon_{a_30_1} = \varepsilon_{a0_1}。$$

在曲线过程中，三条恢复曲线任意位置的变形值的叠加都等于恢复曲线 ab（t）对应位置的变形值。

⑦用三个［K］模型的三条变形恢复曲线求其相应的变形曲线。

变形恢复方程式及参量。

$$\varepsilon_1(t) = \varepsilon_1 \cdot e^{-t/T_1} \cdots (1) \text{ 对照模型，} \varepsilon_1 = \frac{\sigma_{1HK}}{E_{1HK}} = \varepsilon_{a_10_1}，\quad T_1 = \frac{\eta_{1NK}}{E_{1HK}}，$$

$$\varepsilon_2(t) = \varepsilon_2 \cdot e^{-t/T_2} \cdots (2)，\text{ 其中，} \varepsilon_2 = \frac{\sigma_{2HK}}{E_{2HK}} = \varepsilon_{a_20_1}，\quad T_2 = \frac{\eta_{2NK}}{E_{2HK}}，$$

$$\varepsilon_3(t) = \varepsilon_3 \cdot e^{-t/T_3} \cdots (3)，\text{ 其中，} \varepsilon_3 = \frac{\sigma_{3HK}}{E_{3HK}} = \varepsilon_{a_30_1}，\quad T_3 = \frac{\eta_{3NK}}{E_{3HK}}。$$

其中变形恢复延滞时间，变形恢复起始变形，均可求得。

由变形恢复分别可求得相应蠕变变形方程式及参量。

$0a_1(t)$ **蠕变曲线：**

蠕变方程式：$\varepsilon_1(t) = \dfrac{\sigma}{E_{1HK}}(1 - e^{-t/T_1})$

蠕变延滞时间：$T_1 = \dfrac{\eta_{1NK}}{E_{1HK}}。$

$0a_2(t)$ **蠕变曲线：**

蠕变方程式：$\varepsilon_2(t) = \dfrac{\sigma}{E_{2HK}}(1 - e^{-t/T_2})$

蠕变延滞时间：$T_2 = \dfrac{\eta_{2NK}}{E_{2HK}}。$

$0a_3(t)$ **蠕变曲线：**

蠕变方程式：$\varepsilon_3(t) = \dfrac{\sigma}{E'_{3HK}}(1 - e^{-t/T_3})$

蠕变延滞时间：$T_3 = \dfrac{\eta_{3NK}}{E_{3HK}}$。

因为变形方程式中，变形载荷 $\sigma(=\sigma_{HK} + \sigma_{NK})$。

在时间 t_1 的变形值分别是 $\varepsilon_1(t_1) = \varepsilon_{a_10_1}$，$\varepsilon_2(t_1) = \varepsilon_{a_20_1}$，$\varepsilon_3(t_1) = \varepsilon_{a_30_1}$。

将变形恢复延滞时间 T 值，变形载荷 σ 和时间 t_1 时刻的应变值代入相应各变形方程式求得弹性模量 E_{1HK}，E_{2HK}，E_{3HK}。

由 $\dfrac{\sigma}{E_{1HK}}(1 - e^{-t_1/T_1}) = \varepsilon_{a_10_1} = \dfrac{\sigma_{1HK}}{E_{1HK}} \rightarrow \sigma_{1HK}$ 求出第一个 ［K］ 的弹性恢复力；

由 $\dfrac{\sigma}{E_{2HK}}(1 - e^{-t_1/T_2}) = \varepsilon_{a_20_1} = \dfrac{\sigma_{2HK}}{E_{2HK}} \rightarrow \sigma_{2HK}$ 求出第二个 ［K］ 的弹性恢复力；

由 $\dfrac{\sigma}{E_{3HK}}(1 - e^{-t_1/T_3}) = \varepsilon_{a_30_1} = \dfrac{\sigma_{3HK}}{E_{3HK}} \rightarrow \sigma_{3HK}$ 求出第三个 ［K］ 的弹性恢复力。

串联 ［K］ 变形力相同皆为 σ，而各 ［K］ 的弹性变形恢复力是弹簧的变形恢复力。

根据求得的参量、方程式分别做出各 ［K］ 的变形曲线。

$$0a_1(t)，\quad 0a_2(t)，\quad 0a_3(t)。$$

因为 $\dfrac{\sigma_{1HK}}{E_{1HK}} = \dfrac{\sigma}{E_{1HK}}(1 - e^{-t_1/T_1}) = \varepsilon_{a_10_1}$，因为各 ［K］ 的变形力相等，都等于

$$\sigma(=\sigma_{HK} + \sigma_{NK})$$

在每个 ［K］ 其变形中弹簧的变形与并联阻尼器的变形相等。

所以 $\dfrac{(\sigma_{1HK} + \sigma_{1NK})}{E_{1HK}}(1 - e^{-t_1/T_1}) = \dfrac{\sigma_{1HK}}{E_{1HK}} \rightarrow \sigma_{1NK}$，求出 σ_{1NK}。同理求得 σ_{2NK}，σ_{3NK}。所以整体模型的非弹性变形力 $\sigma_{NK} = \sigma_{1NK} + \sigma_{2NK} + \sigma_{3NK}$。故串联模型的变形载荷 $\sigma = (\sigma_{1HK} + \sigma_{1NK}) = (\sigma_{2HK} + \sigma_{2NK}) = (\sigma_{3HK} + \sigma_{3NK})$。

⑧求得的结果与原始条件进行符合。

分析求得的参量与已知曲线进行符合。

三条变形恢复曲线与原始变形恢复曲线 $ab(t)$ 进行符合。

三条变形曲线与原始变形曲线 $0a(t)$ 进行符合图中 $0a_1(t) + 0a_2(t) + 0a_3(t) = 0a(t)$，在曲线的任一位置，三条曲线变形值之和都等于串联模型的变形值。

⑨根据上面的分析，可确定模拟模型为三个 ［K］ 的串联的广义 ［K］。

以此方法可求解广义 ［K］ 变形和变形恢复问题。

上面的分析研究，是在已知模型分析的基础上进行的。比较方便。

据上，广义 ［K］ 的一般分析研究方法应该是：

首先是进行实体的蠕变变形过程试验，求得其变形曲线和变形恢复曲线，分析曲线。首先分析变形恢复曲线，确定是基本变形恢复曲线还是复杂变形恢复曲线；根据曲线选择模拟

模型。将曲线与模拟模型结合起来的分析研究最关键，也最复杂。如果这一步出了问题，将直接影响分析研究的结果是否符合实际。

接下来的程序，推荐由变形恢复过程开始，求得变形过程的曲线及参量。

分析的恢复曲线、数据与试验的恢复曲线、数据进行符合。

由变形恢复曲线，参量，求得变形曲线及变形参量。

分析的变形曲线、数据与试验的变形曲线、数据进行符合。

——综上串联蠕变模型可见：

①变形过程，各串联因素（包括元件和基本模）受力相同，各自按照自己的规律进行独立变形，其变形进行叠加，就是模型的蠕变变形，其中的参量就是模型的蠕变参量。

②其变形体，卸荷自由恢复，各串联因素独自进行变形恢复互不影响，其恢复变形可以叠加——同一个串联模型的变形恢复与其变形过程相对应。

③串联模型变形力自由恢复过程，也是各串联因素的独自恢复互不产生影响，但是其恢复力不能叠加。

——串联蠕变模型，模拟的是其蠕变过程和其相应的变形恢复过程。

第五章　变形体保持变形条件下的应力松弛

所谓保持变形体变形条件下的应力松弛，就是对不论什么样的变形过程的变形体，保持其变形条件下的弹性变形力的恢复过程。本章将结合模拟模型论述其变形体保持变形条件下的应力松弛过程。

模拟变形体保持变形条件下应力松弛，模型基本因素是串联的，保持其变形不变，实际上将串联因素绑在一起，使其在过程中成为一体，进行应力松弛。

应力松弛过程是变形体弹性变形力的恢复过程。应力松弛过程取决于变形体的性质、状态和条件。应力松弛模拟模型是变形体应力松弛过程的假设，即用模型的过程模拟变形体的应力松弛过程。所以模拟变形体的应力松弛过程的模型，代表了应力松弛过程的实体，模拟模型的过程方程式，曲线，参量等就代表了变形体的应力松弛方程式、曲线和参量。

保持变形体变形不变，变形体的应力随时间减小的应力松弛过程可以用麦克斯威尔〔M〕类模型进行模拟。这样的应力松弛过程是在保持变形体变形条件下发生的，可称之为变形体保持变形条件下的应力松弛过程或麦克斯威尔〔M〕类模拟的应力松弛过程。

此类应力松弛过程是在实体的某个变形状态（变形体），保持其变形，其弹性变形力随时间恢复的过程。

应力松弛是变形体的一个基本流变学过程。发生应力松弛是变形体的一个基本特性。从第三章麦克斯威尔基本应力松弛发现，保持变形体变形发生的应力松弛的实质是变形体在保持（宏观）变形条件下，其弹性变形力的恢复。弹性变形力的松弛，必然伴有弹性变形的恢复。没有弹性变形的恢复，不可能发生应力松弛。实际上应力松弛与其弹性变形恢复是同步发生的。两者的关系应符合虎克定律。即应力松弛的应力 $\sigma(t) = E\varepsilon(t)$；恢复变形 $\varepsilon(t) = \dfrac{\sigma(t)}{E}$。恢复应力、恢复变形两者之比 E 就是恢复过程的弹性模量。也就是应力松弛的模量。

保持变形体形态条件下的应力松弛中，其基本应力松弛就是〔M〕变形体模拟的应力松弛，〔M〕模拟的应力松弛是保持变形体条件下应力松弛的基础。

本章在第三章有关的基础上，对一般应力松弛，复杂的应力松弛进行论述。一般应力松弛和复杂应力松弛是在基本应力松弛的基础上展开的。

为此重提一下保持变形体变形条件下基本应力松弛的特征。

麦克斯威尔〔M〕（=〔H〕-〔N〕）变形体模拟模型，具有弹性恢复力，见图5-1所示。

一条单项降幂应力松弛曲线 $AB(t)$（左图 a）及在半对数坐标中表示为一条斜直线 $AB(t)$（右图 b），见图5-2所示。

一个单项降幂应力松弛方程式：$\sigma(t) = \sigma \cdot e^{-t/T}$。

图 5-1　变形体模拟模型

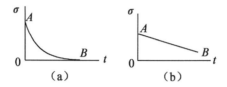

图 5-2　单项降幂应力松弛曲线（a）和斜直线（b）

一个应力松弛延滞时间 $T = \dfrac{\eta}{E}$。

这四条相互结合。符合其中一项的应力松弛，基本上可确定为保持变形体变形条件下的基本应力松弛。即［M］的应力松弛，［M］类的基本应力松弛。在此基础上进行下面的分析。

第一节　一般应力松弛

所谓保持变形体变形不变条件下的一般应力松弛，就是具有一个应力松弛延滞时间 T 的应力松弛过程；模拟模型中具有一个［M］之外还并联着其他模型元件。

一般应力松弛，例如存在弹性变形力不能完全松弛的应力松弛等问题。

一、弹性变形力不能完全松弛的模型

不能完全松弛的应力松弛，即存在平衡应力的应力松弛。变形体在很长很长时间内，应力松弛结束，变形体还存在弹性变形力。模拟这种应力松弛的模型是［PTh］模型。

（一）［PTh］模型

1. 模型结构及代号

［PTh］（［M］｜［H］），见图 5-3 所示。

2. 应力松弛过程和应力松弛曲线

保持变形体［PTh］变形不变条件下的应力松弛过程。

应力松弛过程中，变形体［PTh］中的弹簧 E_M，E_e 都存在弹性变形。保持变形体的变形条件下，模型中的两根弹簧的变形力都力争进行恢复。其中［M］中的弹簧 E_M 弹性变形

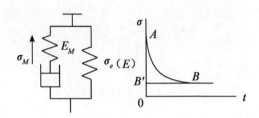

图 5-3　存在平衡应力变形体应力松弛曲线及模拟模型

力 σ_M 拉动阻尼器可以进行变形恢复，弹性变形恢复过程与其弹性变形力同时进行延滞恢复。因为串联了阻尼器，弹性变形和变形力可以完全松弛。其应力松弛曲线为 $AB(t)$。

而并联弹簧的弹性 E_e 变形力 σ_e 受模型结构和保持变形条件的限制，其弹性变形不能恢复，其弹性变形力也不能进行松弛。所以 $[PTh]$ 应力松弛过程应力曲线包括两部分，即为 $\sigma(t) = AB(t) + \sigma_e(B'0)$，当时间 $t \to \infty$ 时，应力 $AB(t)$ 松弛到零。并联的弹簧的弹性变形不能恢复，所以 $\sigma_e(= B'0)$ 保留了，即称为平衡应力。应力松弛曲线见图 5-3。

3. 应力松弛方程式及参量

（1）应力松弛方程式

实际上，其中仅有 $[M]$ 在的变形力进行松弛。平衡应力的实质也是弹性变形（恢复）力，与松弛应力的性质相同，所以在弹性变形力松弛方程式中包括两部分应力

$$\sigma(t) = \sigma_M \cdot e^{-t/T} + \sigma_e = E \cdot \varepsilon(t) + E_e \cdot \varepsilon$$

其中包括：① $[M]$ 的基本应力松弛；②并联弹簧弹性变形力不变。

（2）应力松弛过程参量

$\sigma(t)$，σ_M，σ_e——过程中，弹性变形恢复应力，其中：

σ_M——过程中 $[M]$ 的弹性变形恢复应力，即 $[M]$ 应力松弛过程的起始应力。

σ_e——过程中并联弹簧 E_e 的弹性变形力，不能松弛的应力，即平衡应力。

$\sigma(t)$——应力松弛过程的应力，应力松弛起始值为 $\sigma_M + \sigma_e$。其中包含了松弛的应力和不能松弛的平衡应力，因此还不能笼统的称其为松弛应力。可叫松弛过程的弹性变形力或松弛过程起始应力。

E_M，E_e——变形体的弹性恢复模量。其中：

E_M——变形体的应力松弛模量，也是其中 $[M]$ 的应力松弛模量。与松弛应力 σ_M 对应的弹性模量。

E_e——变形体不能松弛弹性变形力的弹性模量。与弹性恢复应力 σ_e 对应的模量，平衡模量。不能松弛应力模量。

$T = \dfrac{\eta_M}{E_M}$——变形体的应力松弛延滞时间，也是 $[M]$ 的应力松弛延滞时间，仅与 $[M]$ 中的 η_M，E_M 有关，与 E_e 无关。

其中方程式中的 ε，$\varepsilon(t)$ 是变形体应力松弛过程中的弹性恢复变形，即 $[M]$ 中弹簧的

变形 ε ，在应力松弛过程是变化的 $\varepsilon(t)$ ，其中并联弹簧 E_e 的弹性变形也等于 ε ，但是在应力松弛过程中是不变的。

4. 举例

给实体物料一阶跃载荷，使其产生变形，保持变形体变形不变，变形体的应力松弛的曲线见图5-4所示。

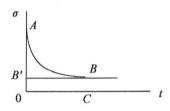

图5-4　应力松弛曲线

分析其应力松弛特性。

解：

①其应力松弛曲线 $AB(t)$ 和不能松弛的应力 $BC = B'0$ 。

②应力松弛曲线 $AB(t)$ ，在曲线上求得应力松弛延滞时间 T 值。设并确定其为基本应力松弛曲线。

上述的应力松弛曲线，在保持变形体变形不变的条件下，只能选择 ［M］ 类模型中的 ［PTh］ 模型进行模拟。

③应力松弛方程式。

变形体应力方程式包括可松弛和不可松弛的两部分。

$$\sigma(t) = \sigma_M(t) + \sigma_e = \sigma_M \cdot e^{-t/T} + \sigma_e = E_M \cdot \varepsilon \cdot e^{-t/T} + E_e \cdot \varepsilon 。$$

④应力松弛过程的参量。

σ_M ——变形体中松弛应力的起始应力，即其中 ［M］ 模型的变形恢复力。

$\sigma_M = AB'$. 过程中可以显示，也可以测量。

σ_e ——变形体的平衡应力，其中弹簧 E_e 的变形恢复力。

$\sigma_e = BC = B'0$ ，过程中可以显示，也可以测量。

变形体的弹性变形恢复力，也即受力体的施力载荷 $\sigma = \sigma_M + \sigma_e$ ，即变形体的弹性变形恢复力。

ε ——变形体的变形，即 ［M］ 的变形和弹簧 E_e 的变形相等。

所以 ［M］ 的松弛的起始应力 $\sigma_M = E_M \cdot \varepsilon$ 。

平衡应力 $\sigma_e = E_e \cdot \varepsilon$ 。

T —— 变形体的应力松弛延滞时间，仅是 ［M］ 的应力松弛延滞时间：

$$T = \frac{\eta_M}{E_M} 。$$

E_M —— 应力松弛模量。

E_e —— 平衡模量，即不能松弛的模量。

其中，T，（E_M，E_e）为过程中实体的基本参量。

（二）［Na］模型

1. 模型结构［Na］=［**H**］－［**K**］

见图 5-5 所示。

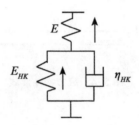

图 5-5　［Na］模型

［Na］模型本不是模拟应力松弛的模型，也不属于［**M**］类模型。但［Na］变形体若保持变形不变的条件下，也具有模拟应力松弛的功能，且与［PTh］功能相同。

2. 模型结构分析

［Na］模型变形体中的弹簧 E，E_{HK} 都存在弹性变形。保持变形体的变形不变条件下，都存在应力松弛的趋势。其中 $E > E_{HK}$，E 的恢复张力大于 E_{HK} 的恢复张力。

保持变形体变形不变条件下，弹簧（$E-E_{HK}$）变形恢复力拉动［**K**］进行变形恢复和进行应力延滞松弛。但是由于保持模型的变形条件，所以［**K**］中弹簧 E_{HK} 的弹性变形力不能拉动并联的阻尼器 η_{NK} 进行变形，作为平衡应力保存下来。

3. 应力松弛曲线

变形体的应力松弛曲线，见图 5-6。

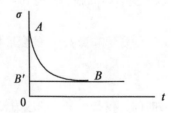

图 5-6　［Na］模型的应力松弛曲线型

其中 $AB(t)$ 就是弹簧（ $E - E_{HK}$ ）拉动 ［K］ 进行松弛的曲线。

$B'0$ 就是弹簧 E_{HK} 的变形恢复力，过程中保持不变。

4. 应力松弛方程式

$$\sigma(t) = \sigma \cdot e^{-t/T} + \sigma_{HK} = (\sigma - \sigma_{HK}) \cdot e^{-t/T} + \sigma_e$$

5. 应力松弛参量

σ ——串联弹簧弹性变形力也等于变形载荷。

$\sigma(t)$ ——变形体应力松弛过程的应力。是弹簧（ $E - E_{HK}$ ）张力生产的应力，过程显示，也可进行测量。

σ_e ——平衡应力，是其中 ［K］ 的变形恢复力 σ_{HK} 。过程中可以显示，也可以进行测量。

T ——变形体的应力松弛延滞时间 $T = \left(\dfrac{\eta_{NK}}{E - E_{HK}} \right) = \dfrac{\eta_M}{E_M}$ 。

6. 举例

在载荷 σ 作用下某受力实体发生变形，在变形过程某一时刻 t_1，卸载保持变形 ε 不变，其过程和应力松弛曲线见图 5-7。

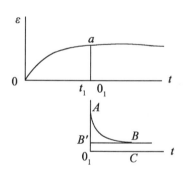

图 5-7 变形体的应力松弛曲线

（1）分析应力松弛曲线

应力松弛曲线包括松弛应力 $AB(t)$ 和不能松弛的应力 $B'0_1 = BC$ ，即 $\sigma(t) = AB(t) + BC$ 。

分析 $AB(t)$ 曲线，确定是基本基本应力松弛曲线，并在其上确定应力松弛延滞时间 T 值。

不能松弛的平衡应力 BC 。

（2）选择模拟模型

应力松弛方程式中包括一个基本应力松弛和一个不能松弛的平衡应力。

但是在保持变形体变形条件下的应力松弛，只能选择 ［M］ 类模型进行模拟。所以上述

的应力松弛过程，只能选择 $[PTh] = ([M] | [H])$ 模型进行模拟。不能选择 $[Na]$ 模型进行模拟。

（3）应力松弛方程式（保持变形体变形条件下的应力松弛）

$$\sigma(t) = \sigma_M \cdot e^{-t/T} + \sigma_e = AB' \cdot e^{-t/T} + BC = E_M \cdot \varepsilon(t) + E_e \varepsilon。$$

（4）应力松弛参量

σ_M —— $[M]$ 松弛的起始应力 $\sigma_M = AB' = E_M \cdot \varepsilon = E_M \cdot \varepsilon_{a0_1}$。

$\varepsilon(t)$ —— $[M]$ 松弛过程相应弹性变形恢复过程。$\varepsilon(t) = \varepsilon_{a0_1} e^{-t/T}$。

σ_e —— 平衡应力，$\sigma_e = E_e \cdot \varepsilon = E_e \cdot \varepsilon_{a0_1}$。

T —— $[M]$ 的应力松弛延滞时间。$T = \dfrac{\eta_M}{E_M}$。从变形体模型结构关系分析其值等于

$\dfrac{\eta_{HK}}{E - E_{HK}}$。

E_M —— 应力松弛模量。

E_e —— 平衡模量。

其应力松弛方程式：$\sigma(t) = \sigma_M \cdot e^{-t/T} + \sigma_e = E_M \cdot \varepsilon \cdot e^{-t/T} + E_e \cdot \varepsilon$。

虽然两个弹簧的弹性变形 ε 相等，但是因为 E_M 的弹性变形在过程中是变化的，而 E_e 弹簧的弹性变形在过程中是不变的。所以在公式中两个变形不能视同。

（三）$[PTh]$ 与 $[Na]$ 模型

从上面例子显示，$[PTh]$ 与 $[Na]$ 模型在保持变形体条件下的应力松弛过程基本相同。$[PTh]$ 模型是属 $[M]$ 类模型，$[Na]$ 模型属 $[K]$ 类模型。

1. 功能、方程式、参量相似

$[PTh]$ 方程式，同前为：$\sigma(t) = \sigma_M \cdot e^{-t/T} + \sigma_e = E. \varepsilon(t) + E_e. \varepsilon$。

应力松弛时间形式相同 $T = \dfrac{\eta_M}{E_M} = \dfrac{\eta}{E}$。

$[Na]$ 应力松弛方程式为：$\sigma(t) = \sigma \cdot e^{-t/T} + \sigma_{HK}$。

应力松弛时间 $T = \dfrac{\eta_{NK}}{E - E_{HK}} = \dfrac{\eta}{E}$。

应力松弛曲线相同。$[Na]$ 变形体的应力松弛曲线见图5-8。

2. 进行模型结构分析

见图5-9。

$[Na]$：设 $E = E_1 + E_{HK}$，其中 E_1 与 η_{NK} 串联相当于 $[M]$，E_{HK} 相当于 $[PTh]$ 中的 E_e。故 $[Na]$ 可转换成 $[PTh]$。见图5-9所示。

$[Na]$ 模型，设其中的 $E = (E_1 + E_2)$，与 $[K]$ 串联。

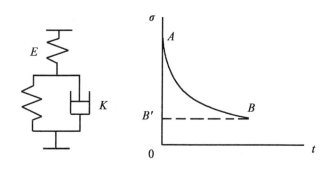

图5-8 ［Na］模型变形体应力松弛曲线

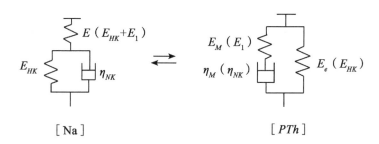

图5-9 两模型的结构分析

［PTh］中［M］的E_M，η_M相当于［Na］中的E_1，η_{NK}；

［Na］中的（$E_{HK}+E_2$）相当于［PTh］中的E_e。

由上，从结构原理上可认为［Na］，［PTh］过程相似；在保持变形体变形不变的条件下，两者模拟的应力的应力松弛过程相同。故可视为两者为等效模型。

实际上，在模拟保持变形条件下的应力松弛过程一般是选用［M］类中的［PTh］为模拟模型；而不选择［Na］为模拟模型。

二、存在损耗应力的一般应力松弛及模型

应力松弛过程的力是变形体的弹性变形力。损耗应力是受力体变形过程的非弹性变形力，所以损耗应力不是应力松弛过程的应力。损耗应力仅是变形力与弹性变形力的差值。它在变形过程耗损了，而在变形体的特性中没有反应。即在受力体变成变形体前耗损了，故可称为损耗应力。

因为损耗应力是非弹性变形力，变形体的过程中没有显示。应力松弛是弹性变形力的恢复过程，与非弹性变形力没有关系。

所以［M］类模型中就没有模拟损耗应力的模拟模型。为充分体会模型模拟原理、功能，提出可显示损耗应力的模型。例如在［M］模型上再并联一个阻尼器［N］。

（一）应力松弛中反映损耗应力的最简单模型

Jeffrevys 模型可反映耗损应力。模型代号为 ［J］＝（［M］｜［N］），见图 5-10。

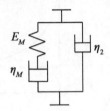

图 5-10　［J］（［M］｜［N］）模型

保持变形体变形条件下，模型中并联的阻尼器的变形力耗损了，在应力松弛过程不能显示。仅有 E_M，η_M 组成的［M］进行应力松弛过程。

1. 应力松弛方程式

$$\sigma(t) = \sigma \cdot e^{-t/T}(+\sigma_{sh})$$

所以该模型的应力松弛就是其中［M］的基本应力松弛。［M］的应力松弛的方程式、应力松弛时间 T。应力松弛方程式中的 σ_{sh} 是模型中阻尼器 η_2 的变形力，属于非弹性变形力，不属于应力松弛过程的力，也可叫损耗应力。所以用加括号（σ_{sh}）表示。

2. 应力松弛曲线

保持变形体变形不变的条件下，变形体应力松弛曲线可以用图 5-11 表示。

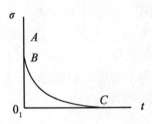

图 5-11　［J］（［M］｜［N］）模型的模拟曲线

$BC(t)$——应力松弛曲线，$B0_1$——［M］应力松弛的起始应力。

AB——损耗应力，模型中阻尼器 η_2 非弹性变形力。因为不是应力松弛过程的力，在变形过程已经损耗了，可用虚线或细实线表示，以示与松弛应力的区别。

该模型的特点，除了模拟其应力松弛过程之外，还能将变形过程的受力载荷表示出来，即变形力为 $AB + B0_1 = \sigma$。

（二）［L］模型

代号［L］＝［K］-［N］。模型见图 5-12，在保持变形体变形不变条件下的应力松弛。

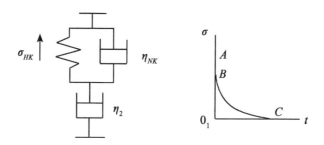

图 5-12　发生损耗应力的基本应力松弛

［L］模型是模拟蠕变过程提出的模拟模型。属［K］类模型。

本不是用来模拟应力松弛的模型，也不属于［M］类模型。但是从保持变形体变形条件下，也具有模拟应力松弛（反应损耗应力）的功能。

1. 应力松弛过程及应力松弛曲线

保持变形体的变形，其弹性恢复力仅是［K］中弹簧的弹性恢复力 σ_{HK} 拉动两个阻尼器 η_{NK}、η_2 进行应力松弛，应力可以松弛到零。与［M］的应力松弛过程相似。

变形体变形过程的载荷为 $\sigma = \sigma_{HK} + \sigma_{NK}$。但是 σ_{NK} 为非弹性变形力。在保持变形的起始条件下表现为损耗应力。即发生了损耗应力（其实损耗应力在变形过程已经耗损了，只能在应力松弛的起始时反映出来）。设损耗应力 $AB = \sigma_{NK}$，因为是非弹性变形力，不属于应力松弛的应力。在应力松弛的应力坐标上应该与松弛的应力区分开来。同上可用虚（细）线表示。所以应力松弛曲线可表示为 $\sigma(t) = (AB) + BC(t)$。

可确定应力松弛曲线 $BC(t)$ 为基本应力松弛曲线，分析判断方法同前。

2. 应力松弛方程式及参量

在应力松弛曲线 $BC(t)$ 上可以确定其是基本应力松弛曲线，可用［M］进行模拟。其基本应力松弛方程式为：

$\sigma(t) = \sigma_{B01}e^{-t/T} + (\sigma_{NK})$（括号内的应力在应力松弛方程式中不存在，下同），从应力松弛曲线可确定应力松弛延滞时间 T 值，因为保持变形体变形不变条件下，所以应力松弛时间应该为：$T = \dfrac{\eta_{NK+}\eta_2}{E_{HK}} = \dfrac{\eta_M}{E_M}$。

3. ［L］的应力松弛与［J］的应力松弛过程比较

在保持变形体变形不变的条件下模拟的过程相同。见图 5-13。

［L］应力松弛过程弹簧的恢复力同时拓动两个阻尼器进行弹性变形恢复和应力松弛，应力松弛时间 $T = \dfrac{\eta_{NK} + \eta_2}{E_{HK}}$，（保持变形体变形条件下，应力松弛过程弹簧要拓动两个阻尼器进行应力松弛。）

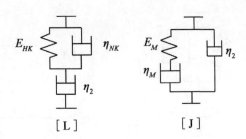

图 5-13　[L] 与 [J]（[M]｜[N]）模型结构

[J] 中的 [M] 应力松弛过程弹簧仅拉动阻尼器 η_M 进行弹性变形恢复和应力松弛，与并联阻尼器 η_2 无关。其应力松弛延滞时间与 η_2 无关。应力松弛延滞时间 $T = \dfrac{\eta_M}{E_M}$。

4. 两者模型结构的关系分析

在 [L] 模型中设 $\eta_2 = \eta_a + \eta_b$，其中：η_b 与 η_{NK} 串联为 [M]，η_a 与 [M] 并联可以合并为 [J] 模型。

[L] 可变成 [J]，同样 [J] 也可变成 [L] 模型。

所以两个模型在模拟保持变形体变形条件下的应力松弛过程可谓等效模型：①模拟功能相同；②模拟过程相似。

5. 选择模拟模型

但是在保持变形体变形不变的条件下的应力松弛，仅能选择属于 [M] 类的 [J] 模型进行模拟。而不选择 [K] 类的 [L] 模型进行模拟。

（三）同时存在损耗应力、平衡应力的模拟模型

可模拟同时存在平衡应力、耗损应力的基本应力松弛过程。为此提出一个新 [Y] 模型。

1. 模型 [Y] =（[M]｜[H]｜[N]）

见图 5-14。它是为模拟松散物料压缩变形体应力松弛过程新提出的模拟模型。

2. 应力松弛曲线

保持变形体的变形，其应力松弛曲线，见图 5-14 右。

应力松弛过程的应力曲线 $\sigma(t) = (AB) + BC(t) + CD$。其中：损耗应力 (AB)，基本应力松弛应力 $BC(t)$，平衡应力 CD。

应力松弛过程主要是分析确定应力松弛曲线 $BC(t)$ 是否符合基本应力松弛曲线的特征。即判定 $\sigma(t) = (AB) + BC(t) + CD$ 为存在损耗应力、平衡应力的应力松弛曲线。而且可确定

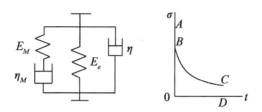

图 5-14　存在损耗应力、平衡应力的基本应力松弛

可用［Y］＝（［M］∣［H］∣［N］）模型进行模拟。［Y］是一个特殊模型。

3. 应力松弛方程式及参量

应力松弛过程应力方程式

$$\sigma(t) = \sigma_M e^{-t/T} + \sigma_e + (\sigma_N) = E_M \varepsilon e^{-t/T_M} + E_e \varepsilon + (\sigma_N)$$
$$= E_M \varepsilon(t) + E_e \varepsilon + (\sigma_N)$$

参量：

σ_M ——应力松弛应力的起始应力。

$\sigma_M + \sigma_e$ ——为变形体的弹性变形恢复力。

σ_e ——平衡应力，即不松弛的弹性变形恢复力。

σ_N ——压缩过程非弹性变形应力，变形过程的损耗应力，不属于松弛过程的应力。

——该模型表示的三个应力之和等于变形载荷 $\sigma_M + \sigma_e + \sigma_N = \sigma$。

E_M ——应力松弛模量。

E_e ——平衡模量。与应力松弛过程无关。

$\varepsilon(t)$ ——理论上应力松弛过程中内部的弹性变形恢复，即［M］的内部弹性恢复变形。

$T = \dfrac{\eta_M}{E_M}$ ——应力松弛延滞时间。

4. 提出［Y］模型的意义

①保持变形体变形条件下，可以全面反映应力松弛过程的松弛的应力（σ_M），平衡应力（σ_e），损耗应力（σ_{sh}）以及变形体变形过程的力 $\sigma = \sigma_M + \sigma_e + \sigma_{sh}$。而且其中的弹性变形力为 $\sigma_T = \sigma_M + \sigma_e$；非弹性变形力为 $\sigma_{FT} = \sigma_{sh}$。

②［Y］模型中，反映了［PTh］，［J］，［M］模型关系。

如果应力松弛过程没有平衡应力，也没有损耗应力，即 $\sigma_e = 0$，$\sigma_{sh} = 0$，就是［M］模型。

如果应力松弛过程没有平衡应力，就是［J］模型。

如果应力松弛过程没有损耗应力，就是［PTh］模型。

5. 平衡应力与损耗应力的实质不同

应力松弛过程本来与非弹性变形力无关。上面在应力松弛过程中，引进了非弹性变形力。因此对两类力，需要特殊加以说明。

在变形停止瞬间，变形体的恢复力一般小于变形载荷；即载荷中的一部分耗损在非弹性变形中，非弹性变形不存在恢复力，所以弹性恢复力与变形载荷存在的差值就是非弹性变形力，损耗应力。损耗应力耗损在变形过程中。由变形过程转变为应力（恢复）松弛过程的瞬间可反映出来。但是，它不属于应力松弛过程的弹性恢复力。可叫损耗应力。也可叫瞬降应力，它与应力松弛无关。

平衡应力也是弹性变形力，在保持变形条件下，是不能松弛的弹性变形力，它与应力松弛过程无关，但是它出现在应力松弛过程中，是应力松弛过程的应力，可称为平衡应力。

平衡应力与损耗应力是两类不同性质的应力，一个是弹性变形力，另一个是非弹性变形的力。出现的过程也不同，平衡应力存在于应力松弛的全过程，损耗应力耗损在变形过程，只是可反映在应力松弛开始的瞬间。但是两者不能混淆。

第二节　三元素串联模型的特殊性

在保持变形体变形条件下的应力松弛的 ［M］类模型，都是并联模型，其中最多是两元件的串联。保持变形条件下三元素串联的模型在应力松弛过程中，内部元素间，尤其是弹性元素间的关系比较复杂。在保持变形体变形条件下的应力松弛过程，与其串联顺序有关系。

一、最简单的三元件串联模型分析

例如最简单的三元件串联模型 ［H_1］－［N_2］－［H_3］，［N_1］－［H_2］－［N_3］。

（一）［N_1］－［H_2］－［N_3］模型

见图 5-15。

η_1
E_2
η_3

图 5-15　［N_1］－［H_2］－［N_3］模型

1. 模型结构及变形过程

串联模型中，η_1，η_3 黏度不同，蠕变变形过程中串联的三部分的变形力 σ 是相同的，串联三元素各自独立地进行变形。受力体的变形等于三元件各自变形的叠加。串联结构变形之间不产生相互影响。

其蠕变变形包括弹簧的瞬间变形和两个阻尼器元件的线性变形的叠加，与［M］的蠕变曲线趋势相同。

其蠕变变形方程式为三个模型元件变形的叠加。

$$\varepsilon(t) = \frac{\sigma}{\eta_1}t + \frac{\sigma}{\eta_3}t + \frac{\sigma}{E_2} = \left(\frac{\eta_1 + \eta_3}{\eta_1 \eta_3}\right)\sigma t + \frac{\sigma}{E_2} = \frac{\sigma}{\eta}t + \frac{\sigma}{E_2} \, 。$$

2. 保持变形体变形条件下的应力松弛过程

变形体存在弹性变形。在保持变形体变形不变的条件下，弹簧 E_2 的变形恢复力同时拉动阻尼器 η_1 和 η_3 进行变形恢复和变形力的松弛。由于 η_1 和 η_3 的黏度不同，弹簧拉动恢复过程的速率不同，过程中弹簧的拉力也是变化的，所以变形体的弹性变形恢复或弹性变形力的松弛，可能存在两个以上的松弛速率，即存在两个以上不同的应力松弛过程。也就是有两个以上应力松弛延滞时间 $T_1 = \dfrac{\eta_1}{E_2}$，$T_2 = \dfrac{\eta_3}{E_2}$，…应力松弛曲线见图5-16所示。

应力松弛曲线应为 $AB(t)$ 为两个以上应力松弛曲线的叠加。

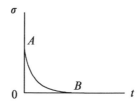

图 5-16　［N_1］－［H_2］－［N_3］三元件串联保持变形条件下的应力松弛曲线

3. 应力松弛方程式

$$\sigma(t) = \sigma_1 \cdot e^{-t/T_1} + \sigma_2 \cdot e^{-t/T_2} + \cdots \, 。$$

处理这样的问题，只能根据试验应力松弛曲线 $AB(t)$，按照一般应力松弛的研究程序方法，将应力松弛曲线变为半对数坐标曲线，用上面逐次剩余法将应力松弛曲线分解，求得包括两个以上应力松弛方程式和应力松弛参量。即可以用［M］并联的广义［M］模型进行模拟，至少为两个［M］模型并联的广义［M］（以应力松弛曲线分析处理结果为依据），设两个［M］并联的模型，见图5-17所示。

变形过程的模拟模型与应力松弛的模拟模型显然是不同的。

（二）［H_1］－［N_2］－［H_3］模型

见图5-18。属不同模量弹簧串联模型。

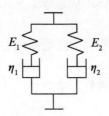

图 5-17 应力松弛的模拟模型 [M₁] ┃ [M₂]

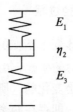

图 5-18 [H₁] - [N₂] - [H₃] 模型

1. 变形过程

施力 σ，两个弹簧的变形和阻尼器的线性变形叠加与 [M] 模型的变形曲线相同。串联模型中，E_1，E_3 模量不同，蠕变变形过程中串联的三部分的变形力 σ 相同的，各自产生的变形不同。变形体的变形为三部分变形的叠加。串联结构顺序不影响各自的变形。其变形可用 [M] 模型变形原理进行分析。

蠕变变形方程式：

$$\varepsilon(t) = \frac{\sigma}{E_1} + \frac{\sigma}{\eta_2}t + \frac{\sigma}{E_3} = \left(\frac{E_1 + E_3}{E_1 E_3}\right)\sigma + \frac{\sigma}{\eta_2}t = \frac{\sigma}{E} + \frac{\sigma}{\eta_2}t。$$

2. 保持变形体变形不变条件下的应力松弛过程

（1）应力松弛过程

保持变形条件下进行应力松弛，因串联的两个不同的弹簧 E_1，E_3 的恢复张力不相同，设 $E_1 \rangle E_3$，其恢复模量分别是 $(E_1 - E_3)$ 和 E_3，都拉动中间的阻尼器 η_2 进行变形恢复和应力松弛。

所以应力松弛过程至少为两个以上基本应力松弛的叠加。$(E_1 - E_3)$ 与阻尼器 η_2 组成一个 [M₁] 模型进行应力松弛；E_3 与 η_2 组成另一个 [M₂] 模型进行应力松弛。过程中，两个应力松弛过程之间关系也在变化。

（2）应力松弛曲线

见图 5-19。

（3）变形体应力松弛方程式

一般的研究方法同上。只能根据其应力松弛曲线进行分析研究。求出应力松弛方程式、参量及模拟模型。一般为两个以上 [M] 并联的广义 [M] 模型进行模拟。

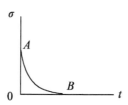

图 5-19 $[H_1] - [N_2] - [H_3]$ 模型保持变形不变条件下的应力松弛曲线

变形过程的模拟模型与应力松弛的模拟模型显然不同。

仅为了结构型式分析提出了上面两个模型。

二、[B] 模型结构不同串联型式的应力松弛

[B] 模型是四元件模拟模型，也是三部分串联的模型。

[B] 为模拟蠕变的常用模型，不用来模拟应力松弛过程。但是在保持变形体变形条件下，其模型变形体也会发生应力松弛过程，对其模型的应力松弛过程分析，也应该是流变学过程分析的内容。

[B] 模型是串联模型。由 [H]，[N]，[K] 三部分串联的结构模型。其串联顺序有三类型式。

[B] 模型在自由状态下，三类串联顺序的蠕变变形曲线、变形方程式相同。变形恢复曲线，变形恢复方程式相同，均与串联顺序无关。

但是从模型功能上分析，[B] 模型在保持变形体变形条件下，也存在弹性变形恢复力，因此，各串联因素也会发生应力松弛。且不同的串联顺序，其各自的应力松弛过程基本相同，但过程中也可能存在一定的差异。

[B] 模型结构由 [H]，[N]，[K] 三部分串联，型式有三，见第三章。

型式 I：$[B_1] = [H_1] - [K_2] - [N_3]$，

型式 II：$[B_2] = [H_1] - [N_2] - [K_3]$，

型式 III：$[B_3] = [N_1] - [H_2] - [K_3]$。

(一) 第一种串联结构型式

$[B_1] = [H_1] - [K_2] - [N_3]$。见图 5-20。

1. 变形体模型的概念的分析

$[B_1]$ 是存在弹性变形的变形体。保持其变形不变条件下，模型结构和模型过程分析如下。

(1) 模型结构分析

$[B_1]$ 模型中，E_1，E_{HK} 都存在弹性变形，$E_1 > E_{HK} \cdot (E_1 - E_{HK})$ 与 [K] 组成 [Na] 模型变形体。而 [K] 与阻尼器 η_3 又形成 [L] 模型变形体。

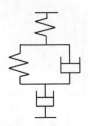

图 5-20　　$[B_1] = [H_1] - [K_2] - [N_3]$

（2）模型过程分析

在保持变形体变形不变的条件下，$(E_1 - E_{HK})$ 拉动 $[K]$ 进行变形恢复和应力松弛，相当于 $[Na]$ 的应力松弛（存在平衡应力 σ_{HK} 不能松弛）。

在保持变形体变形不变的条件下 E_{HK} 拓动阻尼器 η_{NK}，同时拉动阻尼器 η_3 进行弹性变形恢复和应力松弛（相当于 $[L]$ 变形体进行应力松弛）。

在 $[B_1]$ 保持变形体变形不变的条件下，因为串联阻尼器 η_3 的存在，其中 $[Na]$ 的平衡应力也能完全松弛。

所以 $[B_1]$ 在保持变形体变形不变的条件下，是一个复杂的应力松弛过程。又因为有串联的阻尼器 η_3 存在，且弹性变形力可以松弛到零。

2. 应力松弛曲线

$[B_1]$ 模型变形体的应力松弛曲线。见图 5-21 中的 $AB(t)$。

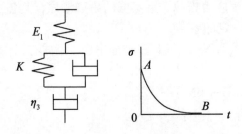

图 5-21　　$[B_1]$ 变形体的模型及应力松弛曲线

应该是一条复杂的应力松弛曲线，即至少包含有两个以上的延滞时间 T。根据应力松弛曲线 $AB(t)$，可求得应力松弛延滞时间谱。

3. 变形体的应力松弛方程式

从应力松弛曲线分析起，确定应力松弛中的基本应力松弛方程式及应力松弛延滞时间 T 值：

$$\sigma(t) = \sigma_1 \cdot e^{-t/T_1} + \sigma_2 \cdot e^{-t/T_2} + \sigma_3 \cdot e^{-t/T_3} + \cdots$$
$$= E_1 \cdot \varepsilon \cdot e^{-t/T_1} + E_2 \cdot \varepsilon \cdot e^{-t/T_2} + E_3 \cdot \varepsilon \cdot e^{-t/T_3} + \cdots 。$$

4. 选择模拟模型

根据应力松弛曲线和模拟模型选择模拟模型。应该选择保持变形体变形不变的〔M〕类模拟模型。

至于有几个〔M〕模型并联的广义〔M〕模型，从试验应力松弛曲线上进行分析确定。

5. 应力松弛参量

各并联〔M〕应力松弛的起始应力 $\sigma = \sigma_1 + \sigma_2 + \sigma_3 + \cdots$ 各〔M〕松弛起始应力之和等于〔B_1〕的弹性变形力。

应力松弛弹性模量，$E = E_1 + E_2 + E_3 + \cdots$ 各并联〔M〕的应力松弛模量之和等于变形体〔B_1〕的恢复弹性模量。

应力松弛延滞时间谱 $T_1 = \dfrac{\eta_1}{E_1}$，$T_2 = \dfrac{\eta_2}{E_2}$，$T_3 = \dfrac{\eta_3}{E_3}$，$\cdots$ ——各并联〔M〕的应力松弛延滞时间不同。

各并联〔M〕的弹性变形相等，但是过程中变形恢复的规律不同。

(二) 第二种串联结构型式

〔B_2〕=〔H_1〕－〔N_2〕－〔K_3〕模型结构。见图 5-22。

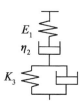

图 5-22　〔B_2〕=〔H〕－〔N〕－〔K〕模型

1. 模型结构分析

保持变形体变形不变条件下，变形体内，至少是弹簧 E_1 与 η_2 串联组成〔M〕模型。〔K〕又与 η_2 串联形成〔L〕模型。

2. 应力松弛过程分析

在保持变形体变形不变的条件下：

(1)〔M〕模型按照其规律进行弹性变形恢复和应力松弛——完全应力松弛。同时〔L〕模型也进行变形恢复和应力松弛——完全应力松弛。所以〔B_2〕变形体的弹性变形力都能完全松弛。

(2)〔B_2〕与〔B_1〕变形体应力松弛结构原理相同，模型的应力松弛过程是否存在定差异，应根据试验应力松弛曲线确定。

3. 应力松弛曲线

在保持变形体变形不变的条件下，其中［M］，［L］变形体应力松弛的叠加曲线为 $AB(t)$，见图5-23中，其趋势与［B_1］相似。

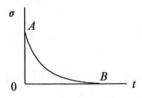

图5-23 ［B_2］＝［H_1］－［N_2］－［K_3］模型应力松弛曲线

应力松弛曲线 $AB(t)$ 可以松弛到零。

显然是复杂应力松弛曲线。

4. 应力松弛方程式及参量

变形体在保持变形不变的条件下的应力松弛方程式。

$$\sigma(t) = \sigma_1 \cdot e^{-t/T_1} + \sigma_2 \cdot e^{-t/T_2} + \cdots + \sigma_3 \cdot e^{-t/T_3} + \cdots$$
$$= E_1 \cdot \varepsilon \cdot e^{-t/T_1} + E_2 \cdot \varepsilon \cdot e^{-t/T_2} + E_3 \cdot \varepsilon \cdot e^{-t/T_3} + \cdots 。$$

选择模拟模型：保持变形体变形不变条件下的应力松弛，只能选择广义［M］类模拟模型；从应力松弛曲线分析求得可能是两个以上并联［M］的应力松弛方程式的叠加。

应力松弛参量：①应力松弛模量为 E_1，E_2，E_3，… 不同，所有应力松弛模量之和就是 B_2 应力松弛的模量。②应力松弛延滞时间谱 $T_1 = \dfrac{\eta_1}{E_1}$，$T_2 = \dfrac{\eta_2}{E_2}$，$T_3 = \dfrac{\eta_3}{E_3}$，… 各［M］的应力松弛时间不同。③各并联［M］弹性变形相同，但是过程中的变化规律不同。

（三）第三种串联结构型式

［B_3］：［N_1］－［H_2］－［K_3］见图5-24。

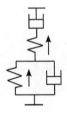

图5-24 ［B_3］：［N_1］－［H_2］－［K_3］

1. 保持［B_3］变形体变形条件下模型结构原理

［B_3］是存在弹性变形的变形体。保持其变形不变条件下：

（1）模型结构分析

弹簧 E_2，E_{HK} 都存在弹性变形。

E_2 与 η_1 串联为［M］模型。

E_{HK} 与 η_{NK} 又与（$E_2 - E_{HK}$）构成了［Na］模型。

（2）变形体［B_3］过程分析

在保持变形体变形不变的条件下：

在 E_2 组成的［M］模型进行应力松弛过程中，弹性变形力可以完全松弛。

［Na］模型中，因为 $E_2 > E_{HK}$ 也会拉动［K］模型进行应力松弛。但是因为 E_{HK} 的存在，其弹性变形力不能完全松弛，存在平衡应力。

因为变形体中串联阻尼器 η_1 存在（η_1 相当于应力松弛的封闭环），变形体应力松弛过程中，在 E_{HK}、弹性力作用下其弹性变形力终究可以完全松弛。

所以［B_3］变形体，在保持其变形不变的条件下，其弹性变形力终究会完全松弛。只是应力松弛过程比较复杂。

2. 变形体的应力松弛曲线

显然是一个复杂应力松弛曲线，见图 5-25 中的 $AB(t)$。

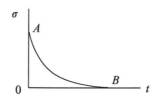

图 5-25 ［B_3］＝［N_1］－［H_2］－［K_3］应力松弛曲线

3. 应力松弛方程式及应力松弛参量

从过程上判断，是一个有若干［M］基本应力松弛曲线叠加起来的复杂应力松弛曲线。应该选择广义［M］模型进行模拟。

至于有几个并联的［M］模型进行模拟，应从处理分析应力松弛曲线 $AB(t)$ 入手。

对曲线的处理、分析方法参考后面的复杂应力松弛的程序、方法进行。

应力松弛方程式应该是：

$$\sigma(t) = \sigma_1 \cdot e^{-t/T_1} + \sigma_2 \cdot e^{-t/T_2} + \sigma_3 \cdot e^{-t/T_3} + \cdots + \sigma_n \cdot e^{-t/T_n}$$

$$= E_1 \cdot \varepsilon \cdot e^{-t/T_1} + E_2 \cdot \varepsilon \cdot e^{-t/T_2} + E_3 \cdot \varepsilon \cdot e^{-t/T_3} + \cdots 。$$

应力松弛延滞时间谱：

$$T_1 = \frac{\eta_1}{E_1}, \quad T_2 = \frac{\eta_2}{E_2}, \quad T = \frac{\eta_3}{E_3}, \quad \cdots T_n = \frac{\eta_n}{E_n} \text{——各并联弹簧的应力松弛时间不同。}$$

其中变形体弹性模量与模型中模量的关系：（相 $E_1 + E_2 + E_3 + \cdots + E_n = E$ ——各并联弹簧的模量不同；各并联 [M] 的弹性变形值相等，其弹性变形恢复过程的规律不同（与其松弛应力的规律同步）。

（四）保持变形体变形条件下 [B] 变形体应力松弛特点

其中，仅弹性变形力进行应力松弛。

①应力松弛过程是比较复杂的，一般都是复杂应力松弛过程。

②其应力松弛过程只能用广义 [M] 模型进行模拟。

③其串联顺序不同，其应力松弛趋势相同，其应力松弛过程可能存在一些差异——需要试验确定。

④其中串联阻尼器成为应力松弛的封闭环，即串联阻尼器的存在，变形体的应力松弛都能松弛到零。

三、[K] 模型串联结构的应力松弛

[K] 模型及其串联结构都是模拟蠕变变形或变形恢复的模型。在保持其变形体变形不变的条件下的应力松弛，一般只能选择 [M] 类模型。

基本 [K] 模型变形体在保持其变形体变形不变的条件下，其变形不能恢复，其变形力也不能松弛。

如果 [K] 串联上其他元件或两个或两个以上的 [K] 模型串联的结构（广义 [K] 模型），在其变形体保持其变形不变的条件下却存在应力松弛趋势和发生应力松弛的过程。

（一）变形体模型结构

见图 5-26，以两个串联 [K] 模型为例。

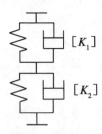

图 5-26 $[K_1] - [K_2]$ 变形体模型

（二）在保持变形体变形不变条件下结构和过程分析

在保持变形体变形不变的条件下。

①模型中 E_{1HK}，E_{2HK} 存在弹性变形，设 $E_{1HK} > E_{2HK}$。保持变形体的变形不变条件下都存在弹性变形恢复的趋势。两个恢复张力相撞，其强者 E_{1HK} 会拉动弱者，让其变形产生应力松弛过程。也即 E_{1HK} 同时拖动 η_{1NK} 和 $[K_2]$ 产生变形恢复，即发生了变形力的延滞松弛。

②但是由于 $[K_2]$ 本身存在 E_{2HK} 的弹性变形不能恢复，故弹性变形力不能完全松弛，保留下来，成为平衡应力。

（三）变形体的应力松弛曲线

通过试验可以获得应力松弛曲线。见图 5-27。

由过程分析，变形体（$[K_1] - [K_2]$），在保持其变形不变的条件下存在延滞应力松弛过程，但又存在着平衡应力，其应力松弛曲线为 $AB(t) + BC$。

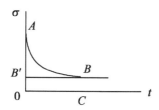

图 5-27　变形体 $[K_1] - [K_2]$ 应力松弛曲线

（四）选择模型，应力松弛方程式

以试验曲线为依据，在对曲线分析基础上选择模拟模型。

对于保持变形体变形不变的条件下的应力松弛过程，同时存在平衡应力的应力松弛过程，一般选择 $[M]$ 模型与一根弹簧并联的 $[PTh]$ 模型进行模拟。见图 5-28。或者 G $[M] \mid [H]$。

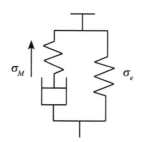

图 5-28　$[PTh]$ 模拟模型

其模拟应力松弛方程式：$\sigma(t) = \sigma_M \cdot e^{-t/T} + \sigma_e = E_M \cdot \varepsilon \cdot e^{-t/T} + \sigma_e$。

（五）应力松弛参量

σ_M ——松弛应力的起始值。与变形体模型中（$E_{1HK} - E_{2HK}$）有关。

σ_e ——平衡应力。与弹簧 E_{2HK} 的变形恢复力有关。

T ——应力松弛延滞时间 $T = \dfrac{\eta_M}{E_M}$。

——同理分析三个或以上［K］的广义［K］类模型保持变形体变形条件下的应力松弛过程。

E_M ——应力松弛模量。

E_e ——平衡模量。

四、摩擦块对应力松弛过程的影响

在流变模型中摩擦块是一个特殊的模型元件。在含有摩擦块模型的应力松弛过程中产生特殊影响。举例说明。

（一）模型（［H_1］ ｜ ［StV］）- ［N］

见图5-29。

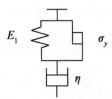

图5-29 模型（［H_1］ ｜ ［StV］）- ［N］变形体

1. 变形体过程模型结构分析

当载荷小于摩擦块屈服应力，即 $\sigma < \sigma_y$ 时，只有串联的阻尼器产生变形 $\dfrac{\sigma}{\eta}t$；变形体没有弹性变形，也不会有应力松弛发生。

当载荷 $\sigma > \sigma_y$ 时，模型的变形为 $\varepsilon(t) = \dfrac{\sigma}{\eta}t + \dfrac{(\sigma - \sigma_y)}{E_1}$；有弹性变形，变形体存在弹性变形。

保持变形体变形不变条件下，如果弹簧的变形（恢复）力小于屈服应力 σ_y，就不会有应力松弛发生，弹簧的变形恢复力只能作为平衡应力存在。

只有当载荷 $\sigma \geqslant 2\sigma_y$ 时，弹簧 E_1 的弹性恢复力大于摩擦块的屈服应力 σ_y 时，弹簧 E_1 的弹性变形恢复力才能克服 σ_y 力，拉动阻尼器 η 进行变形恢复，同时进行应力松弛。

2. 应力松弛曲线

$\sigma > 2\sigma_y$ 发生变形，保持变形体的变形条件下，应力松弛曲线为延滞应力松弛，应力松弛曲线，见图 5-30。

$AB(t) + BC : BC$ 力，也是弹簧的弹性变形力，由于摩擦块屈服应力 σ_y 的限制，不能松弛的应力，作为平衡应力 $\sigma_e(= \sigma_y)$ 保持着。

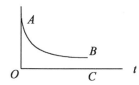

图 5-30　$\sigma > 2\sigma_y$ 时的应力松弛曲线

变形体的松弛应力是变形载荷与摩擦块的屈服应力之差 $\sigma_{sc} = \sigma - \sigma_y$（$\sigma_{sc} > \sigma_y$）。

σ_{sc} ——变形体应力松弛起始应力。

σ_e ——不能松弛的弹性变形力，即平衡应力，$\sigma_e = \sigma_y$。

3. 选择应力松弛模拟模型及其应力松弛方程式

根据变形体应力松弛试验曲线选择模拟模型

保持变形体变形不变条件下的应力松弛，只能选择［M］类模型，本变形体的应力松弛可选择［PTh］模型进行模拟。

应力松弛方程式

$$\sigma(t) = \sigma_M \cdot e^{-t/T} + \sigma_e = E_M \cdot \varepsilon \cdot e^{-t/T} + E_e \cdot \varepsilon \text{。}$$

显然模拟模型与过程模型不是一个模型。

4. 应力松弛参量

σ_M ——［M］模型松弛应力的起始应力。与变形体模型中松弛应力 $\sigma_M = \sigma - \sigma_y$。

σ_e ——不能松弛的弹性变形力，平衡应力，与变形体模型中屈服应力 σ_y 有关。

E_M ——［M］模型松弛模量，E_e ——平衡模量。

ε ——模拟模型的弹性变形。

$T = \dfrac{\eta_M}{E_M}$ ——模拟模型应力松弛延滞时间。

（二）模型（［N_1］ ｜ ［StV］）-［H］

1. 模型

见图 5-31。

2. 变形体模型结构、过程分析

模型在载荷 σ 作用下产生变形。

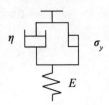

图 5-31 （［N₁］｜［StV］）-［H］变形体模型

$\sigma < \sigma_y$ 时，仅串联弹簧 E 产生瞬间弹性变形。

保持变形体变形不变条件下，弹簧的变形恢复力拉不动阻尼器和摩擦块，变形体不能进行应力松弛，弹性变形力变成了平衡应力。

当 $\sigma > 2\sigma_y$ 时，模型（［N₁］｜［StV］）-［H］中弹簧 E 产生弹性变形之外，（［N₁］｜［StV］）中的 η 才能随时间产生非弹性变形。

保持变形体变形不变条件下，弹簧的变形恢复力（大于 $2\sigma_y$，除了克服摩擦块的屈服力 σ_y 之外，可以拉动阻尼器进行应力松弛，但是由于摩擦块的屈服应力 σ_y 的影响，变形体的弹性变形力不能完全松弛，还保留了平衡应力 σ_e，这个平衡应力 $\sigma_e = \sigma_y$。

3. 应力松弛曲线

在变形力 $\sigma > 2\sigma_y$ 条件下的应力松弛。

应力松弛曲线，见图 5-32，$AB(t) + BC$。

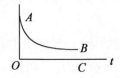

图 5-32 变形体的应力松弛曲线

σ_{sc}——松弛应力 AB（t）的起始应力，是载荷 σ 与摩擦块屈服力之差 $\sigma_{sc} = \sigma - \sigma_y$。
σ_e——不能松弛的弹性变形力，$BC = \sigma_e = \sigma_y$。

4. 选择应力松弛模拟模型及应力松弛方程式

选择模拟模型。在保持其变形条件下变形体应力松弛属于延滞松弛，可选择［PTh］模型。

根据应力松弛曲线，在保持变形体变形条件下，应力松弛过程中存在平衡应力的，一般只能选择［M］类模型中的［PTh］模型。

应力松弛方程式为

$$\sigma(t) = \sigma_M \cdot e^{-t/T} + \sigma_e = E_M \cdot \varepsilon \cdot e^{-t/T} + E_e \cdot \varepsilon 。$$

5. 变形体应力松弛参量

σ_M——松弛起始应力。与变形体模型中弹簧 E 的弹性变形力与摩擦块屈服应力之差有关。

σ_e——平衡应力。与变形体模型中摩擦块的屈服应力有关。

E_M——应力松弛模量，E_e——平衡模量。

$T = \dfrac{\eta_M}{E_M}$——应力松弛延滞时间。其中 η_M 与阻尼器和摩擦块的屈服阻力有关。

五、模型和模拟模型

文中，所说的模型，模拟模型，都是流变学模型。

从上面的分析中，很多模型结构，在保持其变形体变形不变的条件下都有模拟应力松弛的功能。但是保持变形体变形不变条件下的应力松弛的模拟模型，在流变学中，只有选择［M］类模型，其中［M］类模型是模拟应力松弛的模拟模型。流变学过程具有相同功能模型，却不能选作模拟模型，从模型理论上可以这样解释。

模型结构原理决定了其模拟的功能。一定结构模型都具有具体的模拟的功能。不同的结构模型具有不同的模拟功能。从模拟原理上也可能具有相同的功能的模型结构不止一个。但是在选择模拟模型过程中，一般应选择对过程最合理、结构最简单、模拟最充分的模型进行模拟，即为模拟模型。其他相同功能的模型，可称为模型。

例如，不论什么样的模型的变形体，保持变形条件下多有模拟应力松弛的功能，一般都选择［M］类模型作为模拟模型。均不能选作其他模型为模拟模型。即使是变形体模型本身，也不能选作模拟模型。

在模拟保持变形体变形条件下模拟应力松弛的模型中，［M］，［PTh］，广义［M］模型模拟过程最合理，结构最简单，模拟最充分。

例如，诸多变形体，存在应力松弛的趋势，也都有模拟应力松弛的功能，但是，在自由应力生产条件下，模拟其应力松弛的模型只能选作［K］类模型。即使变形体本身，也是如此。

一般程序是，根据变形体应力松弛曲线，分析其应力松弛的曲线、规律，选择模拟模型进行模拟，求得方程式及参量。但是在选择模拟模型时，一般可不考虑模型的变形过程。

第三节 复杂的应力松弛曲线的分析

保持变形体变形不变的条件下，［M］变形体的应力松弛是最简单，是最基本的应力松弛过程。复杂的应力松弛是由若干［M］的基本应力松弛的叠加过程，可以用若干基本应力松弛变形体［M］的并联结构进行模拟，即用广义麦克斯韦模型 G［M］进行模拟。存在着若干应力松弛时间 T 的应力松弛时间谱。还可以在 G［M］变形体上并联上弹性或黏性元件模拟一般复杂的应力松弛过程。一般存在两个或两个以上应力松弛延滞时间的应力松弛过程都可称为复杂应力松弛过程。或者具有两个或两个以上［M］并联的模型模拟的过程可称为复杂应力松弛过程。模拟复杂应力松弛过程的［M］类模型就是广义［M］模型。

一、一般广义麦克斯威尔变形体（G［M］）

（一）广义［M］变形体应力松弛分析

1. 模型，应力松弛曲线

见图5-33。

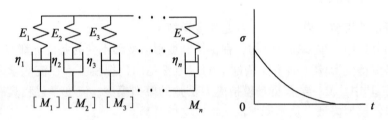

图5-33 G［M］变形体和其应力松弛曲线

保持变形体变形条件下，变形体中的各［M］同时、独立地进行应力松弛。G［M］变形体的应力松弛曲线是各个［M］应力松弛曲线的叠加。从表面上看G［M］变形体的应力松弛曲线与［M］的基本应力松弛曲线趋势相同，形式相似。基本区别在于［M］模型仅有一个应力松弛延滞时间 T ，而广义［M］的应力松弛中存在由若干应力松弛延滞时间 T 组成的应力松弛时间谱。

2. 应力松弛过程及应力松弛方程式

G［M］变形体的应力松弛过程就是各并联［M］的应力松弛过程的叠加。各并联［M］的应力松弛过程就是G［M］的应力松弛过程。G［M］变形体的应力松弛曲线是各［M］应力松弛曲线的叠加，见图5-33右。

G［M］变形体的应力松弛方程式是各［M］应力松弛方程式的叠加。

根据模型结构，G［M］变形体应力松弛方程式为

$$\sigma(t) = \sigma_1(t) + \sigma_2(t) + \sigma_3(t) + \cdots + \sigma_n(t) 。$$

其中

$$\sigma_1(t) = \sigma_1 e^{-t/T_1} = E_1 \varepsilon e^{-t/T_1} = E_1 \cdot \varepsilon(t) ,$$
$$\sigma_2(t) = \sigma_2 e^{-t/T_2} = E_2 \varepsilon e^{-t/T_2} = E_2 \varepsilon(t) ,$$
$$\cdots\cdots\cdots\cdots\cdots\cdots\cdots\cdots\cdots\cdots\cdots\cdots$$
$$\sigma_n(t) = \sigma_n e^{-t/T_n} = E_n \varepsilon e^{-t/T_n} = E_n \varepsilon(t) ,$$

将各［M］的应力松弛方程式代入上面的应力方程式 $\sigma_{(t)} = \sigma_1(t) + \sigma_2(t) + \sigma_3(t) + \cdots + \sigma_n(t)$ ，

即为，$\sigma_{(t)} = E_1 \varepsilon e^{-t/T_1} + E_2 \varepsilon e^{-t/T_2} + E_3 \varepsilon e^{-t/T_3} + \cdots + E_n \varepsilon e^{-t/T_n}$。

3. 应力松弛过程分析

保持变形体变形条件下的应力松弛过程中，各［M］独立地按照自己的规律进行基本应力松弛过程，与并联其他［M］的应力松弛无关。

应力松弛过程中，各［M］的变形值 ε 一般相同，但是变形恢复的规律不同。应力松弛的起始应力大小也不同。

各［M］应力松弛延滞时间 T 不同，应力松弛不同步，也就是各［M］的弹性恢复力松弛的快慢和松弛结束的时间不同。所以模型中的对应元件的参量也不相同。

G［M］好像是一个大的［M］模型，其应力松弛是若干［M］应力松弛的叠加。

变形体应力松弛毕，各［M］的弹性变形 ε 完全转变为非弹性变形，应力也都松弛到零；依然保持着变形体的尺寸。

应力松弛过程中，应力松弛的弹性恢复力松弛和相应的弹性恢复变形恢复同过程、同步。

4. 应力松弛参量的基本概念

G［M］变形体应力松弛参量的基本概念实质与［M］应力松弛相对应相同。

$\sigma(t)$——任意时刻 t 时的变形体松弛应力。即应力松弛过程中任意时刻变形体的弹性恢复应力，是各［M］弹性恢复力的叠加。

ε——弹性恢复变形，各［M］的弹性恢复变形一般相同，但是变形恢复的规律不同。

E_i——各个［M］的应力松弛模量，即变形体中各弹簧的应力松弛模量，各［M］的模量不同。

T_i——各个［M］的应力松弛延滞时间，$T_i = \eta_i / E_i$。

$T_1 = \dfrac{\eta_1}{E_1}$，$T_2 = \dfrac{\eta_2}{E_2} \cdots T_n = \dfrac{\eta_n}{E_n}$，称为 G［M］的应力松弛延滞时间谱。各［M］的应力松弛时间之间没有关系。

5. G［M］变形体应力松弛曲线的分析

G［M］应力松弛曲线的分析过程是一个复杂的过程，也是应力松弛过程研究的重要过程。

前已述及，应力—时间线性坐标中的应力松弛曲线，可用应力松弛延滞时间 T 判断，如果从应力松弛曲线上分析的 $T_1 \neq T_2 \neq T_3 \cdots$，说明该应力松弛曲线不能用一个［M］模型进行模拟，可能是若干［M］并联的广义［M］变形体进行模拟。有几个并联的［M］，就相应有几个应力松弛延滞时间 T。至于有几个应力松弛延滞时间 T，需要对曲线作进一步分析判断。

在应力松弛曲线对数应力—时间坐标中，应力松弛曲线如果是曲线（非直线），肯定不是一个应力松弛时间 T 的应力松弛曲线，即不是一个［M］模拟的应力松弛曲线。如果该曲线是若干条直线拟合成的，它就有若干个应力松弛延滞时间 T，也就是它就由若干个并联的 [M] 模型进行模拟，它就是 G [M] 进行模拟的应力松弛曲线。

(二) 广义 [M] 应力松弛曲线半对数应力坐标分析

为加深印象，在此重复农业物料流变学中举过的例子，进一步说明一个判断 G [M] 应力松弛曲线的理论要点。

一个变形体在对数应力—时间坐标中的应力松弛曲线（原始曲线）见图5-34。

显然是由若干个 [M] 并联的 G [M] 模型模拟的应力松弛曲线。可以用计算法进行计算。回归出应力松弛方程式，用计算机进行演算，求得应力松弛的参量。下面用逐次剩余法进行概念分析，确定原始曲线是由几个 [M] 模型曲线拟合的曲线。即用模型概念分析方法，来分析其应力松弛过程。

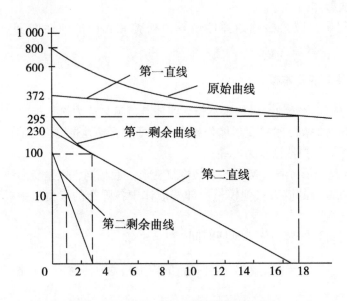

图 5-34　G [M] 逐次剩余法分析过程

第一步，分析判断应力松弛原始曲线

因为应力松弛原始曲线在应力对数—时间坐标中是一条曲线（见图中原始曲线），从曲线趋势分析，应力随时间可以松弛到零，所以确定该曲线可以用若干个 [M] 并联的 G [M] 模型进行模拟，即由若干条斜直线叠加而成。

判断原始曲线是否趋于零，简单方法是在曲线末端作曲线的贴合直线，如果该直线不是水平线，就可判断原始曲线可以松弛到零。

第二步，确定应力松弛曲线是由几个 [M] 斜直线组成的 G [M] 的应力松弛曲线

1. 寻找第一个 [M] 的模拟直线

这条应力松弛曲线在对数应力—时间坐标中应为一条斜直线。

（1）从应力松弛斜直线上求出应力松弛方程式

在图 5-34 中原始曲线的末（右）端，作曲线的贴合直线，并沿时间坐标向应力坐标轴延长与其交至 372（即为 σ_1），得 $\sigma_1 = 372$；这（第一）条直线相当于最大应力为 372 的 [M] 的应力松弛曲线（直线）；其斜率就是这条曲线 [M] 的应力松弛延滞时间 T_1 的倒数。

于是得出第一个 [M] 应力松弛方程式，即第一条斜直线的应力松弛方程式 $\sigma(t_1) = 372e^{-t/T_1}$。也是其中一个 [M] 的应力松弛方程式。

（2）求出应力松弛时间 T_1

这条直线与原始曲线的切点对应的应力是 295，其对应的时间是 17s。

根据这条直线的应力松弛方程式 $\sigma(t_1) = 372e^{-t/T_1}$，即 $\sigma(t_1)$ 等于 295，

代入方程式 $\sigma(t_1) = 372 \cdot e^{-t_1/T_1}$，

即 $295 = 372e^{-17/T_1}$，（时间 $t_1 = 17s$ 时的应力是 $\sigma(t_1) = 295$）。

两边取对数 $\lg 295 - \lg 372 = -t/2.3T_1$，

由此得出 $T_1 = \dfrac{17 - 0}{2.3(\lg 372 - \lg 295)} = 74\text{s}$。

所以，第一条斜直线，也就是第一个 [M] 模型的应力松弛方程式为：

$$\sigma(t_1) = 372e^{-t/74}。 \tag{A}$$

2. 同理再寻找第二个 [M] 的模拟直线

（1）从原始曲线减去第一条直线，得出第一条剩余曲线（见图）

对此剩余曲线，用上面同样的方法，可求得第二条斜直线。

（2）由第二条斜直线写出应力松弛方程式

该直线与应力坐标相交得 230，相当于第二个 [M] 模型模拟的应力松弛曲线的最大（起始）应力是 230。其应力松弛方程式为：$\sigma(t_1) = 230e^{-t/T_2}$。

（3）求出应力松弛时间

直线与第一剩余曲线的切点对应的应力 100，切点对应的时间 $t_2 = 2.6$ s，同样的方法得出第二个 [M] 的应力松弛时间。

$$T_2 = \frac{2.6 - 0}{2.3(\lg 230 - \lg 100)} = 3.13$$

所以第二条斜直线的方程式，即第二个 [M] 的方程式是：

$$\sigma(t_2) = 230e^{-t/3.13}。 \tag{B}$$

（4）同样的方法继续进行下去，可以求得第三个 [M] 模型的方程式：

$$\sigma(t_3) = 100e^{-t/0.52} \tag{C}$$

应力松弛延滞时间 $T_3 = 0.52\text{s}$。

至此剩余曲线，已接近应力坐标，其应力松弛时间接近于零，即原始应力松弛曲线松弛已经接近于零（松弛完毕）。

（5）原始曲线应力松弛，应该是上述应力松弛曲线的叠加

①应力松弛方程式

（A）、（B）、（C）叠加起来就得到了变形体初始曲线的应力松弛方程式：

$$\sigma(t) = 372e^{-t/74} + 230e^{-t/3.14} + 100e^{-t/0.52}$$

②应力松弛的模拟模型

显然是 3 个 ［M］并联的 G［M］的变形体。见图 5-35。

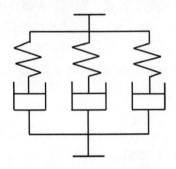

图 5-35　广义 ［M］模型

③应力松弛参量

应力松弛模量，即应力松弛过程弹性（恢复）模量。应力松弛模量，即应力松弛的起始模量、零模量，过程中模量不变。

$$E_1 = \frac{372}{\varepsilon}; \; E_2 = \frac{230}{\varepsilon}; \; E_3 = \frac{100}{\varepsilon}$$

E_1，E_2，E_3，分别是三个并联 ［M］模型应力松弛模量。

应力松弛延滞时间谱：

$$T_1 = \frac{\eta_1}{E_1} = 74s \; , \; T_2 = \frac{\eta_2}{E_2} = 3.14s \; , \; T_3 = \frac{\eta_3}{E_3} = 0.52s$$

应力松弛时间谱之间没有关系。

最大弹性恢复力（应力松弛的起始应力）：

$$\sigma = \sigma_1 + \sigma_2 + \sigma_3 \approx 372 + 230 + 100 \approx 702$$

（本例说明：该 σ 应该是应力松弛的起始应力。其松弛的起始应力值应该接近 702。与曲线对照显然存在差别。用此方法还可以对其计算过程进行符合。因为引用此例在于说明逐次剩余法的原理、方法，故在此就不究其曲线图的差别问题了。）

对应的弹性变形：各 ［M］的起始弹性恢复变形 $\varepsilon = \dfrac{372}{E_1}$，$\dfrac{230}{E_2}$，$\dfrac{100}{E_3}$。

用模型概念分析方法，各 ［M］的弹性恢复变形 ε 还无法求出，所以其应力松弛模量值，在此也不得而知了（如果要研究其模型的变形可以继续进行试验研究）。

（三）对应力松弛曲线进行符合

1. 变形体应力松弛线性坐标表示

即这条应力松弛曲线可由三个 ［M］并联的广 G［M］模型进行模拟。

显然 G［M］线性应力松弛方程式分别为：

$$\sigma_1(t) = 372 e^{-t/74}$$

$$\sigma_2(t) = 230 \cdot e^{-t/3.14}$$

$$\sigma_3(t) = 100 \cdot e^{-t/0.52}$$

变形体的应力松弛方程式为三者的叠加：$\sigma(t) = 372 \cdot e^{-t/17} + 230 \cdot e^{-t/3.14} + 100 \cdot e^{-t/0.52}$。

变形体应力松弛曲线是三条应力松弛曲线的叠加。三条线性应力松弛曲线，可根据其应力松弛方程式分别绘出。三条应力松弛曲线进行叠加，可绘出变形体的应力松弛线性，见图 5-36。

变形体的应力松弛曲线 $AB(t)$ 应该等于 $A_1B_1(t)$，$A_2B_2(t)$，$A_3B_3(t)$ 三条曲线的叠加。

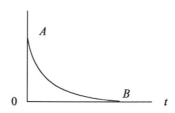

图 5-36　变形体的应力松弛曲线

2. 对分析结果进行符合

对数坐标中，三条应力松弛的直线叠加，是否与原始曲线相符及相关情况，并分析原因。

在线性坐标中进行符合情况，并分析原因。

（四）一般应力松弛曲线的分析方法

1. 概念分析法

应力松弛研究中，一般从应力松弛曲线进行分析，上面的分析方法，是概念分析方法，即从概念推理分析，从应力松弛曲线，确定应力松弛延滞时间，即确定并联模拟模型中的基本模型数及参量。概念分析方法中，对于基本应力松弛，可以从应力松弛曲线上，求得应力松弛方程式和应力松弛参量。对于复杂应力松弛，可推荐在对数坐标中用逐次剩余法进行分析。

但是上述分析方法还不能求出应力松弛过程的应力松弛模量 E 和其中变形体的弹性变形 ε。

2. 数学分析计算法

也是根据应力松弛曲线，首先列出一般应力松弛方程式，例如：

$$\sigma(t) = \sum_{i=1}^{n} A_i \cdot e^{-t/T_i}$$

通过一系列数学方法计算，求出方程组，利用计算机程序解出方程组中的参量，即可确定模拟模型及方程式参量。

现代计算机计算方法发展很快，数学现代软件，基本上可对任意应力松弛关系曲线进行回归分析，解出方程组中的任何参量，求得应力松弛过程的任何参数。

举例一，对玉米茎秆压缩应力松弛曲线进行分析研究

应力松弛曲线，见图 5-37。

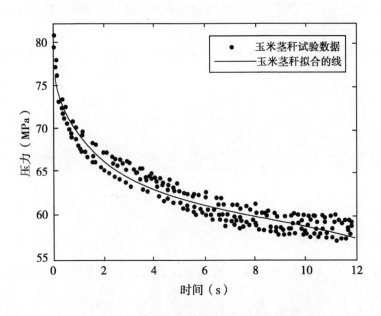

图 5-37 玉米茎秆压缩变形体的应力松弛曲线

（内蒙古农业大学马艳华博士试验）

利用 MATLAB 数据拟合工具箱，对实体的应力松弛应力—时间关系进行回归分析即曲线拟合得到应力松弛方程式及数据。

$$\sigma(t) = a \cdot e^{-bt} + c \cdot e^{-dt} \text{。}$$

式中

$\sigma(t)$——过程中变形体弹性恢复力（MPa），

a，b，c，d——拟合系数，

t——时间，s。

演算处理过程的数据及相关系数 R 值如下：

a——10.79，b——0.9881，c——65.76，d——0.01132，R——0.9372

引入应力松弛概念，其方程式为

$$\sigma(t) = \sigma_1 \cdot e^{-t/T_1} + \sigma_2 \cdot e^{-t/T_2} \text{。}$$

其中，$b = \dfrac{1}{T_1}$，所以 $T_1 = \dfrac{1}{b} = 1.012$，

$$d = \frac{1}{T_2}，\text{所以 } T_2 = \frac{1}{0.01132} = 88.39。$$

可选择两个［M］并联的广义［M］模型，见图5-38。

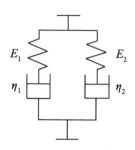

图5-38　广义［M］模型

说明，数据虽然都能计算出来，如果不从概念上与应力松弛模型和方程式参量结合起来分析。其中的概念并不清析。

将数据代入后的应力形式方程式应为：

$$\sigma(t) = 10.79 \cdot e^{-t/1.012} + 65.76 \cdot e^{-t/88.339}$$
$$= E_1 \cdot \varepsilon \cdot e^{-t/1.012} + E_2 \cdot \varepsilon \cdot e^{-t/88.339}$$

演算法还可以从中计算出了其他参量，例如应力松弛模量 E_1，E_2，变形体的弹性变形 ε。

对应力松弛方程式还可以进行进一步分析。应力松弛方程式中的应力松弛时间 T 是表征其前应力 σ 的松弛快慢的时间值，与另一项的应力松弛无关。

变形体两项应力松弛方程式，

其中，第一项 $\dfrac{\sigma_1}{T_1} = \dfrac{10.79}{1.012} = 10.66MPa/s$，即每秒应力松弛时间松弛 10.66MPa，

第二项 $\dfrac{\sigma_2}{T_2} = \dfrac{65.76}{88.339} = 0.744MPa/s$，即每秒应力松弛时间松弛 0.744MPa，

显然第二项应力松弛得比第一项应力松弛得快。

举例二，新鲜苜蓿草压缩变形体的应力松弛分析研究

对刚收获的新鲜苜蓿草，进行压缩，压缩到一定的密度停止压缩，活塞不动，对压缩的变形体进行测量其变形体的弹性恢复随时间的变化曲线，即变形体的应力松弛曲线。

变形体应力松弛曲线，见图5-39（内蒙古农业大学闫国宏硕士研究生的试验）。

也是用上述计算方法，与概念分析结合求出应力松弛方程式和选择模拟模型。

应力松弛方程式：

$$\sigma(t) = 0.1479 \cdot e^{-t/666.67} + 0.0483 \cdot e^{-t/19.84} + 0.0087 \cdot e^{-t/16.13} + 0.00347 \cdot e^{-t/2.07}$$

显然模拟模型为四个［M］并联的广义［M］模型，见图5-40。

可以根据各［M］的应力松弛方程式绘出其应力松弛曲线。

变形体的应力松弛参量：

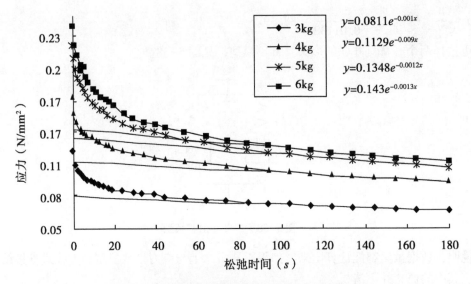

图 5-39　新鲜苜蓿压缩变形体的应力松弛曲线
其中最上面一条曲线为喂入量为 $6\ kg$ 的应力松弛曲线

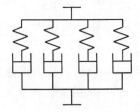

图 5-40　变形体广义［M］模拟模型

①各［M］分别的起始松弛应力值 $\sigma_{1M} = 0.1497\text{N/mm}^2$，$\sigma_{2M} = 0.0483\text{N/mm}^2$，$\sigma_{3M} = 0.0087\text{N/mm}_2$，$\sigma_{4M} = 0.00347\text{N/mm}^2$。

②变形体的松弛起始应力值 $\sigma = \sigma_{1M} + \sigma_{2M} + \sigma_{3M} + \sigma_{4M} = 0.1497 + 0.0483 + 0.0087 + 0.00347 = 0.21017\text{N/mm}^2$。

③变形体应力松弛延滞时间谱。

$$T_1 = 666.67s,\ T_2 = 19.84s,\ T_3 = 16.13s,\ T_4 = 2.07s。$$

④各［M］应力松弛快慢情况。

可用其起始应力与应力松弛时间之比表示

$$［M_1］；\frac{\sigma}{T} = \frac{0.1497}{666.67} = 0.000224\ \frac{\text{N/mm}_2}{s}$$

$$［M_2］；\frac{\sigma}{T} = \frac{0.0483}{19.84} = 0.002434\ \frac{\text{N/mm}^2}{s}$$

$$［M_3］：\frac{\sigma}{T} = \frac{0.0087}{16.13} = 0.000539\ \frac{\text{N/mm}^2}{s}$$

$$[\text{M}_4]; \frac{\sigma}{T} = \frac{0.00343}{2.07} = 0.001676 \frac{\text{N/mm}^2}{s}$$

所以应力松弛快慢速度 $[\text{M}_2] >\ [\text{M}_4] >\ [\text{M}_3] >\ [\text{M}_1]$。

3. 可采取两种方法相结合

对变形体的应力松弛分析研究可采取模型概念分析方法和数学计算方法结合的方法。

（1）两种方法的特点

模型概念分析方法：①能将应力松弛原理概念和过程表现得非常清晰。应力松弛就是变形体的弹性变形力的恢复过程。且应力松弛与其弹性变形同步同过程；②流变学参量清晰，如应力松弛应力，应力松弛模量，应力松弛延滞时间等流变学关系等概念清晰；③特别利于流变学过程、问题的分析和展开。

但是概念分析法对于含有两个以上 T 复杂的曲线，判断方程式及求得其中所有参量比较困难，有的甚至无法求解。

用数学软件进行分析计算：①可以回归出曲线，根据曲线确定其方程式和求得过程所有参数；②能求出方程式中的任何参量；③运用现代软件求解非常方便；④但是过程参量的概念不够清晰；⑤从计算出结果，也很难对过程的概念进行分析。

（2）两种方法相结合

在研究流变学具体问题时，尤其复杂问题时可采取两者结合的方法进行。

模型概念分析法：对于比较简单的曲线，例如一个 T 基本应力松弛曲线，一般可以直接在曲线上确定方程式及参量；直接确定模拟模型和进行流变学深入、展开分析。

计算方法：对于比较复杂的曲线，例如两个或以上 T 的曲线。一般运用数学推导的方法比较方便。根据曲线，求出所有的参数。

之后，对复杂的问题，用计算分析法求得的结果，在用模型概念分析法进行符合，分析和讨论。

二、并联其他元件的广义麦克斯威尔变形体

例如（G $[\text{M}]$ ┃ $[\text{H}]$）。

G $[\text{M}]$ 的应力松弛和变形恢复同上。

并联弹簧的广义 $[\text{M}]$ 与 $[\text{M}]$ 并联弹簧的变形体 $[PTh]$ 的原理相同，其应力松弛方程式应该是：

$$\sigma_{(t)} = \sigma_1 e^{-t/T_1} + \sigma_2 e^{-t/T_2} + \sigma_3 e^{-t/T_3} + \cdots + \sigma_n e^{-t/T_n} + \sigma_e$$

$$= E_1 \varepsilon e^{-t/T_1} + E_2 \varepsilon e^{-t/T_2} + E_3 \varepsilon e^{-t/T_3} + \cdots + E_n \varepsilon e^{-t/T_n} + E_e \varepsilon$$

其中的 E_e 是平衡模量，其他参量及概念同（G $[\text{M}]$）。

并联弹簧的 $[\text{M}]$ 模型，当时间 $t \to \infty$ 时，应力松弛不到零，即保持了模型中并联弹簧 $[\text{H}]$ 的平衡应力 σ_e。其应力松弛曲线趋势图，见图5-41。

若是并联 $[\text{N}]$ 的广义 $[\text{M}]$ 模型，则应力松弛始，显示存在瞬降应力。其中 $[\text{N}]$ 不属应力松弛的元件，也不影响广义 $[\text{M}]$ 的应力松弛。其应力松弛方程式依然为：

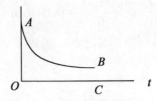

图 5-41　存在平衡应力

$$\sigma_{(t)} = \sigma_1 e^{-t/T_1} + \sigma_2 e^{-t/T_2} + \sigma_3 e^{-t/T_3} + \cdots + \sigma_n e^{-t/T_n}$$
$$= E_1 \varepsilon e^{-t/T_1} + E_2 \varepsilon e^{-t/T_2} + E_3 \varepsilon e^{-t/T_3} + \cdots + E_n \varepsilon e^{-t/T_n}$$

与广义［M］的应力松弛过程、方程式没有区别，只是应力松弛的起始应力 $\sum \sigma = \sigma_1 + \sigma_2 + \sigma_3 + \cdots + \sigma_n$ 小于变形力，说明发生了应力损耗。

其应力松弛曲线，见图 5-42。

应力松弛曲线 $BC(t)$ ，存在损耗应力 AB 。

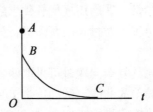

图 5-42　存在损耗应力

第六章　变形体自由恢复及其应力松弛

第一节　［M］类应力松弛与变形力自由恢复

一、［M］类应力松弛的基本点

流变学中所谓应力松弛应该是弹性变形力的恢复过程。也就是变形体的基本过程。

流变学中对应力松弛的定义是：保持变形的条件下，应力随时间减小的过程。即变形体保持其变形不变条件下，其弹性变形随时间恢复的过程。实质是变形体内部不平衡弹性变形力的恢复。根据模型的结构原理，模拟应力松弛过程，一般选择麦克斯威尔［M］类模型进行模拟，例如［M］，G［M］，［PTh］等，可统称为［M］类模拟模型。

保持变形体变形不变条件下的应力松弛过程，其弹性变形为非弹性变形取代。实质上是弹性变形与非弹性变形的转换过程。并不是弹性变形单独恢复的过程。

有些变形体，保持其变形条件下，并不能进行应力松弛。例如典型的固体物料［K］变形体，保持变形体的变形条件下，其弹性变形将永远存在，不可能发生应力松弛过程。

［M］类模型模拟的应力松弛功能，可以模拟一般可模拟包括不能保持其形态变形体的应力松弛过程。例如松散物料的压缩变形体，或接近液态的变形体的应力松弛，具有特殊意义。也可以模拟一般固体变形体的应力松弛。所以［M］类模拟模型具有广泛意义。

将应力松弛过程与［M］类模型结构原理结合起来，已经成为流变学中应力松弛的一个基本理论系统。保持变形体的变形不变，过程中松弛应力与时间变量的关系，仅是 $\sigma = f(t)$，研究起来比较简便。流变学文献上关于应力松弛过程的论述基本上都是如此。

因为发生应力松弛的前提是物体存在弹性变形，所以应力松弛的物体都应该是变形体。不论什么形态的物体的变形体的应力松弛，一般多可用［M］类模型进行模拟。用［M］模型模拟的变形体，也可称为［M］类变形体。

后面将在此基础上提出自由恢复应力松弛的过程、方法。为表述方便（并不是研究分类）可以将保持变形的应力松弛理论、方法与模型理论结合起来，也可简称为［M］类应力松弛理论、方法。在这里说的［M］类应力松弛具有两大特征：即保持变形体的变形不变；只能选择［M］类模型进行模拟。

二、［M］类应力松弛理论中的问题

流变学中应力松弛是弹性变形力的恢复过程。［M］类模型模拟的应力松弛理论中，保持变形不变，进行应力松弛的研究，过程虽然简便。但是应力松弛过程应用范围等还有继续

研究的问题。

只限于变形体在保持变形的条件下进行的应力松弛，对于不能保持变形的变形体的应力松弛过程，[M] 类模型就不能进行模拟了。

保持变形体变形条件的应力松弛，存在其弹性变形力不能完全松弛的问题。例如 [PTh]（[M] | [H]）及并联弹簧的广义 [M] 变形体应力松弛过程中，都存在平衡应力，即其弹性变形力不能进行完全松弛。即在保持变形体变形的条件下，变形体一直存在内应力不能松弛。这样的变形体，应力松弛之后，若释放保持变形的条件，其变形体将以不同的规律继续进行完全的应力松弛，即存在着二次应力松弛的问题。对释放载荷后的变形体，自由态的情况下的变形体，[M] 类模型一般不能模拟其应力松弛了，对能否选择其他模型进行模拟？提出了新问题。

应力松弛后，变形体仍然还保持变形体的宏观上整体变形后尺寸。即变形体的整体变形并没有恢复。也可能其中包括弹性变形没有恢复，因而其中的一些弹性变形恢复力也不能松弛了。

保持变形体的变形进行应力松弛过程，是变形体内部变形的转换，变形体的恢复过程中不能显示，过程中很难进行变形的测量，例如 [M] 变形体的应力松弛过程是弹性变形转变为非弹性变形的过程就显示不出来。另外变形体保持的变形也不一定都是弹性变形，容易发生概念混淆。由于过程中弹性变形量难以确定，所以，在应力松弛过程中，一般都不能给出应力松弛模量的值。

应力松弛是弹性变形力的恢复过程，弹性变形有瞬间变形和延滞变形，那么弹性恢复变形也一定存在瞬间恢复变形和延滞恢复变形，相应的可能有瞬间应力松弛和延滞应力松弛的过程。但是，[M] 类应力松弛理论中，一般没有瞬间应力松弛的论述，[M] 类模型也没有模拟瞬间应力松弛的功能。

保持变形，有些变形体的弹性恢复力却不能进行应力松弛。

保持变形的应力松弛过程中，变形体 [M] 类模型为 [M] 等并联结构。而对串联结构的变形体，保持变形条件下的应力松弛过程更为复杂，在其弹性串联模型。

前面已经论述，保持变形体变形条件下的应力松弛，即 [M] 类模型模拟的应力松弛，其松弛的应力仅是不平衡的内应力。而平衡的弹性恢复力，不在松弛应力之列。也就是说平衡应力虽然也是弹性恢复力，却不能进行松弛。

保持变形体变形不变条件下，弹性变形力的松弛，是基于弹性变形与非弹性变形的转换，即过程中非弹性变形取代了弹性变形。这种机理不能涵盖流变学中变形体弹性变形力松弛的全部过程。

工程上最普遍的变形体的时效过程，其实质就是应力松弛，但是使用最广泛的时效过程，都不是保持其变形体的变形条件下发生的。

三、变形体变形力自由恢复及应力松弛过程

应力松弛中，保持变形体变形条件下的弹性变形力的恢复是应力松弛过程。那么变形体的其他状态下的弹性变形力的恢复，也应该属于应力松弛过程。

在对［K］类模型（物体）的延滞弹性变形和变形恢复过程分析中，进一步了解变形体的弹性变形恢复与弹性变形力的松弛同过程、同步。如何分析研究这类变形体弹性变形力的恢复过程及特性等问题，在流变学中广泛存在。在此基础上，提出了变形体自由（恢复）及其应力松弛过程的流变等问题。

（一）变形体自由恢复

所谓变形体自由恢复，是受力体释放载荷后，让变形体进行无碍的自由恢复（弹性变形恢复和弹性变形力恢复）。变形体无碍的变形力恢复的实质也是弹性变形力随时间的松弛过程。过程的基本特点是应力松弛与其变形恢复同步进行，同步显示。变形体弹性变形恢复过程应该是其应力的松弛过程。弹性变形恢复完了，弹性变形力恢复也同时结束，两者的恢复过程都可以在过程中显示和进行测量。

变形体弹性变形力的恢复过程，为弹性变形力与弹性变形同时同步进行恢复为应力松弛的基本特征。变形体的变形力自由恢复过程，也具备这样的基本特征。

（二）变形体变形力自由恢复

变形体自由应力恢复，也可叫自由应力松弛。即变形体的弹性恢复力和弹性变形都可以完全进行自由恢复。

自由应力松弛可以应用模型理论。基本上存在弹性变形的变形体的恢复，一般都可能用模型进行模拟。

模拟自由应力松弛过程的基本模型可用开尔芬模型［K］，比照保持变形的应力松弛的［M］类模拟模型；将模拟自由应力松弛模型可称为［K］类应力松弛模型。例如［K］，［L］之外，［Na］，［B］，广义［K］模型等的变形体应力松弛就更为复杂了。

变形体串联因素的自由应力松弛，其弹性变形力松弛和弹性变形同时、同步恢复，在过程中其变形恢复和应力松弛参量基本上都能进行分析，其变形体的应力松弛更为复杂而已。

在［M］类应力松弛系统的基础上，提出了［K］类应力松弛理论系统；并对两类应力松弛系统进行了分析对照，丰富和拓展了应力松弛理论和研究的空间。

自由进行应力松弛的提出，放开了应力松弛的条件，扩大了应力松弛的研究范围。也可视保持变形条件下的应力松弛的一个补充。

四、基本自由应力松弛过程

（一）自由应力松弛的基本特点

［M］类模型模拟的保持变形体变形的应力松弛过程是通过弹性变形恢复转变为非弹性变形，实现了弹性变形力的松弛。通过模型结构分析，［K］类模型的弹性变形力和弹性变形可以同步进行延滞恢复。［M］类模型在模拟应力松弛时，保持变形体的变形不变，弹簧拉动串联的阻尼器变形，并以阻尼器的非弹性变形取代弹性变形，弹性变形的恢复就是其应力松弛过程。而［K］的自由应力松弛，是并联的弹簧拓动模型，弹簧的弹性变形与阻尼器

一同进行恢复，实现了弹性变形力的松弛。两者似乎没有本质的区别。保持变形体的变形，是消除变形体内部不平衡应力的过程。变形体自由恢复，也是其内应力的释放过程。

在第三章对〔K〕的变形恢复和应力松弛进行了基本介绍。因为〔K〕变形体的应力松弛是自由应力松弛中的基本过程。是本章自由应力松弛的基础。在此再强调一下其应力松弛的基本特征。

（二）基本自由基本应力松弛过程

模型〔K〕的自由应力松弛为基本自由应力松弛情况，如图6-1。

1. 自由应力松弛过程

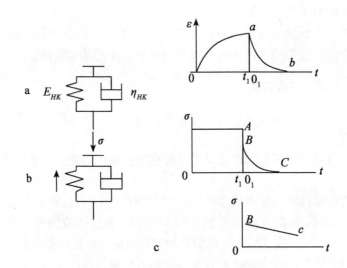

a受力体变形，b变形体自由恢复。c恢复曲线：上：变形恢复，中：变形力恢复，下方的半对数应力松弛曲线

图6-1 基本自由应力松弛过程

2. 基本自由应力松弛曲线

不论什么样的应力松弛，都是弹性变形力的恢复过程。前面已经涉及变形体自由应力松弛曲线与保持变形体变形条件下的应力松弛曲线应该是相似的。都是弹性变形力的延滞恢复。

线性坐标中应力松弛曲线是一条延滞恢复力的曲线 $BC(t)$（与变形恢复曲线规律相同）。随时间应力可以松弛到零。且变形体存在损耗应力 AB。见图6-1c中。

仅有一个应力松弛时间 $T = \dfrac{\eta}{E}$，其定义与保持变形的应力松弛时间的定义相同。

在对数应力坐标中是一条斜直线 $BC(t)$。见图6-1c下，其斜直线的斜率为应力松弛时间 T 的倒数。

应力松弛曲线可用［K］模型进行模拟。

（三）自由基本应力松弛基本特征

一条基本应力松弛曲线，即延滞恢复曲线 $BC(t)$，见图 6-1c。

基本应力松弛方程式：$\sigma(t) = \sigma \cdot e^{-t/T} = E \cdot \varepsilon e^{-t/T} = E \cdot \varepsilon(t)$（线性坐标系）。

一个应力松弛延滞时间：$T = \dfrac{\eta}{E}$。

［K］模拟模型中，η，E 并联。

五、基本自由应力松弛与其变形恢复

变形体自由基本应力松弛与其弹性变形同时、同过程、同步恢复。其应力松弛与变形体变形过程的关系对应。试进行简要分析。

（一）变形体基本自由恢复过程

1. 基本自由应力松弛

根据变形体自由应力松弛曲线 $BC(t)$ 可在其上确定为基本应力松弛，见图 6-1c。

确定模拟模型为［K］，应力松弛延滞时间 T，$T = \dfrac{\eta}{E}$，且 η，E 在模型中为并联。

应力松弛方程式为 $\sigma(t) = \sigma \cdot e^{-t/T} = \sigma_{B0_1} \cdot e^{-t/T} = E \cdot \varepsilon \cdot e^{-t/T}$。

确定模拟模型为基本应力松弛模型［K］。

2. 变形恢复曲线

根据应力松弛与变形恢复同时、同步，同过程、同规律可绘出变形恢复曲线 $ab(t)$，（见图 6-1）。

求出变形恢复方程式：

变形体的变形恢复，仅是弹性变形的恢复。

［K］模型的弹性恢复力为 σ_{HK}. 变形载荷 $\sigma(= \sigma_{HK} + \sigma_{NK})$，非弹性变形力 σ_{NK} 在变形过程耗损了，可称为耗损应力，或瞬降应力。

其变形恢复方程式 $\varepsilon(t) = \dfrac{\sigma_{HK}}{E_{HK}} \cdot e^{-t/T} = \varepsilon_{a0_1} \cdot e^{-t/T}$。

求出变形恢复曲线：

根据变形恢复方程式，就可绘出变形恢复曲线，是一条延滞变形恢复曲线 $ab(t)$，见图 6-1。其蠕变变形曲线也是一条延滞弹性变形曲线 $0a(t)$。

（二）恢复过程与蠕变变形过程

自由基本应力松弛的模型为［K］，由其变形体的特性可分析其变形过程。

1. 变形、变形恢复、应力松弛对应的曲线

变形曲线，$0a(t)$，见图 6-1。

弹性变形恢复曲线 $ab(t)$，见图 6-1。

弹性变形力的恢复曲线，即应力松弛曲线 $BC(t)$，见图 6-1。

2. 蠕变、变形恢复、应力松弛对应的方程式

在载荷 σ 作用下的蠕变变形方程式：$\varepsilon_{BX}(t) = \dfrac{\sigma}{E_{HK}}(1 - e^{-t/T})$，与变形曲线 $0a$ （t）。

在弹性变形（恢复）力 σ_{HK} 的作用下的变形恢复方程式：$\varepsilon_{HF}(t) = \dfrac{\sigma_{HK}}{E_{HK}} \cdot e^{-t/T}$，与变形恢复曲线 ab （t）。

自由状态下，弹性变形力 σ_{HK} 的恢复方程式，即应力松弛方程式：[K] 的自由应力松弛方程式：$\sigma(t) = \sigma_{HK} \cdot e^{-t/T}$，对应曲线 BC （t）。

3. 蠕变、变形恢复、应力松弛过程的参量

（1）应力类

σ ——变形载荷，变形能。

σ_{HK} ——弹性变形力，也是变形体弹性变形恢复力，亦是应力松弛的起始应力。

σ_{NK} ——变形过程的非弹性变形力，变形过程耗损了，称为耗损应力。

所以变形载荷 $\sigma = \sigma_{HK} + \sigma_{NK}$。

（2）变形类

$\varepsilon_{BX}(t)$ ——蠕变过程的变形，延滞弹性变形。

$\varepsilon_{HF}(t)$ ——变形恢复变形，即弹性延滞恢复变形。

$\dfrac{\sigma_{HK}}{E_{HK}}$ ——变形恢复过程的起始变形，也是变形过程弹簧的变形，与阻尼器外弹性变形相等。

$\varepsilon_{FT}(t) = \dfrac{\sigma_{NK}}{\eta_{NK}}t$ ——变形过程中非弹性变形。

$\dfrac{\sigma_{HK}}{E_{HK}} = \dfrac{\sigma_{NK}}{\eta_{NK}}t_1$ ——变形过程弹性变形和阻尼器 η_{NK} 的非弹性变形同过程。过程终了（如 t_1 时刻）[K] 模型中弹性变形与非弹性变形应该相等。

（3）变形延滞时间

$$T = \frac{\eta_{NK}}{E_{HK}}$$

变形过程的变形延滞时间，定义为变形到最大变形 $\dfrac{\sigma}{E_{HK}}$ 的 $\left(1 - \dfrac{1}{e}\right) \approx 0.63$ 时的时

间值。

变形恢复过程的延滞时间, 定义为变形恢复到起始变形 $\dfrac{\sigma_{HK}}{E_{HK}}$ 的 $\left(\dfrac{1}{e}\right) \approx 0.37$ 时的时间值。

所以应力松弛延滞时间, 定义为变形力恢复到起始变形力 $\sigma_{HK}\left(\dfrac{1}{e}\right) \approx 0.37$ 时的时间值。

三者 T 定义不同, 但是其值相等, 且都是 [K] 模型中并联的阻尼器黏度 η_{NK} 与弹簧模量 E_{HK} 之比。

（4）模量 E_{HK}

应力松弛模量, 也是弹性变形模量。

4. 变形过程、变形恢复过程、应力松弛过程参量关系的分析

（1）[K] 时间 t_1 时刻的蠕变变形（延滞弹性变形）

应该与时间 t_1 时刻变形恢复的起始弹性变形相等。

$$\varepsilon_{BX}(t_1) = \varepsilon_{a0_1} = \frac{\sigma}{E_{HK}}(1 - e^{-t_1/T}) = \left(\frac{\sigma_{HK} + \sigma_{NK}}{E_{HK}}\right)(1 - e^{-t_1/T}) = \frac{\sigma_{HK}}{E_{HK}}$$

其中 $\dfrac{\sigma_{HK}}{E_{HK}}$——[K] 弹性变形恢复的起始变形。

因为 [K] 模型中, 弹簧和阻尼器并联, 所以在蠕变变形过程中, 弹性变形和非弹性变形同过程, 其变形值相等。

式中:

$\sigma = (\sigma_{HK} + \sigma_{NK})$——变形载荷。

σ_{HK}——蠕变弹性变形的力, 等于 $B0_1$ 值。即模型中弹簧 E_{HK} 的最大弹性恢复力, 也是其应力松弛的起始应力。

σ_{NK}——蠕变过程非弹性变形的力, 即模型中 η_{NK} 的变形受力。所以 $\sigma = \sigma_{HK} + \sigma_{NK}$。

ε_{a0_1}——是蠕变到时间 t_1 时刻的应变值。也是变形恢复的起始应变值, 为已知, 即变形 $a0_1$ 与应力松弛的起始应力 σ_{HK} 对应, $\sigma_{HK} = E_{HK} \cdot \varepsilon_{a0_1}$。

（2）应力松弛过程的参量

$$\sigma_{SC}(t) = \sigma \cdot e^{-t/T} = \sigma_{B0_1} \cdot e^{-t/T} = E_{HK} \cdot \varepsilon_{a0_1} \cdot e^{-t/T}。$$

其中, 弹性恢复力 $\sigma = \sigma_{HK} = \sigma_{B0_1}$。

应力松弛模量 $E_{HK} = \dfrac{\sigma_{HK}}{\varepsilon_{a0_1}}$, 应力松弛延滞时间 $T = \dfrac{\eta_{NK}}{E_{HK}}$。

第二节　一般自由应力松弛过程

所谓一般自由应力松弛, 是串联模型中, 仅有一个弹性因素的应力松弛, 例如模型包含了一个基本应力松弛模型［K］，再串联上阻尼器，且仅有一个应力松弛延滞时间 T。

举例变形体［L］的自由应力松弛

变形体［L］=［K］-［N］模型。按模型结构来看，是一个基本松弛模型［K］串联上一个阻尼器 η_2。

（一）［L］变形体的自由应力松弛特征

1. 应力松弛过程及应力松弛曲线

见图 6-2。

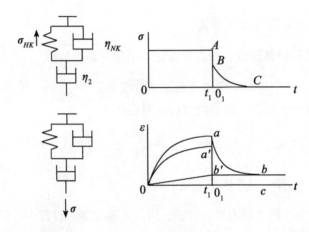

左：模型变形（下）自由应力松弛过程（上）。右：变形和
恢复曲线（下），变形力和应力松弛曲线（上）

图 6-2 变形体［L］自由应力松弛过程曲线

（1）模型结构分析

变形体［L］中的弹簧 E_{HK} 存在弹性变形，所以变形体存在变形恢复和变形力松弛的趋势。因为是自由恢复，即变形过程，时间 t_1 时刻卸荷，且释放模型的两端，使变形体自由无拘束的进行恢复。

释放载荷后，变形体立即进行自由恢复。过程中只有［K］中的弹簧 E_{HK} 存在弹性恢复力 σ_{HK}，弹簧拓动［K］模型和阻尼器 η_{NK} 进行变形恢复和变形力的松弛，因为是自由恢复，恢复过程与串联阻尼器 η_2 无关，且随时间变形力可以松弛到零。弹性变形也同步恢复到零。

变形力恢复过程中，由于其中与弹簧并联的阻尼器 η_{NK} 的变形力 σ_{NK} 是非弹性变形力，在变形过程耗损了，没有恢复能力，所以变形体在恢复过程只能以损耗应力的形式显示，见图 6-2 中变形力恢复曲线上的 AB（细线表示）。

（2）变形恢复曲线分析

变形曲线为 $0a(t)$，

变形恢复曲线 $ab(t)$，

永久变形 bc，即串联阻尼器 η_2 在 t_1 时间内的变形值，是非弹性变形，所以不能恢复，成为永久变形。

在 $a0_1$ 直线上截 $b'0_1 = bc$，连接 $0b'$，则 $0b'$ 为阻尼器 η_2 在变形过程的变形曲线 $0b'(t) = \dfrac{\sigma}{\eta_2}t_1$，$b'0_1 = \dfrac{\sigma}{\eta_2}t_1$，$0a(t) - 0b' = 0a'(t)$，$aa' = bc = b'0_1$。

则 $0a'(t)$ 曲线就是其中 ［K］ 的变形曲线，其变形值为：

$\varepsilon_{a'0_1} = \dfrac{\sigma}{E_{HK}}(1 - e^{-t_1/T})$，在变形恢复或应力松弛过程可以完全恢复的变形。

2. 应力松弛方程式

损耗应力 AB 不属应力松弛的应力，其大小为非弹性变形的力 σ_{NK}。弹性恢复力曲线 $BC(t)$ 应是应力松弛曲线，显然仅是其中 ［K］ 的弹性变形力 σ_{HK} 松弛曲线。其应力松弛方程式是 $\sigma(t) = \sigma_{HK}\cdot e^{-t/T} = E_{HK}\cdot\varepsilon_{ab'}e^{-t/T}$，（ $\varepsilon_{ab'} = \varepsilon_{a'0_1}$ ）。

所以 $B0_1 + AB = \sigma$ 为变形过程的载荷。

3. 应力松弛参量

$\sigma(t)$，σ_{HK} ——应力松弛应力，弹性变形恢复力。

σ_{HK} 是应力松弛起始应力，是最大弹性变形恢复力。

$\sigma(t)$ 是应力松弛过程应力，是弹性恢复力随时间的变化过程。

E_{HK} ——是应力松弛模量，是弹性恢复模量。

$\varepsilon_{ab'} = \varepsilon_{a'0_1}$ ——是弹性变形，是 ［K］ 在 t_1 时刻的延滞弹性变形值，自由应力松弛过程，弹性变形 ab' 与 σ_{HK} 进行同步恢复。

$T = \dfrac{\eta_{NK}}{E_{HK}}$ ——是应力松弛延滞时间，与 η_2 无关。在应力松弛曲线 $BC(t)$ 上，根据应力松弛时间定义可求得其值 T。因为 $E_{HK} = \dfrac{\sigma_{HK}}{\varepsilon_{ab'}}$。$\sigma_{HK}$ 在过程中可测量，即为变形体的最大弹性恢复力。

（二）选择模拟模型（或符合）

从应力松弛方程式、应力松弛曲线等都与基本应力松弛符合。差别在于模型 ［L］ 串联了一个阻尼器 η_2，存在着永久变形和存在瞬降应力。串联阻尼器对应力松弛过程没有影响。

在自由应力松弛中，只能选择 ［K］ 模型进行模拟，不能选择 ［L］ 模型进行模拟。因为 η_2 与应力松弛无关。［K］ 为其应力松弛的模拟模型。［L］ 是其变形模型。

第三节　弹性串联变形力自由恢复过程

［K］ 类变形体模型中，除了 ［K］、［L］ 之外，都是弹性串联变模型，其中包含了两个

或两个以上弹性因素，其中有［Na］、［B］和G［K］模型等。

一、［Na］模型变形体变形力恢复过程分析

（一）［Na］模型变形体变形力自由恢复的特征

1. ［Na］模型变形体变形力恢复

（1）载荷σ作用于［Na］的变形

弹簧的弹性变形$\varepsilon_{0a} = \dfrac{\sigma}{E}$和［$K$］的延滞弹性变形$ab(t)$。

其总变形两者相加为$\varepsilon_{0a} + \varepsilon_{ab}(t) = \dfrac{\sigma}{E} + \dfrac{\sigma}{E_{HK}}(1 - e^{-t/T})$。

（2）变形体［Na］在弹性恢复力σ作用下，其变形恢复

弹簧的变形恢复bc和［K］的变形恢复$cd(t)$

变形体的变形恢复，两者可以相加为$\varepsilon_{bc} + \varepsilon_{cd}(t) = \dfrac{\sigma}{E} + \dfrac{\sigma_{HK}}{E_{HK}} \cdot e^{-t/T}$

［Na］模型变形和恢复，如图6-3所示。

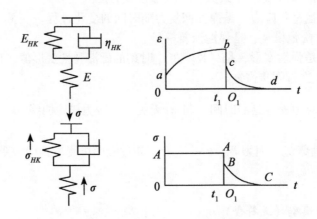

左：模型变形和变形体恢复

右：变形、变形恢复曲线（上），各串联弹性因素变形力恢复示意曲线（下）

图6-3　［Na］模型

2. 模型结构分析与变形体变形力的恢复

①变形体［Na］是一个弹簧E和［K］串联模型，是两个弹性因素串联的基本模型。其变形体是两个弹性因素串联。弹簧和［K］都存在弹性变形恢复力，在自由状态条件下，其变形各自进行恢复。

②变形体［Na］中串联因素的各自变形力的恢复。

在变形恢复中，其变形力也在与变形同步各自进行恢复。

弹簧 E 弹性力的恢复 $\sigma = A0_1$ 与变形力 $0A = \sigma$ 相等，见变形力 $0A$ 与变形恢复力 $A0$ 曲线。

［K］的弹性变形恢复力 σ_{HK} 恢复曲线趋势如 $BC(t) = \sigma_{HK}(t)$，参考其变形力恢复趋势 $BC(t)$。

因为变形体为两个弹性因素串联模型变形体，两个弹性变形恢复力，只能各自与其弹性变形同步进行恢复，而相互不能进行叠加。

（二）应力松弛和选择模拟模型

［Na］变形体自由状态下变形力不能叠加，因此［Na］变形体不能整体进行应力松弛。但是在保持其变形不变的条件下，可以进行应力松弛。

保持［Na］变形体变形条件下进行应力松弛。

1. 应力松弛结构分析

保持［Na］变形体变形不变，就是将变形的串联弹性因素绑在一起，其中弹簧拉动［K］变形进行变形力的延滞恢复，但是由于［K］中存在模量 E_{HK} 张力，其弹性变形力不能完全松弛。

其应力松弛曲线如图 6-4。为存在平衡应力的应力松弛。

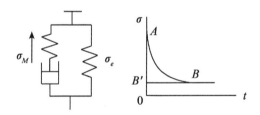

图6-4　保持变形体变形条件下［Na］的应力松弛曲线

（［PTh］保持变形体变形条件下的应力松弛曲线）

根据应力松弛曲线，一般选择［PTh］（［M］｜［H］）模型进行模拟。而不能用［Na］模型进行模拟。

其应力松弛方程式一般为：

$$\sigma(t) = \sigma_M \cdot e^{-t/T} + \sigma_e = E_M \cdot \varepsilon \cdot e^{-t/T} + E_e \cdot \varepsilon$$

根据应力松弛曲线，方程式，变形过程的有关参数，可以求得变形体［Na］的应力松弛参量。

2. 上述过程说明

变形体［Na］变形和变形恢复，可以用［Na］进行模拟。

变形体［Na］变形力的恢复，串联弹性因素可以各自进行变形力的恢复。但是不能进行叠加。

所以变形体 [Na] 进行应力松弛，应在保持其变形条件下进行应力松弛过程。

一般选择 [PTh]（ [M] ｜ [H] ）模型进行模拟。

模型模拟应力松弛情况，见第五章变形体 [Na] 的应力松弛曲线。

3. [Na] 变形体应力松弛是存在平衡应力的应力松弛

B0 是平衡应力，与模型中串联 [K] 弹性变形力有关。

延滞应力松弛 $AB(t)$ 与弹簧的弹性变形力有关。

平衡应力 $B'0_1$ 显然与串联 [K] 有关

模拟模型为 [PTh]，$AB' + B'0$ 应该等于变形载荷 σ。

应力松弛方程式为 $\sigma(t) = \sigma \cdot e^{-t/T} + \sigma_e = \sigma_M(t) = E_M \varepsilon \cdot e^{-t/T} + E_e \cdot \varepsilon$

4. 应力松弛参量

根据应力松弛曲线和应力松弛方程式，可以求得其应力松弛基本参量：

E_M —— 延滞应力松弛模量。

E_e ——平衡应力的模量。

$T = \dfrac{\eta_M}{E_M}$ ——应力松弛延滞时间，为 [PTh] 模型中 η_M，E_M 之比。

为变形体 [Na]，保持其变形条件下的应力松弛参量；也是 [PTh] 模拟模型的应力松弛参量；也显示了两模型在相同条件下应力松弛的等效关系。

深入分析研究变形体模拟模型关系尚有空间？

由此也可说明同一实体（ [Na] ）不同过程（自由恢复和保持变形体变形条件下恢复），求得的其基本参量不一定相同。

二、[B] 变形体变形力自由恢复过程

变形体 [B] 是三个因素串联的模型，其中串联的阻尼器与变形力恢复无关，所以变形体 [B] 也是两个弹性因素串联的模型。与 [Na] 模型变形体相似。第四章分析表明，串联顺序不同，对 [B] 模型的变形和变形恢复没有影响，下面对不同串联顺序的 [B] 模型的变形力恢复进行分析 。同前，[B] 模型串联因素的排列有三种型式。

（一）[B₁] = ([H] － [K] － [N]) 变形体的自由恢复

1. 变形体 [B₁] 模型恢复特征

模型为弹性因素弹簧 E_1，[K_2] 和阻尼器 η_3 串联结构，其变形体属弹性因素串联变形体模型。其中，弹簧存在瞬间弹性变形恢复力，[K_2] 存在弹性延滞恢复力。而阻尼器 η_3 没有弹性恢复力。自由状态下，各自进行恢复，如图 6-5 所示。

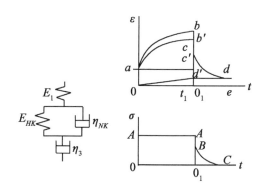

左：模型变形和变形体恢复

右：变形、变形恢复曲线（上），弹性因素变形力恢复示意曲线（下）

图 6-5　[B₁] 变形体模型

2. [B₁] 模型变形体变形恢复

（1）载荷 σ 作用于 [B₁] 的变形

弹簧的弹性变形 $\varepsilon_{0a} = \dfrac{\sigma}{E}$ 和 [K] 的延滞弹性变形 $ab(t)$。

其总变形两者可相加为 $\varepsilon_{0a} + \varepsilon_{ab}(t) = \dfrac{\sigma}{E} + \dfrac{\sigma}{E_{HK}}(1 - e^{-t/T})$。

阻尼器的变形为 $0d'(t)$，不能进行恢复，作为永久变形 de 保留下来。

（2）变形体 [B₁] 变形体的变形恢复

弹簧的变形恢复 bc 和 [K] 的变形恢复 $cd(t)$。

变形体的变形恢复，两者可相加为 $\varepsilon_{bc} + \varepsilon_{cd}(t) = \varepsilon_{bc} + \dfrac{\sigma_{HK}}{E_{HK}} \cdot e^{-t/T}$。

[B₁] 模型及其串联因素的变形曲线和恢复曲线完整的表现在图 6-5。

3. [B₁] 变形体变形力的恢复与应力松弛

（1）变形体 [B₁] 是一个弹簧 E_1 和 [K₂] 串联的模型，其变形体是两个弹性因素串联。弹簧和 [K₂] 都在弹性变形恢复力作用下各自进行恢复。

（2）变形体 [B₁] 各串联弹性因素变形力的恢复

弹簧 E_1 的弹性变形力瞬间恢复 $\sigma = A0_1$ 与变形力 $0A = \sigma$ 相等。

[K₂] 弹性变形恢复力 σ_{HK} 恢复曲线趋势 $BC(t) = \sigma_{HK}(t)$。

因为变形体为两个弹性因素串联模型变形体，两个弹性变形恢复力，只能各自进行恢复。也就是自由状态条件下，[B₁] 本身不能模拟其变形体变形力的应力松弛。

变形体 [B₁] 的应力松弛，一般是在保持其变形条件下进行。

4. 保持变形体 [B₁] 变形条件下进行应力松弛

（1）保持变形体变形条件下的结构分析

弹簧 E_1 与 [K] 串联为 [Na] 模型，而 [K] 与阻尼器组成一个 [L] 模型。

其中 [L] 模型的变形力可以完全松弛，而 [Na] 变形力不能完全应力松弛。但是由于串联了阻尼器 η_3 的存在，变形体 [B_1] 变形应力随时间可以完全松弛，其应力松弛曲线，如图6-6，是类似 [M] 应力松弛曲线，一般为两个以上并联 [M] 的广义 [M] 模型进行模拟。

（2）选择模拟模型，确定应力松弛方程式

分析应力松弛曲线 $AB(t)$，可以确定是几个 [M] 组成的 G[M] 模型，见图6-6。

应力松弛方程式应为：

$$\sigma(t) = \sigma_{1M} \cdot e^{-t/T_1} + \sigma_{2M} \cdot e^{-t/T_2} + \ldots\ldots$$

$$= E_{1M} \cdot \varepsilon \cdot e^{-t/T_1} + E_{2M} \cdot \varepsilon \cdot e^{-t/T_2} + \ldots\ldots$$

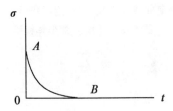

图6-6　变形体 [B_1] 保持变形条件下的应力松弛曲线

（3）根据曲线和方程式等，可求得变形体 [B_1] 的应力松弛参量

σ_{1M}——并联第一个 [M] 的应力松弛的起始应力。

σ_{2M}——并联第一个 [M] 的应力松弛的起始应力。

……

E_{1M}——并联第一个 [M] 的应力松弛模量。

E_{2M}——并联第二个 [M] 的应力松弛模量。

……

T_1——并联第一个 [M] 的应力松弛的延滞时间。

T_2——并联第二个 [M] 的应力松弛的延滞时间。

……

其他参量均可在应力松弛曲线分析中求得。

——变形体 [B_1] 进行应力松弛，应该选择广义 [M] 模型，在保持其变形条件下进行应力松弛。[B_1] 变形体的应力松弛详情见第五章。

（二）[B_2] =（[H] - [N] - [K]）变形体的自由恢复

1. 变形体 [B_2] 模型恢复特征

模型为弹性因素弹簧 E_1、[K_3] 和阻尼器 η_2 串联结构，其变形体属弹性因素串联变形体模型。其中，弹簧存在瞬间弹性变形恢复力，[K_3] 存在延滞恢复弹性变形力。而阻尼器 η_2 没有弹性恢复力。自由状态下，各自进行恢复，如图6-7所示。

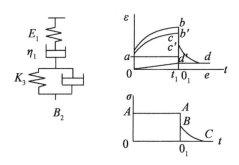

右：变形、变形恢复曲线（上），因素变形力恢复示意曲线

左：[B_2] 变形体模型

图 6-7　[B_2] 变形体

2. [B_2] 模型变形体变形恢复

（1）载荷 σ 作用于 [B_2] 的变形

弹簧的弹性变形 $\varepsilon_{0a} = \dfrac{\sigma}{E}$ 和 [K] 的延滞弹性变形 $ab(t)$。

其总变形两者可相加为 $\varepsilon_{0a} + \varepsilon_{ab}(t) = \dfrac{\sigma}{E} + \dfrac{\sigma}{E_{HK}}(1 - e^{-t/T})$。

阻尼器的变形为 $0d'(t)$，不能进行恢复，作为永久变形 de 保留下来。

（2）变形体 [B_2] 变形体的变形恢复

弹簧的变形恢复 bc 和 [K] 的变形恢复 $cd(t)$。

变形体的变形恢复，两者可相加为 $\varepsilon_{bc} + \varepsilon_{cd}(t) = bc + \dfrac{\sigma_{HK}}{E_{HK}} \cdot e^{-t/T}$。

[B_2] 模型及其串联因素的变形曲线和恢复曲线完整的表现在图 6-7。

3. [B_2] 变形体变形力的恢复与应力松弛

（1）变形体 [B_2] 是一个弹簧 E_1 和 [K_3] 串联的弹性模型，其变形体是两个弹性因素串联。弹簧和 [K_3] 都在弹性变形恢复力作用下各自进行恢复

（2）变形体 [B_2] 各串联弹性因素变形力的恢复

弹簧 E_1 的弹性变形力瞬间恢复 $\sigma = A0_1$ 与变形力 $0A = \sigma$ 相等。

[K_3] 弹性变形恢复力 σ_{HK} 恢复曲线趋势 $BC(t) = \sigma_{HK}(t)$。

因为变形体为两个弹性因素串联模型变形体，两个弹性变形恢复力，可以各自进行恢复，但是变形体 [B_2] 的变形力的恢复不能叠加。也就是自由状态条件下，[B_2] 本身不能模拟其变形力的应力松弛。

变形体 [B_2] 的应力松弛，一般是在保持其变形条件下进行应力松弛。

4. 保持变形体 [B_2] 变形条件下进行应力松弛

（1）保持变形体变形条件下的结构分析

弹簧 E_1 与阻尼器 η_2 串联为 [M] 模型，而 [K] 与阻尼器 η_2 又组成一个 [L] 模型。[M]，[L] 模型的变形力都可以完全松弛，其应力松弛曲线，如图6-8，是类似 [M] 应力松弛曲线，一般为两个以上并联 [M] 的广义 [M] 模型进行模拟。

（2）选择模拟模型，确定应力松弛方程式

分析应力松弛曲线 $AB(t)$，可以确定是几个 [M] 组成的 G[M] 模型，见图6-8。

（3）应力松弛方程式

$$\sigma(t) = \sigma_{1M} \cdot e^{-t/T_1} + \sigma_{2M} \cdot e^{-t/T_2} + \cdots\cdots$$

$$= E_{1M} \cdot \varepsilon \cdot e^{-t/T_1} + E_{2M} \cdot \varepsilon \cdot e^{-t/T_2} + \cdots\cdots$$

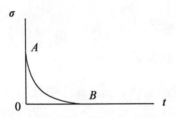

图6-8 变形体 [B_2] 保持变形条件下的应力松弛曲线

（4）根据曲线和方程式等，可求得变形体 [B_2] 的应力松弛参量

σ_{1M}——并联第一个 [M] 的应力松弛的起始应力。

σ_{2M}——并联第一个 [M] 的应力松弛的起始应力。

……

E_{1M}——联第一个 [M] 的应力松弛模量。

E_{2M}——并联第二个 [M] 的应力松弛模量。

……

T_1——并联第一个 [M] 的应力松弛的延滞时间。

T_2——并联第二个 [M] 的应力松弛的延滞时间。

……

其他参量均可在应力松弛曲线分析中求得。

变形体 [B_2] 进行应力松弛，应该选择广义 [M] 模型，在保持其变形条件下进行应力松弛。[B_2] 变形体的应力松弛详情见第五章。

（三）[B_3] =（[N] - [H] - [K]）变形体的自由恢复

1. 变形体 [B_3] 模型恢复特征

模型为弹性因素 E_2、[K_3] 和阻尼器 η_1 串联结构，其变形体属弹性因素串联变形体模型。其中，弹簧存在瞬间弹性变形恢复力，$[K_3]$存在延滞恢复弹性变形力。而阻尼器η_1没有弹性恢复力。自由状态下，各自进行恢复，如图6-9所示。

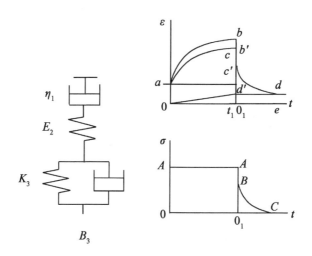

左：模型变形和变形体恢复，

右：变形、变形恢复曲线（上），变形力恢复示意曲线（下）

图6-9　$[B_3]$变形体

2. $[B_3]$模型变形体变形恢复

（1）载荷σ作用于$[B_3]$的变形

弹簧的弹性变形$\varepsilon_{0a} = \dfrac{\sigma}{E}$和$[K]$的延滞弹性变形$\varepsilon_{ab}(t)$。

其总变形两者可相加为$\varepsilon_{0a} + \varepsilon_{ab}(t) = \dfrac{\sigma}{E} + \dfrac{\sigma}{E_{HK}}(1 - e^{-t/T})$

阻尼器的变形为$0d'(t)$，不能进行恢复，作为永久变形ε_{de}保留下来。

（2）变形体$[B_3]$变形体的变形恢复

弹簧的变形恢复bc和$[K]$的变形恢复$cd(t)$

变形体的变形恢复，两者可相加为$\varepsilon_{bc} + \varepsilon_{cd}(t) = \varepsilon_{bc} + \dfrac{\sigma_{HK}}{E_{HK}} \cdot e^{-t/T}$

$[B_3]$模型及其串联因素的变形曲线和恢复曲线完整的表现在图6-9。

3. $[B_3]$变形体变形力的恢复与应力松弛

（1）变形体$[B_3]$是一个弹簧E_2和$[K_3]$的弹性串联的模型，其变形体是两个弹性因素串联。弹簧E_2和$[K_3]$都在弹性变形恢复力作用下各自进行恢复

（2）变形体$[B_3]$各串联弹性因素变形力的恢复

弹簧E_2的弹性变形力瞬间恢复$\sigma = A0_1$与变形力$0A = \sigma$相等。

［K_3］弹性变形恢复力 σ_{HK} 恢复曲线趋势 $BC(t) = \sigma_{HK}(t)$。

因为变形体为两个弹性因素串联模型变形体，两个弹性变形恢复力，可以各自进行恢复，但是变形体的变形力的恢复不能叠加。也就是自由状态条件下，［B_3］本身不能模拟其变形体变形力的应力松弛。

变形体［B_3］的应力松弛，一般是在保持其变形条件下进行应力松弛。

4. 保持变形体［B_3］变形条件下进行应力松弛

（1）保持变形体变形条件下的结构分析

弹簧 E_2 与阻尼器 η_1 串联为［M］模型，而［K］与弹簧组成一个［Na］模型。

其中［M］模型的变形力可以完全松弛，而［Na］变形力不能全应力松弛。但是由于串联了阻尼器的存在，变形体［B_3］应力松弛，随时间也可以完全松弛，其应力松弛曲线，如图 6-10，是类似［M］应力松弛曲线，一般为两个以上并联［M］的广义［M］模型进行模拟。

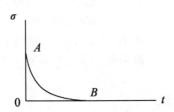

图 6-10　变形体［B_1］保持变形条件下的应力松弛曲线

（2）选择模拟模型，确定应力松弛方程式

分析应力松弛曲线 $AB(t)$，可以确定是几个［M］组成的 G［M］模型，见图 6-10。应力松弛方程式应为：

$$\sigma(t) = \sigma_{1M} \cdot e^{-t/T_1} + \sigma_{2M} \cdot e^{-t/T_2} + \cdots\cdots$$

$$= E_{1M} \cdot \varepsilon \cdot e^{-t/T_1} + E_{2M} \cdot \varepsilon \cdot e^{-t/T_2} + \cdots\cdots$$

（3）根据曲线和方程式等，可求得变形体［B_3］的应力松弛参量

σ_{1M}——并联第一个［M］的应力松弛的起始应力。

σ_{2M}——并联第一个［M］的应力松弛的起始应力。

……

E_{1M}——并联第一个［M］的应力松弛模量。

E_{2M}——并联第二个［M］的应力松弛模量。

……

T_1——并联第一个［M］的应力松弛的延滞时间。

T_2——并联第二个［M］的应力松弛的延滞时间。

……

其他参量均可在应力松弛曲线分析材料中求得。

变形体 [B₃] 进行应力松弛，在保持其变形条件下进行应力松弛，应该选择广义 [M] 模型。[B₃] 变形体的应力松弛详情见第五章。

（四）[B] 变形体自由恢复的特点

1. 是弹簧，[K]，阻尼器三部分串联的模型——弹性串联模型
2. 其变形和变形恢复与串联因素没有关系——变形可以叠加，恢复变形也可以叠加
3. 属两个弹性因素串联模型
1）串联弹性因素变形力都等于载荷 σ 。
2）串联弹性因素弹性变形恢复力不同。
3）串联弹性因素弹性变形恢复力，可各自进行恢复。
4）变形体串联因素的弹性恢复力不能叠加。
也就是模型本身自由条件下不能模拟 [B] 变形体的应力松弛。
4. 变形体 [B] 只能在保持其变形条件下进行应力松弛
1）保持变形体变形条件下其应力松弛的模拟模型都为 G[M]。
2）变形体应力松弛的参量，只能从应力松弛曲线和应力松弛方程式中解析。
其应力松弛与变形恢复，尤其与变形力恢复的关系等具有进一步试验研究的新空间。
也表明，同一实体的不同过程求的参量不一定相等。

第四节　复杂变形体变形力的自由恢复与应力松弛

所谓复杂变形体的自由恢复，即具有两个以上延滞时间 T 变形体变形力的恢复。上面的 [Na]、[B] 变形体仅有一个延滞时间 T，所以复杂变形体的自由恢复和应力松弛更为复杂。

前已经对自由应力松弛进行了较充分的分析。包括自由基本应力松弛，弹性串联因素模型变形体的变形力的恢复和应力松弛。一般串联 [K] 广义模型变形体的变形力的恢复和应力松弛属复杂变形体的自由恢复和应力松弛的过程。

广义开尔芬变形体（G[K]）是若干开尔芬模型（[K]）串联而成的。

一、广义 [K] 变形体的恢复与其应力松弛

变形体变形力的恢复与应力松弛为复杂的弹性串联模型过程。

串联模型受载的变形，其中各串联元因素受载相等，各自按照自己的规律进行变形，其串联顺序不影响串联模型的变形过程。

串联模型变形体在自由恢复过程中，各串联元素的变形各自进行恢复，其串联顺序也不影响串联变形体的恢复过程。

串联变形体的恢复是其弹性变形的恢复和变形力的松弛。影响变形体恢复的基本因素是串联的弹性因素，包括弹簧和 [K] 模型结构。

二、串联结构的 G［K］变形体的恢复与应力松弛

(一) *G*［K］变形体的自由恢复过程

G［K］至少是串联两个或两个以上［K］模型结构。

对 *G*［K］变形体自由恢复与应力松弛的试验研究，首先应该进行过程试验，以获得变形自由恢复恢复曲线。之后，第一步，对串联变形体进行自由变形及其变形恢复分析研究和变形力的自由恢复分析研究。在此基础上进行变形体的应力松弛。

例如三个［K］串联的广义［K］变形体。如图 6-11 所示。

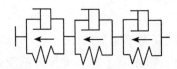

图 6-11   *G*［K］变形体模型

(二) *G*［K］变形体的变形与自由恢复过程分析

蠕变变形后的变形体卸载并将受力点释放，让其自由进行恢复，各串联因素的变形可独立地进行恢复，其变形体的变形恢复和变形一样，可以叠加。其变形和变形恢复曲线如图 6-12 所示。

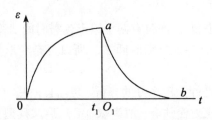

图 6-12   串联［K］变形体的变形和变形恢复曲线

1. *G*［K］变形体的变形曲线，变形恢复曲线

变形体变形曲线 $0a(t)$ ——三个串联［K］的变形叠加曲线。

变形体变形恢复曲线 $ab(t)$ ——三个串联［K］的变形恢复叠加曲线。

2. 变形体变形曲线和变形恢复曲线分析

还是从变形恢复曲线开始进行分析。

由变形体的变形恢复曲线，求得其变形曲线，如图 6-13 所示。

其中，变形体的变形曲线 $0a(t)$，其变形恢复曲线 $ab(t)$。

　　同第四章，运用逐次剩余法，分析 $G[K]$ 变形恢复曲线的方法，求得三个串联 $[K]$ 的变形恢复曲线及方程式，如将 $ab(t)$ 分解为三条恢复曲线及方程式，如图 6-13。

　　下是变形体各串联 $[K]$ 的变形、变形恢复曲线。

　　上式变形体的变形、变形恢复曲线。

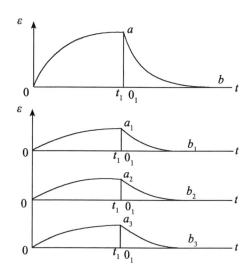

　　下是变形体各串联 $[K]$ 的变形、变形恢复曲线

　　上是变形体的变形、变形恢复曲线

图 6-13　$G[K]$ 变形、变形恢复曲线

$$a_1 b_1(t) \longrightarrow \varepsilon_1(t) = \varepsilon_1 \cdot e^{-t/T_1}$$

$$a_2 b_2(t) \longrightarrow \varepsilon_2(t) = \varepsilon_2 \cdot e^{-t/T_2}$$

$$a_3 b_3(t) \longrightarrow \varepsilon_3(t) = \varepsilon_3 \cdot e^{-t/T_3}$$

分别求得各 $[K]$ 的变形曲线及方程式

$$a_1 b_1(t) \rightarrow 0_1 a_1(t) = \frac{\sigma}{E_{1HK}}(1 - e^{-t/T_1})$$

$$a_2 b_2(t) \rightarrow 0_1 a_2(t) = \frac{\sigma}{E_{2HK}}(1 - e^{-t/T_2})$$

$$a_3 b_3(t) \rightarrow 0_1 a_3(t) = \frac{\sigma}{E_{3HK}}(1 - e^{-t/T_3})$$

分析求得变形，变形恢复的全部参量。

（二）变形体串联 $[K]$ 变形力自由恢复过程分析

1. 各 $[K]$ 变形力恢复（松弛）趋势

由 $[K]$ 的变形力恢复，可知变形体各串联 $[K]$ 的弹性变形力恢复曲线趋势，如图

6-14所示。

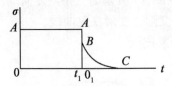

图 6-14　各串联［K］的变形力和其恢复曲线

变形力 $\sigma = 0A$ 变形过程不变，时刻 t_1 即 0_1 卸载进行变形力的自由恢复（松弛），其弹性变形力的恢复曲线 $BC(t)$，其弹性恢复起始力是 $B0_1$，即［K］中弹簧 E_{HK} 的弹性恢复力为延滞恢复 $\sigma_{HK}(t)$。图中 AB 为［K］中阻尼器的变形力，是非弹性变形力，与变形恢复力无关。

2. 变形力恢复曲线及方程式

（1）变形力恢复曲线及方程式

［K］的变形恢复力方程式 $\sigma_{HK}(t) = \sigma_{HK} \cdot e^{-t/T} = E_{HK} \cdot \varepsilon \cdot e^{-t/T}$

可求得变形力恢复（自由松弛）过程全部参量。

（2）对变形体中串联［K］变形力恢复曲线分析

1）各［K］变形力恢复（松弛）曲线

如图 6-15 所示。

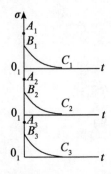

图 6-15　串联各［K］变形力应恢复曲线

2）三个［K］

变形力恢复曲线相似。

变形力相同 $\sigma = A_1 0_1 = A_2 0_1 = A_3 0_1$

变形恢复力不同 $B_1 0_1 \neq B_2 0_1 \neq B_3 0_1$

损耗力不同 $A_1 B_1 \neq A_2 B_2 \neq A_3 B_3$

变形恢复力的规律不同，变形恢复参量不同。

$\sigma_1(t) = \sigma_{B_1 0_1} \cdot e^{-t/T_1} = E_{1HK} \cdot e^{-t/T_1}$

$$\sigma_2(t) = \sigma_{B_20_1} \cdot e^{-t/T_2} = E_{2HK} \cdot e^{-t/T_2}$$

$$\sigma_3(t) = \sigma_{B_30_1} \cdot e^{-t/T_3} = E_{3HK} \cdot e^{-t/T_3}$$

其中，G［K］中，各［K］的应力松弛模量 E_{1HK}，E_{2HK}，E_{3HK}。

各［K］的应力松弛延滞时间：

$$T_1 = \frac{\eta_{1NK}}{E_{1HK}}, \quad T_2 = \frac{\eta_{NK}}{E_{2HK}}, \quad T_3 = \frac{\eta_{3NK}}{E_{3HK}}$$

这还不是变形体［K］的应力松弛时间谱。

3. 变形体 G［K］是串联弹性模型，其变形力在过程中不能进行叠加

串联变形体 G［K］属复杂的弹性串联模型，其中各［K］的变形力只能各自进行分析，而不能进行叠加。所以 G［K］变形体的应力松弛，还应该选择［M］类应力松弛的方法，保持其变形体的变形进行应力松弛，根据应力松弛曲线选择模拟模型进行分析研究。

（三）变形体的弹性变形恢复曲线分析

1. 复杂变形体变形力恢复的结构

串联［K］变形体，保持其变形条件下，相当于将三个变形体［K］捆绑为一体。

①其中的每个［K］变形都存在着变形恢复的趋势。

②因为串联［K］的弹性变形恢复力不同，弹性恢复力大的，可能拉动变形恢复力小的进行延滞松弛。变形恢复力最小的［K］存在这不能松弛的弹性恢复力，所以应力松弛非常复杂。

③显然，如果串联弹性因素的弹性变形力差别很小，其延滞松弛的力就很小。如果其中变形恢复力相同，变形体就不会发生应力松弛（与一个［K］一样）。

2. 复杂变形体变形力应力松弛分析研究

应根据试验曲线，进行应力松弛的分析研究。

（1）应力松弛曲线如图 6-16 所示

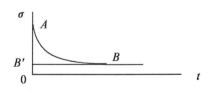

图 6-16　G［K］应力松弛曲线

（2）选择模拟模型

显然是广义［M］模型并联一个弹簧的模拟模型

（3）根据应力松弛曲线

分析确定是几个［M］的并联的模型。

确定并求得应力松弛延滞时间谱 $T_1 = \dfrac{\eta_{1M}}{E_{1M}}$, $T_2 = \dfrac{\eta_{2M}}{E_{2M}}$, $T_3 = \dfrac{\eta_{3M}}{E_{3M}}$……

应力松弛方程式 $\sigma(t) = \sigma_1 \cdot e^{-t/T_1} + \sigma_2 \cdot e^{-t/T_2} + \sigma_3 \cdot e^{-t/T_3} + \dots + \sigma_e$

$= E_{1M} \cdot \varepsilon \cdot e^{-t/T_1} + E_{2M} \cdot \varepsilon \cdot e^{-t/T_2} + E_{3M} \cdot \varepsilon \cdot e^{-t/T_3} + \dots + E_e \cdot \varepsilon$

求得应力松弛参量。

（四）变形体的应力松弛过程与其变形过程分析程序

由上分可知，复杂自由恢复及其应力松弛过程的分析是比较复杂的。以三个 [K] 串联变形体为例分析其恢复及应力松弛过程的程序见图 6-17。

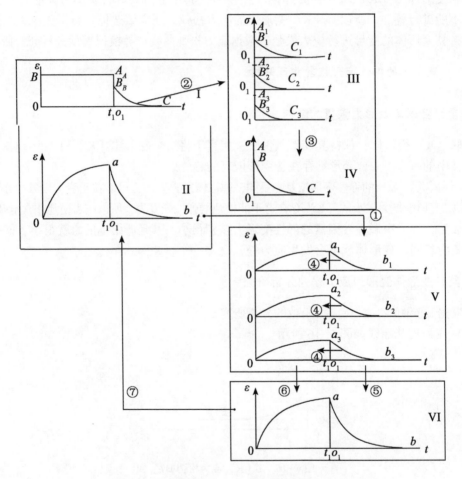

图 6-17　变形体 G [K] 恢复过程分析程序图

首先，由变形体的恢复曲线开始。

(1) 变形曲线 $0a(t)$，变形恢复曲线 $ab(t)$（图 6-17 之 Ⅱ）

(2) 每个 [K] 变形力 AA 与应力松弛曲线 $BC(t)$，如图 6-17 之 Ⅰ

（3）损耗应力 AB ，如图 6-17 之 I

均为已知，由此开始进行分析。

1. 由变形恢复曲线 $ab(t)$ 分析变形曲线 $0a(t)$

由图 6-17 II ① → 图 6-17 之 V 。

（1）由变形恢复曲线 $ab(t)$ 分析求得三个 ［K］ 的变形恢复曲线（方法同前）。

然后再由变形恢复曲线，分别求得三个 ［K］ 的变形曲线

第一个 ［K］ 变形恢复曲线 $a_1b_1(t)$ ，由 ④ → 求得其变形恢复曲线 $0a_1(t)$

第二个 ［K］ 变形恢复曲线 $a_2b_2(t)$ ，由 ④ → 求得其变形恢复曲线 $0a_2(t)$

第三个 ［K］ 变形恢复曲线 $a_3b_3(t)$ ，由 ④ → 求得其变形恢复曲线 $0a_3(t)$

（2）变形恢复方程式与其变形方程式

第一个 ［K］：

1）变形恢复曲线 $a_1b_1(t)$ 的变形恢复方程式 $\varepsilon_1(t) = \varepsilon_{a_10_1} \cdot e^{-t/T_1} = \dfrac{\sigma_{1HK}}{E_{1HK}} e^{-t/T_1}$

2）变形曲线 $0a_1(t)$ 的变形方程式 $\varepsilon_1(t) = \dfrac{\sigma}{E_{1HK}}(1 - e^{-t/T_1})$

3）分别求出其中的参量

σ_1 , σ_{1HK} , σ_{1NK} . $T_1 = \dfrac{\eta_{1NK}}{E_{1HK}}$, η_{1NK} , E_{1HK}

第二个 ［K］：

1）变形恢复曲线 $a_2b_2(t)$ 的变形恢复方程式 $\varepsilon_2(t) = \varepsilon_{a_20_1} \cdot e^{-t/T_2} = \dfrac{\sigma_{2HK}}{E_{2HK}} e^{-t/T_2}$

2）变形曲线 $0a_2(t)$ 的变形方程式 $\varepsilon_2(t) = \dfrac{\sigma}{E_{2HK}}(1 - e^{-t/T_2})$

3）分别求出其中的参量

σ_2 , σ_{2HK} , σ_{2NK} . $T_2 = \dfrac{\eta_{2NK}}{E_{2HK}}$, η_{2NK} , E_{2HK} 。

第三个 ［K］：

1）变形恢复曲线 $a_3b_3(t)$ 的变形恢复方程式 $\varepsilon_3(t) = \varepsilon_{a_30_1} \cdot e^{-t/T_3} = \dfrac{\sigma_{3HK}}{E_{3HK}} e^{-t/T_3}$

2）变形曲线 $0a_3(t)$ 的变形方程式 $\varepsilon_3(t) = \dfrac{\sigma}{E_{3HK}}(1 - e^{-t/T_3})$

3）其中的参量

σ , σ_{3HK} , σ_{3NK} . $T_3 = \dfrac{\eta_{3NK}}{E_{3HK}}$, η_{3NK} , E_{3HK} 。

其中变形过程变形力 $\sigma = \sigma = \sigma_{\,\circ}$

变形恢复过程 $\sigma_{1HK} \neq \sigma_{2HK} \neq \sigma_{3HK}$ 。

2. 各［K］的变形恢复曲与变形体变形恢复曲线进行符合

包括曲线，方程式和参量的符合

由（图6-17 V）⑤ → 图6-17 IV的 $ab(t)$。

1）各［K］的变形恢复曲线之和，在全过程中应等于变形体的恢复曲线 $ab(t)$

$$a_1b_1(t) + a_2b_2(t) + a_3b_3(t) = ab(t)$$

2）变形恢复方程式

$$\varepsilon(t) = \frac{\sigma_{1HK}}{E_{1HK}} \cdot e^{-t/T_1} + \frac{\sigma_{2HK}}{E_{2HK}} \cdot e^{-t/T_2} + \frac{\sigma_{3HK}}{E_{3HK}} \cdot e^{-t/T_3}$$

3）变形体变形恢复延滞时间谱

$$T_1 = \frac{\eta_{1NK}}{E_{1HK}}, \quad T_2 = \frac{\eta_{2NK}}{E_{2HK}}, \quad T_3 = \frac{\eta_{3NK}}{E_{3HK}}.$$

3. 各［K］的变形曲线与变形体的变形曲线符合

由（图6-17 V）⑥ → 图6-17 IV的 $0a(t)$。

（1）各［K］的变形曲线之和在全过程中应等于变形体的 $0a(t) = 0a_1(t) + 0a_2(t) + 0a_3(t)$

（2）变形体变形方程式

$$\varepsilon_{0a}(t) = \frac{\sigma}{E_{1HK}}(1 - e^{-t/T_1}) + \frac{\sigma}{E_{2HK}}(1 - e^{-t/T_2}) + \frac{\sigma}{E_{3HK}}(1 - e^{-t/T_3})$$

（3）变形体变形的延滞时间谱

$$T_1 = \frac{\eta_{1NK}}{E_{1HK}}, \quad T_2 = \frac{\eta_{2NK}}{E_{2HK}}, \quad T_3 = \frac{\eta_{3NK}}{E_{3HK}}$$

4. 参照分析出［K］的应力松弛曲线趋势 $BC(t)$ 和耗损应力 AB 分析三个［K］变形力恢复曲线和损耗应力

图6-17 I 是 G［K］中各［K］的变形力恢复曲线。

由图（6-17 之 I）② →（图6-13 之 III）。

通过对变形体的应力恢复曲线可求得各串联［K］的应力松弛曲线、参量

（1）各串联［K］的应力松弛曲线应该是：

$$\sigma_1(t) = B_1C_1(t), \quad \sigma_2(t) = B_2C_2(t), \quad \sigma_3(t) = B_3C_3(t)$$

各［K］变形力恢复不同，也不能进行叠加

（2）各串联［K］的自由应力松弛方程式

$$\sigma_1(t) = \sigma_{1HK} \cdot e^{-t/T_1}$$

$$\sigma_2(t) = \sigma_{2HK} \cdot e^{-t/T_2}$$

$$\sigma_3(t) = \sigma_{3HK} \cdot e^{-t/T_3}$$

（3）各串联［K］的应力松弛的起始应力

$\sigma_{1HK} = B_1 0_1$，$\sigma_{2HK} = B_2 0_1$，$\sigma_{3HK} = B_3 0_1$。

（4）其应力松弛延滞时间

$$T_1 = \frac{\eta_{1NK}}{E_{1HK}} 、 T_2 = \frac{\eta_{2NK}}{E_{2HK}} 、 T_3 = \frac{\eta_{3NK}}{E_{3HK}} 。$$

5. 将分析出的三条应力松弛曲线进行符合

由（图6-17之Ⅲ）③ → （图6-17之Ⅳ）。

（1）应力松弛曲线

三条恢复曲线 $B_1 C_1(t)$，$B_2 C_2(t)$，$B_3 C_3(t)$，

与 $BC(t)$ 比较，$A0_1 = A_2 0_1 = A_3 0_1$，

但是 $B_1 0_1 \neq B_2 0_1 \neq B_3 0_1$

（2）三个［K］的应力松弛方程式

$$\sigma_1(t) = \sigma_{1HK} \cdot e^{-t/T_1}$$

$$\sigma_2(t) = \sigma_{2HK} \cdot e^{-t/T_2}$$

$$\sigma_3(t) = \sigma_{3HK} \cdot e^{-t/T_3}$$

（3）三个［K］应力松弛延滞时间谱

$T_1 \neq T_2 \neq T_3$

（4）损耗应力（见图6-17之Ⅲ）

$AB \neq A_1 B_1 \neq A_2 B_2 \neq A_3 B_3$，但是 $A_1 B_1 + B_1 0_1 = A_2 B_2 + B_2 0_1 = A_3 B_3 + B_3 0_1 = AB$，

求出各串联［K］在恢复过程的损耗应力。

［K］模型的损耗应力是其变形过程的非弹性变形力，即并联阻尼器 η_{NK} 的变形力。

（1）根据［K］变形恢复的起始变形也等于阻尼器的变形

由 $\frac{\sigma_{1NK}}{\eta_{1NK}} t_1 = \frac{\sigma_{1HK}}{E_{1HK}}$ → $\sigma_{1NK} = \frac{\eta_{1NK} \cdot \sigma_{1HK}}{E_{1HK} \cdot t_1}$，引入 $T_1 = \frac{\eta_{1NK}}{E_{1HK}}$，求得 σ_{1NK}

同理可求出 σ_{2NK}，σ_{3NK}。

（2）$\sigma_{1NK} = A_1 B_1 、 \sigma_{2NK} = A_2 B_2 、 \sigma_{3NK} = A_3 B_3$

6. 分析求得的变形体恢复曲线与试验变形体曲线进行符合

1）变形和变形恢复曲线的符合

由（图6-17之Ⅵ）分析求得的变形曲线，由⑦ → （图6-17之Ⅱ）试验曲线。

即分析得的变形曲线 $ab(t)_{fx}$ 应该与试验的变形曲线 $ab(t)_{sy}$ 相符合。

$ab(t)_{fx} \equiv ab(t)_{sy}$ ——整个变形过程都对应相等。

综上所述，基本程序为：变形体试验获得变形曲线和变形恢复曲线，各［K］应力松弛曲线；对曲线分别进行分析；再对分析曲线与试验曲线进行符合和进行讨论。

7. 进行变形体的应力松弛

对复杂变形体 $G[K]$ 进行上面的分析之后，还应该保持变形体的变形不变条件下进行

应力松弛试验。根据应力松弛曲线分析研究其应力松弛。其应力松弛曲线可以松弛到零。

(五) $G[K]$ 串联弹簧或串联阻尼器自由恢复与应力松弛

1. 串联弹簧模型的特点

变形过程串联弹簧，等于 $G[K]$ 变形中增加一个瞬间弹性变形。同样，变形恢复过程也仅增加一个瞬间恢复变形。变形及变形恢复曲线，外观与 $[Na]$ 相似，只是其中的 $ab(t)$，和 $cd(t)$ 是若干 $[K]$ 的变形和变形恢复曲线，如图 6-18 所示。

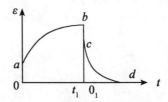

图 6-18 G[K] 串联弹簧的变形及变形恢复曲线

2. 串联阻尼器模型的特点

变形过程，在 G[K] 变形基础上，加上一个阻尼器的变形曲线，串联阻尼器的变形不能恢复，所以存在永久变形。与 $[L]$ 模型相似，如图 6-19 所示。

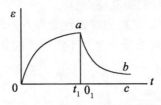

图 6-19 G[K] 串联阻尼器的变形及变形恢复曲线

3. 同时串联弹簧和阻尼器模型

变形和变形恢复曲线，与 $[B]$ 模型变形和变形恢复曲线相似，如图 6-20 所示。

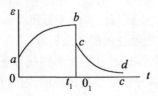

图 6-20 G[K] 同时串联弹簧和阻尼器的变形和变形恢复曲线

其变形、变形恢复与变形体应力松弛的分析及程序与 $G[K]$ 相同。

第七章　任意历程流变学过程

蠕变变形过程，应力松弛过程，任意历程是流变学中的基本过程。蠕变过程，是载荷一定，其变形随时间的变化过程。所谓应力松弛过程，一般是保持变形不变条件下，其应力随时间的变化过程。而任意历程，是过程中，应力变化，变形也变化，甚至其性质也在变化，所以任意历程是流变学最复杂的过程。

任意历程过程中，一般应力变化 $\sigma(t)$，变形也变化 $\varepsilon(t)$。变化过程中实体的基本性质保持一定的。可称为一般任意历程，也是流变学中的基本任意历程。在农业工程中，常常遇到，有些实体在过程中，应力变化，变形变化，除了应力 σ 与应变 ε 互为函数关系之外，其实体的基本性质也在变化，这类过程是农业工程中最复杂的过程，也应该是流变学中最复杂的过程，也是最难研究的过程——可称为最复杂的流变学过程，即复杂的任意历程。

农业工程中的任意历程很普遍，一般可分为：①过程中，能够保持实体基本性质的一般任意历程过程。②过程中实体基本性质也变化的复杂任意历程。

第一节　一般任意历程的分析

一、一般任意历程

生产、生活中的金属制品，建筑材料制品，木制品等一般固体实体，在任意过程中，其基本性质一般保持不变。

例如在过程中，设应力曲线 $0A(t)$，变形曲线 $oa(t)$（为小变形），见图 7-1 所示。

对其进行分析研究中，一般采用根据曲线进行数学分析，求出数字模型（方程式），用计算机进行计算分析，虽然过程比较复杂，但总能演算出结果。

如果直接根据曲线，分析研究过程中应力，变形的关系比较困难。一般采取两步走的方法。

本文的采取概念分析方法进行分析。

第一步，过程中假设：①载荷一定，按蠕变变形的方法，进行分析求得其过程和过程参量；②保持其变形不变，按应力松弛过程进行分析，求得其过程和过程基本参量。

第二步，因为过程中实体的基本性质固定，所以上述过程求得的基本性质参量在一定条件下应该相同。但仍需要对求得的实体的参量进行验证和深入分析。

（一）任意历程过程的分析

①例如任意过程中，在 t_1 时刻，保持载荷 $A0_1$ 不变（上图），开始进行蠕变变形过程，

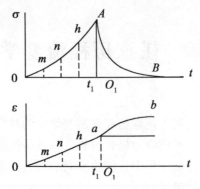

上：应力曲线；下：变形曲线

图 7-1　任意历程过程的分解

对应的蠕变曲线为 $ab(t)$（下图）。在载荷 σ_{A0_1} 作用下，在某一时间内的蠕变曲线 $ab(t)$，根据蠕变曲线（设 $ab(t)$ 为基本蠕变曲线，可选择［K］模型进行模拟），其蠕变变形方程式 $\varepsilon(t) = \dfrac{\sigma}{E}(1 - e^{-t/T})$。

根据变形曲线，按照前面［K］模型参量的处理方法，可求得（t_1 时刻后）任一时刻实体模量 E_1 和相应的延滞时间 T_1 等。

在任意时刻 t_2，t_3，$\cdots$，t_n 同上，可求得该实体蠕变参量 E_2，E_3，$\cdots$，E_n，T_2，T_3，$\cdots T_n$ 等。

因为是同一个实体，在不同时刻进行的蠕变过程，在一般条件下其基本性质应该相同。

即 $E_1 = E_2 = E_3 = \cdots = E_n = E_{rb}$（$E_{rb}$——蠕变过程中的模量）；

$T_1 = T_2 = T_3 = \cdots = T_n = T_{rb}$（$T_{rb}$——蠕变延滞时间）。

即为蠕变过程实体的弹性模量 E_{rb} 和蠕变延滞时间 $T_{rb} = \dfrac{\eta}{E}$。

②也可以在任意历程中，如在 t_1 时刻保持变形 $a0_1$ 不变，此位置的变形体进行应力松弛过程，设应力松弛曲线为 $AB(t)$。

根据应力松弛曲线进行分析，设应力松弛曲线为基本应力松弛曲线，可以选择［M］模型进行模拟，可求得应力松弛方程式

$\sigma(t) = \sigma \cdot e^{-t/T} = E \cdot \varepsilon \cdot e^{-t/T}$。

根据应力松弛曲线，可求得（t_1 时刻后）任一时刻实体应力松弛模量 E_1 和相应的延滞时间 T_1 等。

在任意时刻 t_2，t_3，$\cdots$，t_n　同上，可求得该实体应力松弛模量 E_2，E_3，$\cdots$，E_n，T_2，T_3，$\cdots$，T_n 等。

因为是同一个实体，在不同时刻进行的应力松弛过程，其基本性质应该相同。

$$E_1 = E_2 = E_3 = \cdots = E_{sc};$$

$$T_1 = T_2 = T_3 = \cdots = T_{sc} = \dfrac{\eta}{E}。$$

同一个实体，其蠕变过程和保持变形条件下的应力松弛过程求得的基本参量的情况，比较复杂，参见有关应力松弛有关论述。

上述分析的讨论：①基于同一个具有固定性质的实体（同一个模型），同一个过程中任意位置的弹性模量和变形延滞时间应该相同；②基于同一个具有固定性质的实体（同一个模型），不同过程求得的 E，T 参量等情况比较复杂。例如：

〔K〕模型蠕变过程和其变形自由恢复过程，可求得 E_{HK}，$T = \dfrac{\eta_{NK}}{E_{HK}}$ 相同，过程简单，求得参量应该相同。

〔B〕等蠕模拟模型，变形过程与自由变形恢复过程，过程比较复杂，也可求出一些参量应该相同。

〔B〕等蠕变模拟模型，变形过程与保持变形体变形不变条件下的变形力恢复过程情况更复杂，求得参量不相同。

更详细情况见有关论述，或进行试验研究。即对保持性质的实体的任意历程，需要进行较充分的试验研究。

二、一般任意历程的举例分析

（一）任意历程中，保持应力不变进行蠕变分析

任意历程应力曲线 $0A(t)$，相应的应变曲线 $0a(t)$，任意时刻应力保持一定，进行蠕变。见图 7-2。

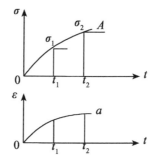

图 7-2 任意历程应力曲线和应变形曲线的对应

应力变化过程，设 t_1 时刻，保持应力 σ_1 不变，相应应变过程，在 t_1 时刻发生蠕变，蠕变曲线为 $0_1 a_1(t)$，变形恢复曲线为 $a_1 b_1(t)$。见图 7-3。

从 $0_1 a_1(t)$，$a_1 b_1(t)$ 曲线上进行分析；求得蠕变变形的参量。

①按照以往的方法确定变形恢复延滞时间 $T_1 = \dfrac{\eta_1}{E_1}$ 值，也是变形延滞时间 T_1。

②选择模拟模型，设为〔K_1〕。
③求得变形恢复方程式和蠕变方程式。
④求得弹性变形恢复模量 E_1，也即变形过程的模量。

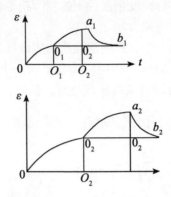

上：t_1 时刻的蠕变变形曲线 $0_1a_1(t)$，变形恢复曲线 $a_1b_1(t)$

下：t_2 时刻的蠕变变形曲线 $0_2a_2(t)$，变形恢复曲线 $a_2b_2(t)$

图 7-3　任意历程的应力不变其蠕变变形曲线

应力过程设 t_2 时刻，保持应力 σ_2 不变，相应 t_2 时刻发生蠕变，蠕变曲线为 $0_2a_2(t)$，变形恢复曲线为 $a_2b_2(t)$。

从蠕变曲线 $0_2a_2(t)$ 和变形恢复曲线 $a_2b_2(t)$ 上进行分析；求得蠕变变形参量。

①确定变形恢复延滞时间 $T_2 = \dfrac{\eta_{NK}}{E_{HK}}$ 值，也是变形延滞时间 T_2。

②选择模拟模型，设为 $[K_2]$。

③求得变形恢复方程式和蠕变方程式。

④求得弹性变形恢复模量 E_2，也即变形过程的弹性模量。

应力过程设 t_3 时刻，保持应力 σ_3 不变，相应应变过程 t_3 时刻发生蠕变，求得蠕变曲线和变形恢复曲线，继续下去，可以求得实体不同时刻的模量 E_i 和延滞时间 T_i；实体在过程中的基本参量。

应力松弛模量为 $E_1 = E_2 = E_3 = \cdots = E$。应该相同。

延滞时间为 $T_1 = T_2 = T_3 = \cdots = T = \dfrac{\eta}{E}$。应该相同。

上述的分析研究，具有固定性质的实体，结构均匀，变形为一维同向条件下其任意过程。相同工况蠕变过程的模量，延滞时间 T 也可能出现不同。需要开展相关试验研究，发掘更深层次的问题和规律。

(二) 任意历程，保持变形不变的应力松弛过程分析

具有固定性质实体的应力松弛过程举例。

对于结构均匀的实体，在力变形一维同向条件下。

任意历程变形曲线 $0a(t)$，在其 t_1，t_2 时刻相应位置分别保持不变，进行应力松弛。t_1 时刻弹性变形力的应力松弛（图中），t_2 弹性变形力的应力松弛（下图），见图 7-4。

变形过程任一时刻 t_1 保持变形 ε_1 不变，相应的 σ_1 处的弹性变形恢复力为 A_10_1，其应力

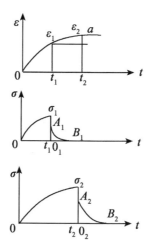

图 7-4　保持变形不变对应的应力松弛曲线

松弛曲线为 $A_1B_1(t)$，在应力松弛曲线上确定应力松弛延滞时间 $T_1(=\dfrac{\eta_1}{E_1})$。

求得应力松弛方程式。

应力松弛的起始应力 $\sigma_{1T}=A_10_1$，模量 E_1。

在试验过程中求得弹性变形 ε_{1T}，求得应力松弛模量 $E_1=\dfrac{\sigma_{1T}}{\varepsilon_{1T}}$。

变形过程任一时刻 t_2 保持变形 ε_2 不变，相应的 σ_2 处的弹性变形恢复力为 A_20_2，其应力

松弛曲线为 $A_2B_2(t)$，在应力松弛曲线 $A_2B_2(t)$ 上确定应力松弛延滞时间 $T_2(=\dfrac{\eta_2}{E_2})$。

求得应力松弛方程式；

应力松弛的起始应力 $\sigma_{2T}=A_20_2$，模量 E_2。

在试验过程中求得弹性变形 $\varepsilon_{2\,T}$，求得应力松弛模量 $E_2=\dfrac{\sigma_{2T}}{\varepsilon_{2T}}$

同样方法求得 T_3，T_4，… 以及 E_3，E_4，…

对于具有固定性质的实体，过程中任意位置（时刻）。

应力松弛延滞时间 $T_1=T_2=T_3=\cdots=T$ 应该相等。

应力松弛的模量 $E_1=E_2=E_3=\cdots=E$ 应该相等。

应力松弛的型式也应该相似。

同样位置（时刻）蠕变过程的基本性质参量 T，E 与其应力松弛基本性质参量 T，E 一般不相同。

从模型概念分析理论上虽然如此，但对此尚需要进行基本的理论性试验研究。充实流变学理论。

第二节　复杂任意过程分析

何谓复杂任意过程？过程中除了应力变化，变形变化，实体的基本性质也在变化的过程，在流变学中可称为复杂的任意过程。

松散物料压缩过程中，压缩力变化，压缩变形变化，物料的性质也在变化。可谓是一个典型的复杂任意流变学过程。

国内外在松散物料压缩过程80多年的试验研究中，走过了一个曲折漫长的过程。至今也没有一个成型的理论和方法：作者在对松散物料压缩几十年的试验研究尤其近十年对其进行流变学分析过程中摸索出了一个解决的方法、程序和结论。可认为是复杂任意流变学理论的形成和松散物料压缩过程试验研究融合在一起了。这就为松散物料压缩过程的试验研究又赋予了复杂任意过程的流变学理论的试验研究的意义。

下述的松散物料的压缩过程试验研究，可认为是任意复杂流变学过程的试验研究的典型过程。根据松散物料压缩过程试验研究的进展，从中可以更深刻、全面理解任意复杂流变学过程——松散物料压缩过程试验研究的意义，已经超出了本身的意义。

至今，根据发展和理论分析，作者将松散物料的压缩过程试验研究和复杂任意流变学过程试验研究的发展过程，进行了新的思索和论述。

将松散物料的压缩试验研究，引深至复杂任意流变学过程试验研究，可认为是松散物料压缩试验研究的最新进展。

松散物料压缩试验研究的最新进展，可认为是复杂任意流变学理论的一个标志。

为更深刻理解任意复杂流变学理论的复杂性和其意义，将国内外对松散物料压缩过程的试验研究，再进行简要的梳理。

一、松散物料的压缩试验研究

（一）松散物料压缩过程试验研究简述

1. 压缩试验研究发展过程的梳理

松散物料压缩试验研究，据文献记载国外从1938年开始，国内外对此的研究已经进行了近80年。大致可分为几个基本阶段。

第一个阶段，开始，一般是在固体力学思维指导下进行的试验研究。其指导研究的是工程思维——可谓松散物料压缩的一般试验研究。最早可追溯到第二次世界大战之前。

第二个阶段，进入了流变学试验研究阶段。逐步认识到松散物料压缩过程实质是流变学过程——可谓松散物料流变学试验研究。①首先运用流变学模型理论，对压缩变形过程进行模拟，开始出现了很多模拟模型。当时很多人认为用模型理论进行模拟是新事物，新发展；②期间，对压缩过程还进行了应力松弛的试验研究，压缩过程，保持变形不变，进行应力松弛试验研究，求得压缩过程的参量。同时期也有所谓的很多压缩蠕变试验研究。

第三个阶段可以认为是流变学理论的综合性研究。基本标志。①深入流变学基本概念分析。②流变学理论与松散物料及其压缩成型理论的结合——提出了任意复杂过程流变学理论——比较全面的，理论与实际结合解析了松散物料压缩过程基本问题，取得了突破性进展。

下一个阶段，可能是从农业工程出发，松散物料的压缩试验研究，可能将要进入流变学-工程学相结合的试验研究。农业松散物料的压缩试验研究，还可能扩展到其他物（材）料的压缩过程等的试验研究。

2. 松散物料压缩过程的意义

农业物料压缩过程是工程中常见的过程也是农业流变学中的一个典型的力学过程。农业物料的压缩也是农业工程，农业流变学中一个典型而有重要的研究方向。

（二）开式压缩（Open Compressing）

研究松散物料压缩，首先应该了解压缩过程的型式，压缩型式可为压缩试验研究的基础。

1. 开式压缩基本过程

所谓开式压缩，即在没有固定堵头的通道中进行的压缩。即压缩室是一个没有堵头的空腔。

实际上是活塞上一次压缩和之前压缩成的草片堆积在压缩室的出口尾端，作为其压缩过程最大支撑，这个支撑随被压缩成的草片一同移动，最后从压缩室尾端连续被排出机外。

喂入（喂入量 G）一次，活塞压缩一次，每压缩一次，压缩成一个草片，压缩若干次压成的草片在压缩室内，连续向后移动，根据需要可将若干草片捆束成草捆，作为压缩力的最大支撑，同时在过程中从压缩室尾端连续排出机外，排出机外的草捆，就是压缩过程的产品。

连续喂入，活塞连续压缩，压缩成的草捆连续从压缩室尾端连续排出，所以开式压缩是一个连续的生产过程。见图7-5。

上图，开始喂入压缩时的情况——将松散物料 G 喂入和填充到压缩室的空间，其初始密度为 $\gamma_0 = \dfrac{G}{(a \times b)s}$ kg/m³，即压缩前物料的容积密度。

下图，压缩成草片 cp 的情况——活塞压缩移动 x 距离，压缩至最大密度为 $\gamma_{max} = \dfrac{G}{(a \times b)(s - x)}$ kg/m³。所谓压缩最大密度，即活塞压缩至此位置，继续移动，被压缩的草片开始与活塞一起移动，即不被再压缩了，压缩力也不再增加了，达到了最大压缩力。也就是此位置压缩力与压缩最大支撑达到了平衡。

2. 开式压缩过程的实质及参量

压缩过程物料与压缩室内壁的摩擦力是开式压缩的基本支撑。压缩室壁与压缩成草片

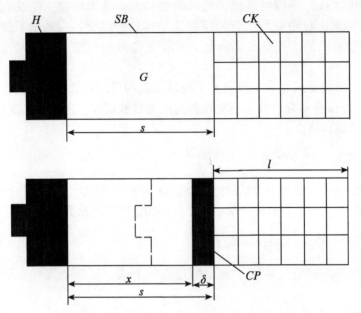

H—压缩活塞，S—活塞压缩行程，G——次压缩量，即喂入量，
X—活塞位移，δ——次压缩草片的厚度，SB—压缩室壁，CP——次
压缩成的草片，CK—捆束成草捆，堆在压缩室末端。压缩室断面积
（a×b）

图7-5　开式压缩型式

CP（包括压缩室内已经压缩成的草捆 CK）的摩擦力是活塞压缩的最大支撑。压缩的最大支撑力决定了压缩草片的最大密度 γ_{max} 和最大压缩力 P_{max}。

3. 开式压缩的两个基本过程

开式压缩，包括压缩成草片的过程和推移草片两个过程。见图7-6。

（1）压缩过程（活塞由0——x压缩过程，图中至 x_4）

活塞开始移动，将松散物料压缩到最大压缩密度 γ_{max}（0_4 位置），其压缩力也达到最大压缩力 $P_{max}(A_40_4)$，即活塞移动 $0-0_4(x_4)$ 为松散物料的压缩成草片的过程，即压缩过程。

压缩过程就是将松散物料压缩成最大密度的草片 δ。活塞具有最大压缩力 P_{max}。

（2）活塞在行程内继续移动 δ 距离

压缩成的草片 δ 在压缩室内继续移动，活塞推移草片至压缩室尾端出口。草片移动过程距离为 $\delta+l$，$(\delta+l)$ 称为开式压缩的草片的移动过程（距离）。

活塞压缩成草片 δ 之后，活塞继续移动推动草片，对物料已经不进行压缩，而是将草片推至行程 s 之外。推移过程，草片连同压缩室内所有草片（草捆）随活塞一起向后移动一个草片厚度 δ 的距离，压缩一次，压缩成的草片向后移动一个草片的距离 δ。一直到排出机外。

这时活塞上的压缩力已由最大压缩力 P_{A_4} 转变为草片与压缩室壁的动摩擦力 P_{A_5}，即活

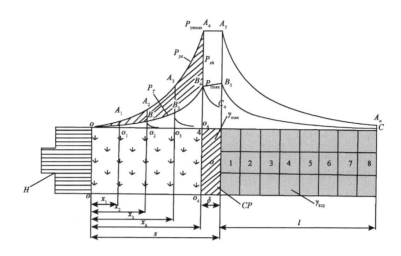

图 7-6　开式压缩全过程

塞推移草片移动的力。也就是活塞克服草片（含压缩室内所有草片）与压缩室壁的动摩擦力。活塞的推移力一般小于最大压缩力。因为最大压缩力等于草片与压室壁的静摩擦力，推移力等于草片与压室壁的动擦力。显然有所下降，理论上可视为相等如图所示。

4. 开式压缩过程草片的受力非常复杂

活塞一次压缩，在压缩室内压成一个草片 δ，即草片受一次连续的压缩力过程。

第二次又压成一个草片，第三次，第四次，……压成的草片都被活塞推至其行程 s 之外，紧密的堆积在压缩室的尾端，形成活塞压缩草片和推移草片压力的支撑。见图 7-6 中的 1，2，3，4，5，……这些草片在推移过程中，还要承受活塞的多次压力。活塞每压缩一次都要使压缩室内所有草片承受一次压力，只是承受的压力是间接的，是通过在压和相邻等非直接受压草片传递过来的，所以每个草片承受压力也是不同的。且每次受压后，活塞返程时，所有草片一般还要发生一次不同程度的膨胀（力），膨胀就有可能造成草片尺寸 δ 变化，密度有可能变化。

5. 压缩过程及压缩力曲线

见图 7-6。

喂入一份草 Gkg（喂入量），之后活塞进行压缩。

活塞位移：x_1，x_2，x_3，x_4。

压缩力 $P_1 = A_1 0_1$，$P_2 = A_2 0_2$，$P_3 = A_3 0_3$，$P_4 = A_4 0_4 = P_{max}$。

物料的压缩密度，$\gamma_1 = \dfrac{G}{(a \times b)(S - x_1)}\text{kg/m}^3$，$\gamma_2 = \dfrac{G}{(a \times b)(S - x_2)}\text{kg/m}^3$，$\gamma_3 = \dfrac{G}{(a \times b)(S - x_3)}\text{kg/m}^3$，$\gamma_4 = \dfrac{G}{(a \times b)(S - x_4)}\text{kg/m}^3 = \gamma_{max}$。

压缩草片的厚度。随活塞压缩移动，压缩力增加，活塞压缩到 x_4 位置，压缩力达到最大值 P_{max}，即被压缩的物料体积最小，达到最大密度 γ_{max}，活塞继续移动，被压缩的草片 δ 随活塞移动到行程 S 之外。此时压缩的草片厚度为 $\delta = \dfrac{G}{(a \times b)\gamma_{max}}(m)$。

压缩室内，待压缩若干草片的厚度达到一定尺寸（例如 8 个草片），将其捆成草捆，在草片移动过程，将草捆从压缩室出口逐渐连续排出。

活塞压缩力曲线 $P_{ys} = 0A_4$。

最大压缩力 $P_{ysmax} = A_4 0_4$。

压力 $A_4 A_5$ 为活塞推移草片过程的压力。

（三）闭式压缩（Close Compyessing）

闭式压缩是松散物料研究开始时期采取的基本形式，初期在国外进行了较广泛的试验研究。

所谓闭式压缩，即在设有堵头的容器中的压缩。即压缩室是一个有底的容器。

压缩室底（堵头）是其压缩最后的支撑，刚性支撑。

喂入一次，活塞压缩一次，压缩成一个草片。压缩一次，卸料一次，所以闭式压缩是一个不连续的生产过程。

压缩过程物料与压缩室内壁的摩擦力也是闭式压缩过程的支撑，压缩室堵头是闭式压缩的最大支撑。所以闭式压缩支撑力上限无穷大。

闭式压缩仅有压缩成草片的一个过程，压缩成的草片没有移动过程。

闭式压缩草片仅是压缩过程受力，所以草片的受力情况比开式压缩简单。

压缩过程及压缩力曲线，见图 7-7。

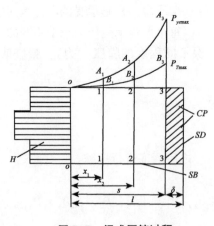

图 7-7　闭式压缩过程

图中：压缩活塞 H，压缩室长度 l，压缩室断面（$a \times b$），压缩室壁 SB，压缩室底 SD，活塞压缩行程 S，压缩成的草片 CP。

压缩力 p_{ys} 曲线 $0A_3(t)$。

压缩过程密度 $\gamma_i = \dfrac{G}{(a \times b)(l - x_i)} \text{kg/m}^3$。

压缩最大密度 $\gamma_{\max} = \dfrac{G}{(a \times b)(l - S)} = \dfrac{G}{(a \times b)\delta} \text{kg/m}^3$。

其中 x_i——压缩过程活塞的位移。

二、松散物料压缩一般试验研究过程进展简析

首先是工程思维指导下的试验研究。

国内外有松散物料压缩试验研究集中了很多资源和智慧，经历了漫长时间历程，也取得了一定的进展。但是，至今也没有形成成型的理论。

松散物料压缩过程是一个生产过程。所以一直是农业工程中的一个重要研究领域，据资料可查，松散物料的压缩试验研究已经有近80年的历史了。尤其20世纪六七十年代，在国外对松散物料的压缩试验研究十分活跃。我国对压缩基础的试验研究实际上开始于20世纪80年代。

国外首先对闭式压缩进行了基础试验研究。

（一）国外松散物料压缩的一般试验研究进展

1. 压缩基础试验研究

首先，德国斯卡威特（Skalweit）1938年，在闭式小容器内压缩茎秆，见图7-8进行的压缩基础试验研究上取得了进展。

图7-8　闭式压缩的小容器

松散物料压缩过程中，根据压缩力曲线进行回归，首先建立了压缩力与压缩密度的函数关系 $P(\gamma)$。

（1）最早提出了松散物料压缩过程方程式 $P = c\gamma^m$

式中，P——压缩力，γ——压缩密度，c，m——试验系数。

压缩力范围 15-50N/cm^2，小麦茎秆（干），$c = 2.53 \times 10^{-4}$，$m = 1.47$，

压缩力范围 50-200N/cm^2，小麦茎秆（干），$c = 2.78 \times 10^{-3}$，$m = 1.47 \times 10^{-4}$。

（2）之后很多学者又继续进行了与此相似的诸多试验研究

例如赫拉帕奇（ХРАЧ）提出了 $P = c(\gamma - \gamma_0)\gamma^m$；$P = C\alpha\beta k\gamma^m$ 压缩过程方程式等。其中

引入更多的参量和计算关系，例如物料的湿度，速度，阻力系数，还设定了一些限制条件等，虽然确定了压缩力与压缩密度的函数关系，也说明其关系的复杂性。实际上，此类研究为松散物料的压缩过程提出了一个最简单最早期的表述方法。

式中，P——压缩力，γ——压缩密度，其余是系数。

（3）闭式压缩的深入试验研究

直到 1987 年英国法勃若德（M. OFborode）和卡拉罕（JROCallaghan）对闭式压缩进行了较深入的试验研究。

提出压缩方程式为 $P = \dfrac{A\gamma_0}{b}\left[e^{b(\gamma-1)} - 1\right]$。

式中，P——压缩力，$\gamma = \dfrac{\gamma}{\gamma_0}$，$A$，$b$ 为试验系数，γ_0 初始密度，即一次喂入量，压缩前在压缩室内的密度。

涉及了初始密度（即喂入量），提出了临界喂入量的规律等深层次问题，例如在一定的范围内压缩力随喂入量有变化等。

2. 一般试验研究取得的典型成果及存在的基本问题

（1）最基本的成果

首先确定了压缩过程中，压缩密度 γ 为压缩过程的主参数。即确定了压缩过程，压缩力 P 与压缩密度 γ 的基本函数关系 $p(\gamma)$。比压缩力作为活塞位移 $P(x)$ 或时间 $p(t)$ 的函数关系，前进了一步。

虽然压缩过程压缩力 P_{ys} 的因素较多，但是比较起来在压缩过程的参量中，松散物料压缩密度 γ 是最接近松散物料的基本性质的参量。因为压缩至固体态前的物料都属于松散物料，松散物料的基本物理性质参量是密度 γ。

（2）存在的基本问题

在这里对压缩力与压缩密度的关系 $P(\gamma)$ 的试验研究称为松散物料一般试验研究。包括自此之后很长时期内类似试验研究，都没有突破性的进展。

有的学者，也发现，压缩力 $P(\gamma)$ 变化，其常数 c，m 也变化，说明该关系式的局限性，分析过其原因。其实原因是非常复杂的、多变的。

该试验研究仅是描述性的研究，仅对过程中压缩力 P 随活塞的位移 x（密度 γ）变化的表观现象进行直接分析，还没有涉及过程中深层次的问题。

另外，很多试验容器尺寸小，类似草物料为长纤维状，尤其在相对小的试验容器（直径不到 10 公分）中的压缩试验，压缩力 $P(\gamma)$ 公式的实际意义不大。

松散物料压缩过程，由初始密度 γ_0，随活塞的移动（压缩）密度增加。继续压缩下去，是否其密度一直继续增加下去，如果压缩到接近固体态，其压缩过程密度如何？没有涉及，压缩的目的是获得具有一定密度的产品。如果压缩到极限密度，压缩力，压缩产品的性质如何？所有的试验研究都应有回答，但都没有回答！

压缩过程也是一个力学过程。在试验研究过程中，还没有实质力学参量出现，例如模量等，这应该是压缩过程一般试验研究的一个问题。

（二）我国对松散物料压缩的一般试验研究

对松散物料压缩基本试验研究，我国起始于 20 世纪 80 年代。

我国首先进行的是开式压缩试验研究；是在压捆机上，模拟生产条件下进行的压缩试验研究，对生产实际有直接指导意义。

根据干草压缩过程压缩力曲线，提出了开式压缩的基本方程式 $P = Ae^{B(1-\frac{\gamma_0}{\gamma})}$ 。

其中，A，B 试验系数，其他同前。

发现了压缩力 P 与喂入量 G 间的关系。在一定范围内，压缩力随喂入量的增加，压缩力有所下降的趋势——称为临界喂入量规律。

并将临界喂入量规律首先用于液压高密度压捆机的开发上。

还在压捆机上，模拟生产条件下，进行了干燥、不同含水分青鲜农业物料压缩试验研究。

还对不同压缩室断面积，进行了压缩试验研究，在一定范围内得出了不同断面积压缩室压缩的规律相同，数据有些差别。

还进行了青鲜物料的压缩产品的试验研究。

国内对松散物料压缩一般试验研究中，虽然取得了一些进展，指导思想等与国外相比，也没有根本的突破。

（三）国外压缩过程流变学试验研究的一般进展

大约是 20 世纪 60 年代，国外开始了对压缩过程的流变学的试验研究。松散物料的压缩过程，就是一个流变学过程。开始对其进行流变学过程试验研究，应该说是从工程力学观点进入物料过程的流变学研究是一个突破。

压缩过程流变学试验研究中，一般包括蠕变变形和应力松弛过程的试验研究。

1. 压缩过程蠕变变形的试验研究

一般是，压缩过程中，保持压力不变 $\sigma = c$，物料进行蠕变变形 $\varepsilon(t)$ 试验研究。根据变形 $\varepsilon(t)$，借助流变学模拟模型，求出过程的蠕变变形方程式，并求出流变学参量。

在蠕变试验研究中，选择的流变学模型多种多样，比较常见的研究，有选择开尔芬模型 ［K］，巴格斯模型 ［B］ 和广义开尔芬模型 G［K］ 等。

（1）将压缩过程的蠕变变形用广义 ［K］ 模型进行模拟

1983 年阿斯西（Ashis Datta）等在密闭容器内对松散物料施加移动载荷（即进行蠕变试验），利用广义开尔芬模型机进行模拟，见图 7-9。

并提出了蠕变方程式：

$$\varepsilon(t) = \sigma_0 \left[\frac{1}{E_0} + \sum_{i=1}^{n} \left(1 - e^{t/T_i} \right) + \frac{1}{\eta_0} \right] = J(t) \upsilon_0$$

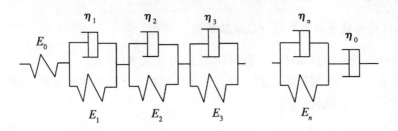

图7-9　选择的蠕变模型

其中，蠕变柔度：

$$J(t) = \frac{1}{E_0} + \sum_{i=1}^{n} \frac{1}{E_r}(1 - e^{-t/T_i}) + \frac{1}{\eta_0} 。$$

从中求出蠕变参量：①蠕变延滞时间谱：$T_1(=\frac{\eta_1}{E_1})$，$T_2(=\frac{\eta_2}{E_2})$，$T_3(=\frac{\eta_3}{E_3})$，$\cdots T_n(=\frac{\eta_n}{E_n})$；②弹性模量 E_1，E_2，$E_3 \cdots E_n$。

（2）大多数蠕变研究选择巴格斯模型［B］进行模拟

提出蠕变方程式为 $\varepsilon(t) = \frac{\sigma}{E_0} + \frac{\sigma}{E_r}(1 - e^{-t/T}) + \frac{\sigma}{\eta} 。$

求出蠕变变形参量，$T = \frac{\eta}{E_r}$，E_0，E_r 等。

（3）也有的试验选择开尔芬模型［K］进行模拟

提出压缩蠕变方程式 $\varepsilon(t) = \frac{\sigma}{E}(1 - e^{-t/T})$；

求出蠕变变形参量 T，E。

2. 对压缩蠕变变形试验研究的分析

国外诸多试验研究中，最有代表性的是美国两位专家，合作在1970年美国农业工程学会冬季年会上发表的"THE COMPRESSION GREEP PROPERTIES OF REDUCED PORAGE（切碎青饲料压缩蠕变性质）"。

该试验研究，对不同含水分，不同切碎长度，不同品种的饲料进行了压缩蠕变试验研究。本研究可视为国内外近代松散物料压缩变形过程蠕变流变学试验研究的代表性成果。

①试验方法。

压缩过程中，压力达到20psi 时，保持压力不变，进行蠕变试验，应力（载荷）$\sigma = 20psi = 2.8kg/cm^2$。应变 $\varepsilon(t)$ 坐标 $in/in \times 10^2$，时间坐标 min.（分）。

②获得压缩蠕变曲线 $\varepsilon(t) = OA + AB(t)$，见图7-10（左）。

③选择巴格斯（Brgers），即［B］模型进行模拟。见图7-10（右）。

④由此，提出了蠕变变形方程式 $\varepsilon(t) = C_1 + C_2(1 - e^{-C_3 \cdot t}) + C_4 \cdot t$。

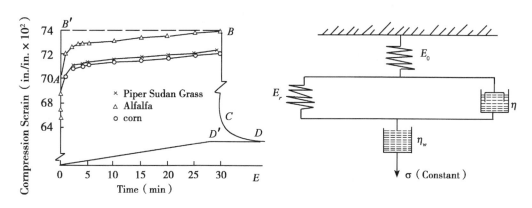

图 7-10 压缩蠕变试验的曲线和选择的模拟模型

（其中变形恢复曲线 *BCD* 和 *DE* 是作者根据 ［B］ 模型绘出的变形恢复假设曲线）

⑤求出了方程式中所有参数。

不同品种，不同含水分，不同切碎长度的参量不同。

求出含水分 40%，切碎长度 1/8-1/2 inch 蠕变变形过程的参量

$$C_1 = \frac{\sigma}{E_0} = 0.7522, \quad C_2 = \frac{\sigma}{E_r} = 0.0524, \quad C_3 = \frac{E_r}{\eta} = 1.5315, \quad C_4 = \frac{\sigma}{\eta_v} = 4.746 \times 10^{-4},$$

进而求得瞬间弹性变形模量 E_0，延滞弹性变形模量 E_r，延滞变形时间 $T = \dfrac{\eta}{E_r}$，及 η。

⑥试验过程取得了变形曲线，根据曲线与模拟模型蠕变曲线的接近程度，用数学计算法进行回归分析，通过计算机计算，确定模拟模型和求得蠕变过程的参量等。

⑦分析试验研究存在着的基本问题。

类似压缩蠕变试验研究很多，其基本点有二：一是对松散物料进行的压缩蠕变试验。二是选择流变学模型进行模拟。

所谓蠕变，应该是具有固定性质的实体，在载荷一定的条件下，其变形随时间的变化过程。即 $\sigma = c$ 条件下，实体变形 $\varepsilon(t)$ 过程。过程中获得蠕变曲线，从中求得实体的蠕变延滞时间 T 和弹性模量 E 等参量。其延滞时间和模量等参量，应该是变形实体所固有的，过程中不变的性质。

第一，松散物料压缩过程中活塞的移动，被压缩物料的密度 γ 增加，过程中的密度变化为 γ_1，γ_2，γ_3，…，其相应的模量也在变化，为 E_1，E_2，E_3，… 相应的延滞时间，也应该是 T_1，T_2，T_3，…，其他参量也都是变化的。显然过程中被压缩的物料似是无数种性质不同的实体的连续过程，而不是一种实体的蠕变变化过程了。显然，将松散物料当成具有固定性质的实体进行的压缩过程蠕变变形试验，与流变学蠕变理论不相符合。

第二，由此获得的所谓变形曲线（如图不包括恢复曲线）已不是一种物料的蠕变变形曲线了；由此试验计算求得的参量（T，E_r，E_0，η）等也都不代表试验松散物料压缩蠕变过程的实体参量了。

根据曲线选择的模型 ［B］ 进行模拟也存在同样的根本问题。

实际上，图 7-10 左的曲线与选择的模拟模型（图 7-10 右）是根本不符合的。例如对照模型，曲线中的 OA 是压缩瞬间弹性变形，应由模型中的弹簧 E_0 进行模拟，即 $OA = \dfrac{\sigma}{E_0} = 70 in/in \times 10^2$，应变 $\varepsilon \approx 0.7$，在 30min 的变形中，瞬间弹性变形约占总变形的约 90% 以上等。常识判断，松散物料不可能具有如此大的瞬间弹性变形，其弹性变形更不可能接近总变形的 90% 以上，显然压缩变形曲线 OA 不可能是弹性变形曲线（应是消除内部间隙的塑性变形），与模型的模拟根本对不上号。

流变学中的模型是实体物料的假设，即在过程中模拟模型代表了实体。压缩蠕变过程，如果实体的性质在变化，就不能用模型进行模拟——所以用模型模拟松散物料压缩过程与流变学模型理论相悖。

从变形曲线的外观，视乎与 ［B］ 模型的模拟曲线相似。如果是 ［B］ 模型的模拟曲线，其恢复曲线应似 $BC + CD(t) + (DE)$（是作者根据 ［B］ 蠕变曲线虚拟出来的。实际上其变形恢复曲线绝非如此。）其中 $BC = OA$，是瞬间弹性变形的恢复，应与瞬间弹性变形相等。虽然压缩过程不能测得变形恢复曲线，但是，常识告诉我们，松散物料压缩的产品的变形恢复曲线也绝不会是这样。

第三，松散物料压缩蠕变过程试验研究的命题似乎存在问题。保持压力不变，松散物料的变形应变在 30 分时间里 $\varepsilon(t) \approx 0.9$，显然不是小变形，即活塞移动的距离相当长，对松散物料来说，活塞移动了这么长的距离，其密度 γ 肯定会随活塞的移动发生变化，活塞上的压力也应该有相当的变化，可是设定的条件却是保持压力不变（对于固定性质的物体的蠕变是小应变。物体受力保持不变，随时间产生小变形，其密度可认为基本不发生变化），显然松散物料的压缩过程与其是根本不同的。

同理在压缩蠕变过程中，任意位置的求得的实体的参量 E_i，$T_i(= \dfrac{\eta_i}{E_i})$ 肯定不同，实际上从过程中试验可绘出过程基本性质参量曲线。不仅表明压缩蠕变过程中实体（不同密度松散物料）的基本性质是变化的。从另一面，也表明松散物料压缩过程却是一个复杂的任意历程。

第四，根据试验曲线，采用演算法求的结果，也仅是基于曲线，与 ［B］ 模型蠕变曲线形式相近，以此为依据才计算出这种结果，这恰暴露出，一般演算方法，忽略了松散物料压缩过程的基本概念和模型理论概念等基本问题，这可能就是一般演算方法的短板。

⑧分析延伸

循上，凡过程中，性质变化，如其密度，含水分，硬度，模量等基本性质变化的实体物料，都不能进行蠕变过程试验。其试验的结果，也绝不是其物料的蠕变性质。

凡过程中，性质不固定，如其密度，含水分，硬度，模量等基本性质不能保持一定的物料的蠕变，都不能用模型进行模拟。

所以松散物料的压缩过程即复杂任意流变学过程，都不能用蠕变变形理论方法进行试验研究。

由此分析，国内外用流变学模型理论对松散物料研究进行蠕变试验和用模型进行模拟与流变等理论相悖，这就是作者的结论！

3. 国外松散压缩过程应力松弛的试验研究

与蠕变试验研究相应的松散物料压缩应力松弛试验研究在国外也有较大的进展。

对压缩过程进行应力松弛试验研究的方法和问题也比较集中，一般的试验方法相似，都是压缩过程接近活塞行程终点，保持活塞不动，进行应力松弛过程，选择［M］类模型进行模拟，有的选择了［M］模型，有的选择了两个或以上并列的［M］模型。其中具有代表性的，例如莫森宁（N. Mhsenin）等1976年，皮克特五（PictiawChen）1986年，分别在密闭容器内压缩物料，达到一定值后，保持不变（活塞不动），进行了应力松弛试验。

选择了并联弹簧的广义［M］类模型进行模拟。

根据应力松弛曲线和模拟模型，求出了应力松弛方程式：

$$\sigma(t) = \varepsilon_0 \Big[\sum_{i=1}^{n} E_i e^{-t/T_i} + E_e \Big] = E(t)\varepsilon_0$$

其中，$E(t) = \Big[\sum_{i=1}^{n} E_i e^{-t/T_i} + E_e \Big]$——定义为应力松弛模量。

应力松弛延滞时间谱 $T_i = \dfrac{\eta_i}{E_i}$。其模量和延滞时间，反点该位置变形体的应力松弛的参量。

松散物料压缩过程，停止压缩保持压缩变形体的变形不变，进行应力松弛的试验研究的方法，符合［M］类应力松弛的要求。松散体压缩应力松弛试验研究也只能在压缩室内保持活塞压缩位置不动，按应力松弛的定义进行。

试验求得的应力松弛参量，是试验位置压缩实体的弹性参量，例如弹性变形力，弹性模量，应力松弛延滞时间等，不同位置其性质不同。

试验研究存在的基本问题有二。

一是按照一般程序，应力松弛试验应该：①首先取得应力松弛数据和获得应力松弛曲线；②根据应力松弛曲线和模拟模型概念和理论，求得应力松弛方程式；③求得应力松弛参量；④进行分析讨论。

但是几乎是所有的应力松弛试验研究多是从应力松弛试验过程直接确定了应力松弛的一般方程式。

二是确定的应力松弛的模量 $E(t) = \Big[\sum_{i=1}^{n} E_i e^{-t/T_i} + E_e \Big]$，也存在基本问题。

过程中，任一位置变形体应力松弛模量不应该是变量 $E(t)$。对于有固定密度等基本性质的变形体的应力松弛模量应是一个定值。应力变化 $\sigma(t)$ 相应的应变是变量 $\varepsilon(t)$（内部变形）。其应力松弛模量应该是 $E = \dfrac{\sigma(t)}{\varepsilon(t)}$。松散物料压缩过程，性质参量是变化的，求得的仅是过程中此位置或此时刻物料的参量，而不是物料实体过程的参量。

对于过程性质变化物料过程应力松弛方程式 $\sigma(t) = \varepsilon_0 \Big[\sum_{i=1}^{n} E_i e^{-t/T_i} + E_e \Big] - E(t)\varepsilon_0$ 这样表

示也存在问题。

（四）国内松散物料压缩应力松弛试验研究

我国对松散物料的压缩应力松弛试验研究比较多，也比较充分。在对压缩过程的分析研究的过程中，已经认识到，松散物料压缩过程，实际上是一个流变学过程，是一个力，变形的复杂的时间过程，在压缩室内首先从应力松弛试验研究开始比较方便（实际上是在变形体原理的指导下进行的试验研究，但是当时并没有认识变形体原理）。

1. 牧草在高密度压捆时的应力松弛研究

1995—1998 年，一位博士在压捆机上进行了压缩应力松弛的试验研究。是国内首先进行压缩应力松弛的试验研究。

（1）试验条件及试验曲线

压缩活塞匀速移动，压缩草物料应变时间历程，见图 7-11，压缩力时间历程见图 7-12。

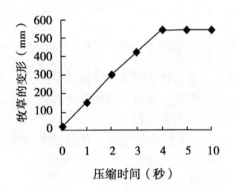

图 7-11 压缩草物料应变时间历程

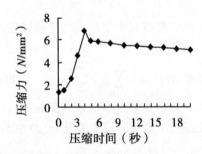

图 7-12 压缩力时间历程

图 7-11 是活塞压缩变形历程 $\varepsilon(t)$ ，当时间 $t = 4s$ ，保持变形不变进行应力松弛。对应的应力松弛曲线见图 7-12。其中，$t < 4s$ 是压缩过程，$t \geq 4s$ 为应力松弛过程。

（2）提出的方程式

$$\sigma(t) = \sum_{i=1}^{n} \varepsilon(t_i) E(t - t_i)$$

式中，$\sigma(t)$——活塞对草的压缩力，N/mm^2，

$\varepsilon(t_i)$——第 i 个阶跃应变。

$E(t - t_i)$——在 i 时的应力松弛模量，N/mm^2。

通过计算求得应力松弛方程式，选择模拟模型为（ ［M_1］ ｜ ［M_2］ ｜ ［H］ ）。

（3）进展及存在的基本问题

①已经开始认识到松散物料压缩过程是一个任意过程；企图寻找一个解决任意历程的方法和途径。

②存在基本问题

压缩力方程式中，①出现了应力松弛模量的基本概念问题。②压缩力与松弛应力为两类不同性质的应力。

压缩过程的压缩力是压缩变形力，包括弹性变形力和非弹性变形力，且是任意变形的力。为活塞作用于物料上的表观力。

应力松弛应力是压缩变形体的弹性变形恢复力——为压缩变形体的弹性反力——是变形体作用于活塞上的弹性反力。

应力松弛模量，与压缩变形过程中模量概念不同，不是一个参量。

将 $\varepsilon(t)$ 表示为压缩过程活塞的应变，活塞的位移视为变形，也存在基本问题。

图 7-12 中，$t = 4s$ 停止压缩，曲线的最高点应力定位应力松弛的起始应力，也存在问题。当活塞停止压缩瞬间，活塞上的压缩力（变形力）瞬间转变为松弛应力（变形体的弹性恢复力，即压缩的弹性变形力），必然存在损耗，产生一个突变，突变后才开始弹性变形力的应力松弛，所以将图 7-12 最高点的应力作为应力松弛的起始应力也是错误的。

不能用应力松弛定义来直接确定应力松弛模量和应力松弛方程式，应力松弛方程式应该根据应力松弛曲线分析和选择的模拟模型确定。

所以该研究对应力松弛方程式的推导的思路都不能成立。

该试验研究也可算是在研究复杂任意历程问题过程中的一个探索。

2. 应力松弛的接续试验研究

我国接续有关草物料压缩过程的应力松弛的试验研究比较多，举例 2004 年闫国宏研究生对青鲜草物料压缩变形体应力松弛试验研究。

（1）压缩过程中的应力松弛的试验研究

在压捆机生产条件下以不同的喂入量的青鲜玉米秸秆进行的试验研究。

第一，在压缩过程取得应力松弛曲线——是试验研究的基础和继续研究的依据。

压缩过程，在活塞压缩至行程终点时，保持活塞不动，压缩草片立即进入了应力松弛过程，停留 3 分种，也就是 180 秒的应力松弛试验，取得过程草片的弹性恢复力随时间的变化数据，即获得压缩变形体的应力松弛曲线，见图 7-13，应力松弛曲线是应力松弛试验研究

的基础。

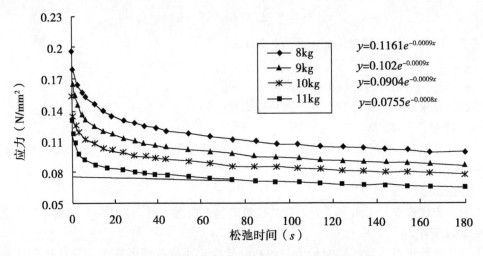

图 7-13　不同喂入量新鲜玉米秸秆压缩应力松弛曲线

第二，应力松弛方程式。根据曲线，确定应力松弛的规律，通过流变学分析，处理，喂入量 G=8kg 的应力松弛方程式为：

$$\sigma(t) = \sigma_1 \cdot e^{-t/T_1} + \sigma_2 \cdot e^{-t/T_2} + \sigma_3 \cdot e^{-t/T_3} + \sigma_4 \cdot e^{-t/T_4}$$

第三，由应力松弛曲线和其方程式，选择广义［M］模型进行模拟，且是由 4 个［M］模型并联的广义［M］模型（这个过程需要进行复杂的流变学计算和判断过程），见图 7-14（四个［M］并联的广义［M］模型）。

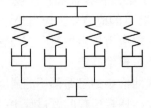

图 7-14　广义［M］模型

第四，应力松弛参量。根据应力松弛方程式，利用采集数据，流变学流变理论，经过处理计算得出应力松弛的参量。

喂入量 G = 8kg 时：

$\sigma_1 = 0.1189 \text{N/mm}^2$，$\sigma_2 = 0.0441 \text{N/mm}^2$，$\sigma_3 = 0.0091 \text{N/mm}^2$

$\sigma_4 = 0.0242 \text{N/mm}^2$

分别为各并联［M］的松弛应力的起始应力。

整体变形体的松弛应力的起始应力为 σ = 0.1189 + 0.0441 + 0.0091 + 0.0242 = 0.1963N/mm^2。

应力松弛延滞时间谱：

$$T_1 = 8333.3s \quad T_2 = 18.21s \quad T_3 = 6.54s \quad T_4 = 0.72s$$

将数据代入的应力松弛方程式为：

$$\sigma(t) = 0.1189 \cdot e^{-t/8333.33} + 0.0441 \cdot e^{-t/18.21} + 0.0091 \cdot e^{-t/6.54} + 0.0242 \cdot e^{-t/0.72}$$

结合过程，对其应力松弛进行了分析评论。

（2）草片移动过程的应力松弛

开式压缩过程，活塞压缩成的诸多草片，在草捆室内向后移动过程中，还间接承受着活塞的压力。且在移动过程中承受的压力是变化的，其本身尺寸也有少许变化。但是在草片移动过程中，有一段时间内，移动的草片两端的压力处于相对的平衡状态，即草片处于过程中形成的变形不变的应力松弛的条件，在此时间内草片也必然会发生应力松弛。可以认为这是草片移动过程中一个特定的应力松弛过程。

草片移动过程中的应力松弛曲线。还是对新鲜玉米秸秆碎段，喂入量 $G = 8kg$ 的草片应力松弛曲线，见图7-15。

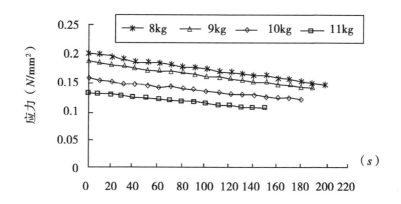

图7-15 不同喂入量新鲜玉米秸秆碎段应力松弛曲线

移动过程中应力松弛方程式。

喂入量 $G = 8kg$

$$\sigma(t) = 0.2003 \cdot e^{-t/714.3}$$

模拟模型为［M］模型。

应力松弛参量

$\sigma = 0.2003N/mm^2$——应力松弛起始应力

$T = 714.3s$ ——应力松弛延滞时间

对应力松弛结果进行了分析评论。

（3）上述应力松弛试验研究中的进展和问题

首先，提出了压缩过程的损耗应力问题。

压缩过程的压缩力 P_{ys}，包括弹性变形力 P_T 和非弹性变形力 P_{sh}。在应力松弛过程，储存在弹性变形中的弹性变形力，以弹性变形恢复力的形式在应力松弛过程进行松弛。其非弹性变形力，在压缩变形过程损耗在非弹性变形中了。与应力松弛过程没有关系。但是在应力松弛过程的起始显示为 P_{ys}，P_T 及差值。可叫损耗应力或瞬降应力 σ_{sh}。

压缩过程由压缩力转变为应力松弛瞬间，在压力曲线上必然出现一个突降。突降后的曲线，才是应力松弛曲线。在之前，有很多将这个瞬降应力错误地视为应力松弛应力了。

在上面的应力松弛试验中，已经明确了损耗应力的存在，但是从试验结果上看，恐怕还不到位。因为松散物料压缩过程非弹性变形力的比例还是比较大的，但是试验中似乎偏小了。

其次，从试验中总结了一套松散物料应力松弛过程的试验、处理、分析的方法。

（五）松散物料压缩全过程应力松弛的分析

在前面的基础上，作者对松散物料压缩过程进行了理论上分析研究并提出了任意复杂过程流变学理论。

1. 松散物料压缩试验研究的一个突破

基于松散物料压缩应力松弛试验研究的基础。对压缩过程的基本概念进行了思索，例如：①压缩过程活塞上的力是压缩力为压缩阻力，或压缩变形力，是活塞作用在压缩实体上的力；②活塞停止时活塞上的力是压缩实体在该位置的弹性反力，作用在活塞上；③压缩过程活塞前面的实体可叫压缩体或受力体，其过程可称为压缩变形过程。④活塞停止时，活塞前面的实体叫变形体。变形体的弹性是弹性恢复——弹性变形恢复和弹性变形力恢复及变形体的应力松弛。

变形体概念的建立和引入，是松散物料的压缩试验研究的一个理论突破。应该是任意流变学过程研究的一个重要标志。

2. 松散物料压缩全过程的分析研究

参看图 7-6，压缩过程中，压缩力曲线 $0A_4(\gamma)$，推移草片的压力 A_4A_5，A_5A_n 曲线，过程显示，也可测量。压缩过程变形体的弹性变形恢复力（也即至此压缩弹性变形力）σ_T 曲线用 BB_4 表示。应力松弛过程可显示，也可进行测量。推移草片的应力 B_4B_5，B_5C 曲线都能在过程中进行测量。

从始至终，①过程中压缩弹性变形力 σ_{T_i} 大小可以显示，也可进行测量；②与 σ_{T_i} 相应的弹性模量 E_i，弹性变形 ε_{T_i} 符合虎克定律；如果能求得弹性变形 ε_{T_i}，其弹性模量 E_i 也可以求得。但是由于弹性变形（弹性恢复变形）ε_{T_i} 在压缩过程无法测得，所以压缩过程的弹性模量也就暂时求不出来；③过程中任一位置变形体应力松弛延滞时间 $T = \dfrac{\eta}{E}$ 也可得。如果求得了模量，还可以求得变形体的黏度 η。

至此，松散物料压缩过程任一位置的参量，都分析出来了。如果接续起来，其压缩过程参量的变化规律也可以被揭示出来。表明松散物料压缩过程规律、内涵已经基本揭示出来了，相应的也积累了复杂任意流变学过程的分析研究方法、程序和有关理论，标志着"复杂任意流变学理论"已初步建立起来了。

纵观长期松散物料压缩试验研究至今可以说，通过流变学理论的解析已经基本上获得了松散物料压缩的试验研究的基本成果和复杂任意流变学分析的新成果。下面试对松散压缩成型过程进行较深入分析。

三、压缩过程松散物料形态的转变

提出压缩过程松散物料形态的转变问题，有益于任意复杂过程的深入分析和展开。试图求得松散物料压缩过程变形体的弹性模量 E_i 是其中的目的之一。

任意复杂过程是实体的变化过程，过程中实体的基本性质变化，其形态也在变化是其基本特征，也可以认为任意复杂过程是实体性质、形态的积累过程。

松散物料压缩过程，随密度的增加，其物理性质、形态发生的变化，又赋予了松散物料压缩过程的特殊意义。

松散物料压缩过程，其实体的性质、形态的变化，可将松散物料压缩成密实状态，甚至接近固体态。例如松散体的初始密度一般 $40kg/m^3$ 以下，一般草捆（密度在 $200kg/m^3$ 左右），或者密度为 $300kg/m^3$ 以上的高密度草捆，有的压缩成接近固体型的一般草块，因为单向压缩等原因，一般的高压只能压缩使其接近于固体态。对于诸多松散物料，采取高压力也可以将松散体——压缩成密实体——进一步压缩成固体态的成型体。三种形态的物理性质，力学性质虽然不同，但其过程是连续的。其中由密度的变化联系在一起了。试验研究松散态物料的压缩过程，不仅能够深刻了解复杂任意历程的实质、规律，而且具有工程的意义，物理意义，材料意义和流变学意义。

（一）压缩过程物料三种物理形态的基本特征

1. 松散体

散粒体，松散体，例如松散的农业物料广泛存在，其压缩成型过程也很普遍。松散体为固体细小组成物的集合体。固体细小组成物为固体物质，即构成松散物料的基本因素为固体元素。

松散体的基本特性：

①内聚力小，保持形态的能力差，其形状基本上随容器而定。

②具有一定的流动性，具有流体的特性，存在内摩擦。

③松散体基本参量是密度——容积密度，所谓容积密度，其中存在空隙。

④松散体为介于流体与固体之间的物体。因为散粒体范围广，差别较大，对于流动性较强的可叫准流体，对于流动性差的可叫准固体。

⑤可压缩的农业松散物料，差异性非常大，例如草类、秸秆类纤维状，草粉类，其他松散体等。长茎秆的流动性更差。切碎或细切，流动性较好。散粒状，流动性更好。

⑥力的传递能力差。力的传递过程中有力的损耗，基本上损耗于内摩擦。力的传递也有个过程。随密度的增加，力的传递能力增强。

⑦松散物料内部变形传递的能力差。实体受力内部变形也有一个过程。随密度的增加，

内部变形传递的速度变快。接近固体内部传递变形速度最快。

2. 密实体

松散体随密度的增加，内部空隙减小，其中固体细小物质接近或接触逐渐密切，逐渐进入密实体；内摩擦力增强，内聚力增加。密实体更接近固体态，但由于内部固体物质间仍有间隙，接触还不够紧密，仍保留着松散体的基本性质。密实体仅是松散物料压缩过程的一种存在状态，其密度仍是其基本参量。密实体的范围很大，差异也较大。

密实体的基本特性：

①比同类松散体的密度大。内部间隙已经很小，更接近固体密度。

②流动性更差，内摩擦力增加；保持形态的能力加强。

③力的传递能力加强，内部变形速度加快，逐渐接近固体。

④保持其密实形态，一般还要借助于束缚材料或包装物。

3. 固体态

密度接近最高，内部空隙间隙接近为零，即进入固体密度范围；固体的密度一般不应再因受力而改变。内部固体物质紧密贴合，结构致密，已经结成为紧密整体——固体。其内聚力非常大。保持形态的能力强，硬度值高。压缩过程的变形发生了根本变化，即进入了小变形阶段。

进入固体之前活塞的移动是消除内部间隙，克服内摩擦力，进入固体态之后，活塞的压力使其产生小变形，（产生小变形，一般其基本性质不会改变）。

进入固体之后，内部间隙消失，固体物质结合为一体，内聚力增至很大，活塞对其的压力才使固体产生实质的变形。

进入固体，施力产生小变形。固体的变形体的膨胀变形转变为小的弹性恢复变形。

压缩室内的压缩过程基本上是单向施力，基本上是单向密度，也可以说只能是单项固体态，严格地讲，可能还不能是全方位的固体态。在此只研究单向过程。

松散物料压缩成固体性质，取决于细小固体物质的性质和状态。组成细小物质的性质。组成细小物质表面性质（光滑程度，摩擦性，生物特性等）。细小元素结构致密情况。含水分，结构尺寸，添加，温度等。

（二）压缩过程松散物料的变化

由松散体压缩至固体态的变化非常复杂。

松散物料开始压缩时，其变形主要是消除内部间隙，克服内部相对移动的摩擦力。且内部移动（变形），力的传递等存在过程。一般不会产生弹性变形，当然此时变形体也不会存在弹性恢复变形；继续压缩，密度增加，物料压缩开始产生变形，由于农业松散物料是非弹性材料，压缩的变形中弹性变形的比例也很小——所以压缩开始阶段，随压缩密度的增加，其弹性变形变化不大。随着压缩密度的继续增加，被压缩物料的固体性增强，弹性变形的比例增加较快；相应其变形体的弹性恢复变形增加得也较快。

随着密度的继续增加，内部空隙减少，变形体的内部接触更紧密，凝聚力增强且增至很大。内聚力阻碍变形体的弹性膨胀变形，表现为弹性膨胀变形的增加开始变缓慢、减小，其趋势逐渐接近一个定值。当弹性膨胀变形减小趋近一定值时，表示变形体的弹性膨胀恢复变形已经接近固体的小变形，其内聚力已经大于弹性变形恢复力。相应变形体接近或变成了固体态。

（1）压缩变形体的弹性膨胀变形的概念

松散物料压缩弹性膨胀变形，实质是变形体的弹性变形恢复的趋势，（但还不是实质的弹性恢复变形）。

膨胀变形，实际上是一种弹性恢复力驱使下压缩室内压缩体的变形体膨胀。开始阶段，因为变形体的内聚力很小，压缩室壁的阻碍，在膨胀力的作用下，变形体内部分离，变形体内部断裂，所以其膨胀恢复呈不连续状态。压捆机的捆束就是阻碍膨胀恢复，基本保持变形体的压缩形态。一般中密度（200kg/m³ 以下）压缩草捆，弹性膨胀力还不大，用标准捆绳就能约束膨胀。

压缩中间阶段，随密度增加，变形体的膨胀力增加，所以变形体的膨胀变形趋势很强。压缩农业秸秆试验中，密度达 350~450kg/m³ 时，变形体的膨胀力非常大，用 10 号铅丝捆束，也曾发生崩断现象。

压缩的后阶段，随密度增加，压缩变形体的弹性膨胀力增加非常快，变形体的内聚力也增加很快，内聚力的增加，致使弹性膨胀变形增加变缓，其弹性膨胀变形值越来越小，逐渐趋于一定值。弹性膨胀变形也逐渐由断裂不连续，向整体连续小变形恢复趋近，这时的变形体接近或进入固体态。此时的弹性膨胀变形接近或变成固体的弹性恢复变形。固体态的弹性变形是整体、连续的小变形。

所以压缩过程变形体的弹性膨胀变形，与其弹性变形（恢复）力，仅是简单的正变关系，压缩过程中变形体的弹性膨胀变形与其弹性变形恢复模量也不是简单的对应关系（见下面变形体曲线谱图）。弹性膨胀变形与压缩弹性力不遵循虎克定律。但是它确是变形体恢复变形的一个特征的表现。它的变化过程可视为变形体形态转变过程中的一个标志性特征。弹性膨胀变形由大变小，表征内聚力由小变大，变形体已经逐渐接近固体态。释放压缩条件，变形体恐怕再也不能恢复到其初始的松散态了。上面的反点趋势分析，没有考虑压缩型的影响。

（2）压缩固体态的基本特征

压缩密度已经达到或接近是该松散物料的最高，例如高于 1 000kg/m³ 以上，不同的物料达到固体态的密度不同。

继续压缩，小变形，变形体的密度基本不变了。说明变形体已经具有固体的性质了。

完全释放后，压缩变形体已经能保持固体的形态。具有固体的特征和模量

内聚力达到很高，已经高于膨胀力（弹性变形恢复力）。且压缩体已由膨胀变形转变为弹性恢复变形，即从此后压缩体的受力变形转变为固体的小变形。

固休和松散体一样，在压缩室内过程中，由于压缩室的限制，压缩变形、变形体的膨胀变形，弹性恢复变形等变形类参量是不能直接进行测量的。

（三）松散物料压缩过程参量曲线群

松散物料压缩过程参量的变化是连续的。其性质的变化，即参量在过程中可以表现为若干条曲线，分析研究这些曲线具有重要物理意义，力学，材料，工程意义。

在一般松散物料压缩室内压缩试验过程中，仅能测试力的参量，并不能测量变形参量。但是，松散物料压缩过程中参量很多。随着压缩试验的深入，逐步发掘了压缩过程实体的诸多基本参量。

1. 压缩密度 γ 及曲线

松散物料的压缩密度，是压缩过程物料的基本参量。

密度是单位体积的质量，对松散体一般是容积密度 γ（kg/m^3）比较小。

压缩过程的密度是变化的，一次压缩物料（喂入量）的量不变，变化的仅是体积，所以通过活塞的移动进行计算可求得压缩过程任意位置的密度 γ_i。

压缩过程密度曲线 $\gamma(x)$，见图 7-16（开式压缩）。

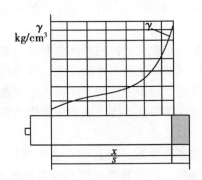

图 7-16　压缩过程密度 $\gamma(x)$ 曲线

压缩密度是过程中计算出来的，密度曲线称为计算密度曲线

压缩密度曲线，是活塞移动距离（x）与密度 γ（kg/m^3）关系曲线。在进入固体之前，压缩力与压缩密度有一定的对应关系。

进入固体之后，压缩密度应该基本不变了，对其施压力，仅能产生小变形。可以认为，松散物料，包括密实体的压缩过程，是固体态密度的积累过程。进入固体态后，固体的密度基本就形成了（不同的物料压缩成固体的密度不同）。所以松散物料（密实体）压缩过程中。密度的变化应该是压缩过程的一个基本特征。

2. 压缩力 P_{ys} 及曲线

压缩力 p_{ys}，即压缩过程活塞上的作用力。或者是活塞施于物料的压缩力。

主要包括，前期压缩过程物料的移动和相互移动间的摩擦力，与压缩室壁的摩擦力及堵塞物的支承力等，后期主要是其中固体元素的变形力等。

压缩力是压缩过程的表观力，压缩过程显示，可以测量。可基本上表示为相应密度位置

的压缩力 $P_{ys}(\gamma)$。可能是，至少是现阶段松散物料压缩过程比较能反映压缩过程的函数关系。压缩过程的 $p_{ys}(t)$，$P_{ys}(x)$ 等不宜表示为压缩过程压缩力的函数关系。

压缩过程压缩力 p_{ys} 曲线见图 7-17 中的 $0-A_1-A_2-A_4$。

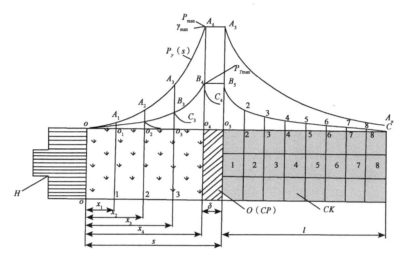

图 7-17　压缩力曲线

3. 压缩弹性变形力 P_T 及曲线

压缩过程弹性变形力，就是压缩过程相应位置变形体的弹性恢复力，即其松弛的起始应力，表示为 $p_T(\gamma)$。相应变形体任一位置的弹性力。而该位置松弛过程可表示为 $P_T(t)$。如图示的 $B_3C_3(t)$，$B_4C_4(t)$ 等。

p_T 是压缩过程不能显示的变形力，变形体的弹性变形恢复力作用于活塞上，在过程中任一位置，活塞停止压缩，并保持不动，这时作用在活塞上力，就是其变形体的弹性反力 p_T，也是相应压缩位置的压缩弹性变形力。可以进行测量。将过程各位置的 B_2，B_3，B_4 等连接起来就是压缩变形体的（起始）弹性恢复力曲线，也即反映压缩过程相应位置弹性变形力曲线，见图 7-17 的 $0-B_1-B_2-B_3-B_4$ 曲线。

在相应各位置变形体弹性变形力的 B_2，B_3，B_4 位置进行应力松弛，就可以求得压缩过程变形体应力松弛曲线群。应力松弛曲线群 $P_{T_i}(t)$，例如 $B_3C_3(t)$，$B_4C_4(t)$ 等。

4. 压缩过程损耗力 P_{sh} 及曲线簇

压缩损耗应力，即压缩过程非弹性变形力，是压缩过程损耗的应力，可表示为 $p_{sh}(\gamma)$ 是压缩过程不能显示的压力，也不能测量的压力。可通过压缩力 $\sigma_{ys}(\gamma)$ 减去相应位置压缩弹性变形力 $P_T(\gamma)$ 求得。因为压缩力包括弹性变形力 p_T 和非弹性变形力 P_{sh}。弹性变形力是变形体的弹性恢复力，储存在弹性变形过程中，在变形体应力松弛过程可显示出来。而非弹性变形力在变形过程耗损了。所以叫通过计算 $P_{ys}=P_T+P_{sh}$，求出损耗力 $P_{sh}=P_{ys}-P_T$。因为此力与应力松弛无关，在应力松弛过程起始瞬间似乎是突然消失了，也可叫瞬降应力，突降应力。

压缩力 p_{ys} 曲线与弹性变形力 P_T 曲线间构成了压缩过程损耗应力 P_{sh} 曲线簇，即损耗应力 P_{sh} 区间。见图 7-17p_{ys} ，P_T 区间。

5. 压缩过程内聚力 p_{nj} 及曲线

内聚力在压缩过程还不能测量。仅是分析其压缩过程的趋势，压缩过程还不能建立起内聚力 P_{nj} 曲线。

所谓压缩过程的内聚力 p_{nj} ，即压缩实体内部元素间的摩擦力，即其内摩擦力。是保持其形态的内摩擦力。松散态的内聚力非常小，固体态的基本特征就是内聚力非常非常大。由松散体到固体的压缩过程中，其内聚力随密度增加趋于至最大。

内聚力在压缩过程很难进行测量。也很难用固定的参量进行表征。

内聚力 P_{nj} 与膨胀变形 ε_{pz} 呈相反关系，压缩过程松散或密实态的内聚力较小，所以活塞返回时，膨胀变形 ε_{pz} 较大。过程中，膨胀变形趋于最小时，说明内聚力已经大于变形体的最大弹性恢复力 P_T 。

膨胀变形 ε_{pz} 是弹性变形力驱使的，它与变形体的弹性恢复力趋势同步。当弹性恢复力达到或低于内聚力时，或内聚力 P_{nj} 大于弹性变形力 P_T 时，就会发生小变形。弹性变形力 P_T 大于内聚力 P_{nj} ，就会发生膨胀变形，两者的差值越大，其膨胀变形就大。

内聚力 p_{nj} ，膨胀变形 ε_{pz} ，弹性恢复力 P_T 曲线的趋势见图 7-18。

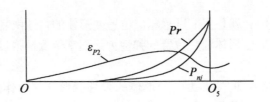

图 7-18 p_{nj} ε_{pz} P_T 曲线趋势

6. 膨胀变形 ε_{pz} 曲线

膨胀变形，即活塞返回时压缩室内压缩变形体的膨胀变形。在压缩过程，变形体的膨胀变形，不能完全显示，更不能进行测量，只能根据其趋势进行分析。

压缩变形体的膨胀变形，是在弹性变形反（恢复）力 P_T 作用下，变形体的弹性变形恢复的趋势。低密度阶段，内聚力很小，膨胀变形较小，随密度的增加，其弹性恢复力增加很大，膨胀变形体呈断裂型的膨胀变形。随着压缩密度的继续增加，弹性变形反力增加很快，而内聚力还小于弹性反力，所以随密度的增加，其膨胀弹性变形增加较快，膨胀变形 ε_{pz} 达到很大。达到一定密度之后，由于内聚力的增加，其膨胀弹性变形出现减小的趋势。达到一定程度，其膨胀变形趋于一定值，密度继续增加，膨胀变形开始趋于稍有增加的趋势。至此，例如压缩过 0_5 位置，象征压缩变形体进入小变形阶段，象征压缩进入固体小变形。

实际的膨胀变形，在压缩过程，受压缩室壁的限制，也受物料件纤维的纠缠。不能完全显示，也无法进行测量。

理论上，开始小变形位置 0_5，即该位置之后，压缩力变形是小变形 ε，而变形体的弹性恢复变形 ε_T 也是小变形。之前的恢复变形 ε_{pz} 是大变形。在松散物料压缩变形体的应力松弛试验中，其松弛应力是显示的，可测量的，实实在在的。而应力松弛模量 E 还是未知的。因为压缩过程其弹性变形（弹性恢复变形）ε_T 在压缩过程中，还无法获得。

7. 压缩过程变形体应力松弛延滞时间 T 变化曲线

压缩过程任意位置变形体进行应力松弛，就可求的其延滞时间 T。

将过程中各位置变形体的应力松弛延滞时间，一般来说按密度顺序联系起来就是延滞时间 T 变化曲线。

有可能过程中各位置的延滞时间不止一个，需要进行具体分析说明。

8. 压缩弹性变形 ε 曲线

由上分析，松散体或密实体压缩过程的弹性变形 ε 实际上不可测。所以在压缩变形体进入固体态之前其弹性变形是无法显示的，只能是虚的。只有在进入固体态的小变形之后，施力于变形体，产生小变形 ε，从小变形的弹性恢复中求其弹性（恢复）变形 ε_T。所以变形体进入固体态之前，其弹性变形曲线无法求得。

在容器中压缩，可以分析出进入固体态的基本特征。但是无法对固体变形体进行小变形试验。即不能测得固体变形体的弹性恢复变形 ε_T。因而也就不能求得变形体的应力松弛模量 ［E］——即变形体弹性变形模量。

9. 压缩变形体弹性模量 ［E］ 的探索

前面分析，实际上松散物料的压缩室压缩试验中的模量是求不出来的。

在压缩过程，变形体的应力松弛试验中的 σ_T，ε_T，E 三个参量：①松弛应力 σ_T，即过程任何位置压缩变形体的弹性恢复力，也即相应位置压缩弹性变形力 $P_T(\sigma_T)$，可通过应力松弛试验求得；②变形体的弹性恢复变形 $\varepsilon_T(\varepsilon)$，就是压缩的弹性变形。压缩室内无法求得弹性变形值；③弹性模量 ［E］，也即压缩变形体的弹性变形模量，由于不能求得弹性变形值，所以压缩过程变形体的应力松弛模量也就不能求得。

而松散物料压缩过程其得的模量是实体的基本参量，因此松散物料压缩过程试验研究，其模量及其变化应该是研究的基本内容。

探索松散物料压缩过程模量 E 的思路。

第一步，确定压缩固体态模量 E 与密度 γ 的关系

固体的密度应该是一个定值，如果其密度还在变化，说明还不是具有固定性质的固体。

压缩过程密度的变化与模量的变化，都是固体的积累过程。密度达到一定值，基本不再变化了，说明固体的密度已经积累成了。同样压缩过程随密度的增加，其模量也在增加。达到固体态，其模量也达到最大，即是固体的模量。固体的模量是一个定值，应该不会再变化了。其实压缩变形体是否达到固体态，及其密度和模量的关系，是否一定，松散物料压缩过

程中，本身就是一个值得研究的问题。

论证固体的密度与模量的关系是一定的。例如假设和验证 $\frac{\gamma}{E} = \alpha$ 为固定关系或相近固定关系。

第二步，将固体密度与模量的关系运用于压缩过程变形体密度与其模量间的关系。

充分确定压缩变形体的密度与其模量的关系接近一定，即 $\frac{\gamma}{E} = \alpha$ 。

压缩过程是密度 γ 的积累过程，也是模量的积累过程。压缩密度为变形体的基本性质的函数，模量是压缩变形体的基本性质。所以压缩变形体的模量与其密度关系最密切，假设是一定，即 α 值接近一定值。

运用压缩过程任一位置变形体的密度 γ_i ，可以计算出相应的 E_i ，其相应模量 $E_i = \frac{\gamma_i}{\alpha}$ 。

因为任一位置的变形体弹性变形力 $\sigma_{T_i} = E_i \cdot \varepsilon_{T_i}$ ，所以任一位置的变形体的弹性变形 $\varepsilon_{T_i} = \frac{\sigma_{T_i}}{E_i}$ 。将过程中变形体的模量 E_i 和弹性变形 ε_{T_i} 都可求出来了。

10. 压缩过程随密度的变化 η 的变化曲线

根据 $T_i = \frac{\eta_i}{E_i} \to \eta_i = T_i E_i$ 相应可求得黏度 η 曲线。

同样，过程中，变形体的延滞时间可能不是一个，涉及其中的黏度 η ，所以也需要进一步进行分析说明。

11. 其中有些参量的说明

过程根据密度确定的模量，应该是变形体的基本模量。如果过程变形体应力松弛为基本应力松弛，该模量就是变形体的应力松弛模量。如果变形体非基本应力松弛，可能求出变形体不止一个模量，那么应力松弛求得的模量需要进行分析说明。

同理同样还有延滞时间 T ，黏度 η 参量等，根据试验数据进行分析讨论。

至此压缩过程变形体所有参量都进行了分析。压缩过程所有参量的曲线基本上都可以绘出来了：γ ，P_{ys} ，P_T ，P_{sh} ，ε_{pz} ，P_{nj} ，ε_{T_i} ，E ，T ，η 等。见图 7-19（闭式压缩）所示。

为了能将松散物料压缩成固体，可以选择容易成块的松散物料。也可选择闭式压缩，见图 7-19（为表示清楚，图稍微放大一些）。

（四）关于参量曲线的函数

1. 上面的参量曲线都是活塞位移或计算出来的密度 γ 的函数

前面的所有曲线都是活塞位移的函数，都是在活塞压缩装置条件下绘制出的。例如活塞的行程 s ，压缩室断面积（$a \times b$），喂入量 G 。根据活塞的位移 x 是可以绘出的。

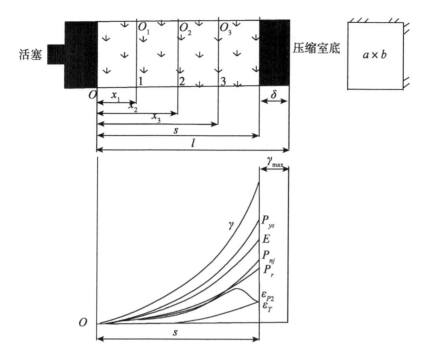

图7-19 压缩过程参量曲线群（仅是趋势分析）

2. 参量与压缩密度的关系最密切

实际上，参量与压缩密度的函数关系最密切。

例如应该是 $P_{ys_i}(\gamma_i)$，$P_{T_i}(\gamma_i)$，$P_{sh_i}(\gamma_i)$，$E_i(\gamma_i)$，$T_i(x)$，$P_{nj_i}(\gamma_i)$，$\varepsilon_{T_i}(\gamma_i)$，$\varepsilon_{pz_i}(\gamma_i)$，$\eta_i(\gamma_i)$。

3. 同一个过程压缩密度 γ 与活塞位移 x 两个函数是可以进行换算

开式压缩密度公式：

$$\gamma_i = \frac{G}{(a \times b)(S - x_i)} \text{ kg/m}^3$$

据此可以找出活塞位移任一 x_i 处的密度；也可以计算出过程中任一密度 γ_i 对应的活塞位移 x_i。

闭式压缩密度公式：

$$\gamma_i = \frac{G}{(a \times b)(l - x_i)} \text{kg/m}^3, \quad 最大密度 \ \gamma_{max} = \frac{G}{(a \times b)(l - s)} \text{kg/m}^3$$

据此可以找出活塞位移任一 x_i 处的密度；也可以计算出过程中任一密度 γ_i 对应的活塞位移 x_i。

4. 不同的松散物料，其过程参量是不同的

过程中实体参量曲线群，可进一步揭示松散物料压缩过程的空间。

各曲线表征了实体参量过程的趋势和规律。曲线群丰富了实体压缩过程。

上述分析，也是松散物料压缩试验研究的重要成果。

上述的分析为松散物料压缩类似过程试验研究提供了基本理论、思路、方向和方法。

进一步试验研究曲线间的相互关系，还能够进一步展开松散物料压缩过程的很多内含空间。可将松散压缩过程的试验研究，推向理论、技术的更高水平。

上面的内容，很多是建立在分析基础上的，有些曲线仅是趋势分析，还不能建立起过程实际曲线群。有些分析和分析曲线还需要进行试验验证。还有的参量和曲线，是很难建立起来的，例如变形体内聚力，变形体的膨胀变形等，尤其在压缩室内是很难建立起来的。

松散物料的压缩仅是压过程的一种型式；其理论和思路可以展开到挤压，承压，储存等。

松散物料压缩，仅是农业纤维物料的压缩过程。所以物料压缩过程更为广泛。

压缩过程的理论，成果的拓展空间广阔。

5. 压缩过程

曲线间关系也展示了一个宽广的研究空间。

（五）压缩过程的其他现象

压缩力的传递。压缩过程活塞施力于压缩室内的松散物料。与活塞接触平面受力最大，离活塞平面越远压缩力越小而存在一个压缩力梯度。开始密度较小时，其压缩力传递距离很小，压缩过程压缩力有一个较大梯度。压缩力的传递也有一个过程。

压缩过程随密度的增加压缩力梯度减小；传递的过程加快。压缩到固体态，压缩力的梯度最小。农业松散物料压缩至固体态，其压缩力的梯度也不可能为零。不同类的物料压缩到固体态的压缩力梯度如何，有待进行试验。压缩到固体态，压缩力的传递速度最快，但是农业松散物料压缩至固体态，其离活塞端面距离最远的物料的压力也不能与活塞压缩端面上的压缩力同步，同大小。

压缩力传递过程存在压力损失。活塞的压缩力，在压缩物料内部传递逐渐减小。实际上压缩力传递过程存在损失。压缩力损失于内摩擦等因素。显然达到密度最高的固体态，其压缩力损失最小。

四、松散物料压缩过程基本点——"任意复杂流变学过程理论"要点

在松散物料压缩过程试验研究的基础上，作者首先推出了"流变学任意复杂历程理论"。其中除了包括松散物料压缩形态变化，过程压缩型式等基础之外，其基本点（内容）如下。

任意复杂流变学过程理论要点——基本点

1. 从试验求得过程压缩力曲线为起始

首先必须，也只能通过试验求出压缩力 $P_{ys}(x)$ 曲线（一般是压缩力 P_{ys} ——活塞位移 x 曲线）和压缩力——压缩密度 γ 曲线 $P_{ys}(\gamma)$。

见图 7-20 的 $0\text{-}A_1\text{-}A_2\text{-}A_3\text{-}P_{ysmax}$ 曲线——建立压缩力曲线应是任意复杂历程理论研究的起始点 [1] 不论什么体物料过程其压缩力都是真实的力学过程。

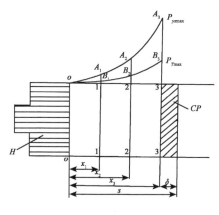

图 7-20 压缩力曲线

压缩力曲线是压缩过程试验测试出最重要的一条基本曲线。

（1） $P(x)$ ——压力——位移曲线（试验可得）

压缩力 P 为活塞位移 x 的函数，显然是随喂入量 G ，行程 S 等变化而多变。

（2） $P(t)$ ——应力——时间曲线

压缩力为时间 t 的函数，显然是随喂入量 G ，行程 S ，压缩频率 n 等不同而多变。

（3） 比较起来将压缩力回归为压缩密度 γ 的函数比较贴合过程

①密度 γ 是松散物料的基本物理特征参量。

②过程中压缩形态的变化基本是随压缩密度 γ 而变化。

③压缩密度 γ 是压缩过程压缩力最基本的函数关系。

2. 在压缩力曲线上，进行"压缩物料承力体功能的转换"

——是任意复杂流变学过程理论的一个关键点 [2]。

所谓承力体的转换，是根据"变形体原理"将压缩物料由承力体转变为变形体。

①过程中任一位置（ γ_i ），活塞停止压缩，活塞前面的物料由承力体（承受活塞的压缩力的实体）瞬间转变为变形体（转变为其弹性反力施力于活塞的变形体）。

②变形体和承力体虽然都是同一个实体。但是其力学性质发生了转变。

一是活塞压缩时，活塞前面的承力体承受活塞的压力。活塞停止时，活塞前面的实体转变为变形体，其弹性恢复力作用于活塞上。过程中实体由承受力体转变为变形体，变成了弹性恢复力的施力体。

二是这时活塞上的压缩力 P_{ys_i}（作用在压缩实体上，可进行测量，见图7-20中 $0-A_3$ 曲线）转变为弹性恢复力 P_T（作用在活塞上，可进行测量，见图7-20的 $0-B_3$ 曲线）。根据变形体原理，弹性变形恢复力就是压缩过程的弹性变形力）。由此，压缩过程中，压缩弹性变形力 P_T 冒出来了，非行性变形力 P_{sh} 也冒出来了。即都从压缩力 P_{ys} 中分离出来了，$P_{ys}-P_T$ 就是压缩非弹性变形力 P_{sh}。

三是这一转变，——压缩过程任一位置的压缩力 P_{ys_i}，压缩弹性变形力 P_{T_i}，压缩非弹性变形力 P_{sj_i} 一齐都蹦出来了！

四是如果进一步研究，①在此基础上，可对实体任一压缩位置 x_i 或任一压缩密度 γ_i 的 P_{ys}，P_T，P_{sh} 三个力关系，继续进行分析研究。

②同理对压缩全过程压缩弹性变形力 $P_T(x)$ 回归为 $P_T(\gamma)$ 曲线继续进行深入研究。

③对压缩过程非弹性变形力 $P_{sh}(x)$ 回归为 $P_{sh}(\gamma)$，结合物料的特性继续进行分析研究。

在这里，运用承力体概念的转变，由一个压缩力 P_{ys} 一下子分离出 P_T，P_{sh}，P_{ys} 三个力，应该说是一个概念创新。同时也建立了瞬降力的新概念。

3. 在活塞停止压缩时进行 [M] 类应力松弛试验 [3]

为进一步揭示压缩弹性变形力 $P_T(\gamma)$ 内部参量提供了可能。

对弹性变形力 P_T 进一步解析

——采用 [M] 类应力松弛方法，对松散物料压缩过程，也只能采取 [M] 类应力松弛。

活塞停止移动瞬间，活塞上的力就是变形体的最大弹性变形恢复力。活塞继续停止下去，其弹性变形恢复力，将随时间进行恢复——就是 [M] 类应力松弛过程（设是基本应力松弛过程）。

可测得过程中任一位置（γ_i）的应力松弛曲线 $BC(t)$，见图7-17。

①由此可求得其应力松弛方程式 $\sigma_{iT}(t)=\sigma_{iT}\cdot e^{-t/T_i}=E_i\varepsilon_{iT}\cdot e^{-t/T_i}$。

②求出压缩过程中的变形体任一位置应力松弛的延滞时间 T_i 值。

③进一步显示了弹性力 σ_i，及与弹性模量 E_i 和弹性变形 ε_i 的关系；且符合虎克定律。

④还显示了延滞时间 $T_i=\dfrac{\eta_i}{E_i}$ 关系。

⑤模量 E_i，变形 ε_i 还是不能求得具体值，黏度 η_i 也是未知量。

但是，在很多相关研究中，通过计算机将压缩过程变形体的应力松弛 E，ε 等参量也计算出来了。

*实际上计算出来的 E，ε 是虚值，不是真实的，虽然 $\sigma=E\cdot\varepsilon$，但是其中 E，ε 都还是未知的。

4. 将松散物料进行压缩成固体态的试验研究 [4]

进一步揭示压缩过程实体的基本性质及其规律的新思维，也可认为是任意复杂流变学过程理论提出的另一个关节点。

从上述的分析研究中，虽然过程的诸多参量，已经揭示出来，但是还是不见压缩实体的全真面目。至今压缩实体的基本力学性质，弹性模量 E_i 等参量及过程规律还是不得而知。

（1）从过程中任意位置的 ［M］类应力松弛方程式中 $\sigma_i(t)=\sigma_i \cdot e^{-t/T_i}=E_i \varepsilon_i \cdot e^{-t/T_i}$ 解析不出弹性模量 E_i 值，也求不出压缩过程弹性模量及其规律。

①虽然虎克定律 $\sigma_T=E \cdot \varepsilon$ ，但是 E ，ε 都还是未知的。

②T 值虽已求出，但是 $T=\dfrac{\eta}{E}$ 其中的 E ，η 依然未知的。

③在其弹性变形力的松弛过程中还可能出现更复杂的形式（可能不仅是基本应力松弛形式），很可能出现更多的相应的参量，至今都没有进行过试验研究，也没有进行过分析研究。

通过继续进行压缩成固体的试验，应该是全面解析松散物料压缩过程，提出的一个方向的试验研究空间。

（2）继续进行压缩成固体态的试验有两种型式

1）在开式压缩试验研究基础上，继续将松散物料压缩成固体形态的试验。

①实际工程中，开式压缩断面积比较大，压缩成固体密度难度比较大。

②开式压缩成固体态，进行压缩室外与压缩室内试验测量连续性较困难。

2）闭式压缩的断面积可小一些，压缩成密度高的固体形态试验较容易。

①闭式压缩进行压缩室外——压缩室内试验测量连续性易实现。

②开式、闭式压缩过程，压缩实体的基本性质密度 γ 变化与形态变化规律应该相似。

一般可采用以开式压缩为基础，压缩过程进行开式压缩—也可以仅进行压缩成固体形态的试验采用闭式压缩；要求试验的结论直接用于开式压缩，即试验结论可以直接指导开式压缩工程的全过程。也可以一直进行闭式压缩，当然需要进行的试验研究的问题还比较多。另外闭式压缩缺少草片推移过程的分析研究。

5. 草片的推移过程解析 ［5］

新提出将压缩过程与压缩产品连续研究的新课题，也可视为任意复杂流变学过程理论的一部分。

仅在此进行简要说明，详细的解析，将在下章进行论述。前面仅是开式压缩过程中，压缩成草片的过程。还不是压缩生产的全过程。压缩成的草片从压缩室内排出机外，还需要经过草片的推移过程。推移过程草片的变化还是很复杂的；排出机外的草片（或草片的集合——草捆）视为压缩生产的产品；压缩的产品与压缩过程的草片，以及草片推移过程的关系和规律，至今也缺乏试验研究。从松散物料压缩全过程研究出发，在此仅提出草片推移过程简要分析。见图7-21所示。

（1）草片推移过程

活塞一个行程时间压缩成一个草片 δ ，被活塞推至行程之外，如图中位置的1草片。

1）过程中，受活塞压力作用，设草片要经由 $1 \rightarrow$ 出口至8位置

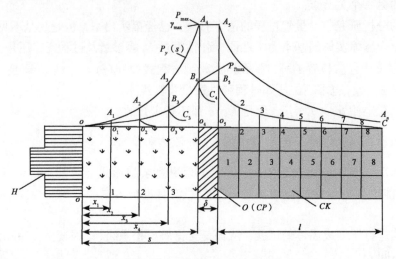

图 7-21 草片移动过程

①还需要活塞压 8 次，即每一个草片被推移到该位置都需要活塞压 8 次。

②过程中每个位置草片受活塞压力（间接），其推移力曲线 $A_5 - P_n$ 过程皆可测得。

③《8》位置的草片的受活塞压力为 P_n，该压力可认为等于一个草片的推移力。

④压缩室内，活塞对（8）个草片的总压力为 P_{A_5}，理论上应等于 $8P_n$。

2）由《1》→《8》位置草片都有膨胀力

①过程中，草片在活塞返程时将发生膨胀 8 次，其膨胀力随顺序逐渐减小。

②过程中草片的膨胀力曲线 $B_5 - c$，皆可测得。

③可认为曲线 B_5C 为草片在移动过程的弹性膨胀力，也即该位置草片对应的应力松弛的起始应力曲线。

3）由 1 → 8 位置草片移动的时间

①推移到第 8 个位置草片，需要活塞 8 个行程往复时间。

②是草片在压缩室内移动最长的距离。

③也是草片压缩室内停留的最长时间。

4）如果在压缩室内将草片捆成草捆，例如将 8 个草片捆成一个草捆，其密度，可叫将要排出机外前草捆的密度，用 γ_{kcp} 表示。

即草捆排出时，8 个草片被捆绳约束一起，进行连续排出。

①排出草捆也需要活塞再推动 8 次，才能将草捆完全排出机外。

②排出过程中，虽然先排出端草片先膨胀，所有的草片在排出过程中陆续发生膨胀——膨胀的结果使捆绳绷紧。由于草片的膨胀在草捆排出过程中，肯定草捆的密度 γ_{kcp} 有所降低。即刚排出机外草捆的密度 γ_{cp} 可能低于在压缩室内的草捆密度 γ_{kcp}。

③对压捆机的要求，压缩最大密度 γ_{max}，压缩室内草捆的密度 γ_{kcp}，产品的密度 γ_{cp} 间的差别应该尽量趋小。

（2）草片移动过程

必然存在着复杂的变化，涉及应力的变化，尺寸变化，膨胀力的变化，密度的变化等，是一个更为复杂的流变学变化过程。

（3）草片移动过程，本来就是生产的连续过程，对工程及其发展具有重要意义。

由上分析，上述的［1］～［5］各项，再加上复杂任意过程的研究中不能进行蠕变试验等构成了"松散物料压缩过程试验研究的创新点"，其中［1］［3］构成"任意复杂流变学过程理论"的基本点。

①任意复杂流变学过程理论，产生于松散物料压缩过程的试验研究过程。对研究者来说，任意复杂流变学过程理论应该是松散物料压缩过程的试验研究的一个创新理论。

②任意复杂流变学过程理论，是解析类似松散物料压缩任意过程的试验研究的基本理论。对研究者来说，松散物料压缩过程的试验研究的解析，是任意复杂流变学过程理论指导下取得的典型成果。由此，松散物料压缩试验研究从内容上、程序、概念、理论上，尤其理论与实际的结合上，应该是一个创新成果。

③任意复杂流变学过程理论，是包括松散体理论，固体原理，模型概念，变形体原理，应力松弛理论等综合的理论。应该是"模型概念分析法"的一个典型。

第八章 农业工程与应力松弛过程

第一节 农业工程中应力松弛过程

一、农业工程中常见应力松弛过程

应力松弛的实质是变形体弹性变形（力）的恢复。也就是说松弛的应力都是弹性变形力。

农业工程中经过制造过程生产出的毛胚、零件、构件、设备，经过处理的材料等，以及加工生产的农业产品等都可视为变形体。变形体的特性就是存在弹性变形和弹性变形力恢复。且应力松弛与其弹性变形恢复同步、同过程。也就是说他们都具有应力松弛特征。这些变形体在储存和应用过程中，甚至生产过程中，都可能伴有应力松弛过程的发生。应该说，农业工程中的工具本身和其产品发生应力松弛过程具有普遍性。因此应力松弛的试验研究对农业工程具有重要而现实的意义。

农业产品加工生产中，如草捆，草块，草颗粒等成型的产品都存在或者已经发生过应力松弛和变形恢复过程。

在机械工程中的锻造件，铸造件，冲压件，焊接件及一切在受力（热）过程生产的零件、构件等都存在或者已经发生过应力松弛和变形恢复过程。

二、农业工程中应力松弛的意义

对于设备、构件、零件、毛胚或材料的应力松弛过程的实质，就是将其生产过程产生的内应力进行释放和消除，使其内应力（变形）消失使变形体转变为力的平衡体，达到形态稳定和组织结构的优化等。

应力松弛过程还与生产过程，产品质量，产品形态等存在更深层次流变学关系。

应力松弛过程理论，变形体原理等也是农业工程中的基本理论。现代农业工程中忽视或不认识流变学基础，只能说是缺乏感受和认知。

第二节 两类应力松弛带来的新问题

第五章对保持变形体变形条件下的应力松弛，即［M］类应力松弛过程进行了分析论述。第六章，又提出了自由应力松弛，即对［K］类模型变形体变形力恢复进行了分析。以往讲的应力松弛仅是保持变形条件下的应力松弛。两类应力松弛的深入分析，对流变学模型分析和农业工程有重要意义。提出自由应力松弛过程。由此会带来很多新问题，因此在研究应力松弛过程时，首先在充分认识两类应力松弛意义的基础上，认真解决由此所带来的新问题。

一、两类应力松弛的基本特征

（一）两类应力松弛过程的实质相同

都是弹性变形力随时间进行松弛；都是弹性变形力与弹性变形同步恢复；反映在模拟模型上，弹簧的弹性变形力是应力松弛过程的动力，阻尼器为过程中的阻力。

弹簧拓动阻尼器实现了变形体的延滞应力松弛。

（二）两类应力松弛的条件不同

［M］类应力松弛的条件——是保持变形体变形不变。

［K］的应力松弛的条件——变形体自由进行应力松弛。

（三）两类应力松弛的模拟模型不同

［M］类应力松弛的模拟模型是［M］类模型，其中弹簧、阻尼器串联。

［K］的应力松弛的模拟模型为［K］类模型，其中弹簧、阻尼器并联。

另外［K］类模型变形体中两个弹性因素串联的模型不能进行自由应力松弛。

（四）两类应力松弛的过程形式不同

两类应力松弛虽然都是弹性变形力的松弛，但其过程的形式有所不同。

［M］类应力松弛，由于保持变形不变，变形体弹性变形力在内部吸收了，过程中，不影响变形体的尺寸。反映在模型上，是变形体的弹性变形恢复力拉动串联阻尼器产生非弹性变形。过程中非弹性变形取代了弹性变形，弹性变形力也就松弛了，内应力消除了。过程中模型的尺寸没有变化——弹簧拉着阻尼器进行恢复。

［K］类应力松弛，由于是自由应力松弛，变形体的弹性变形力在其弹性变形恢复中消失（恢复）的。反映在模型上，为变形体弹簧的弹性变形恢复力拓动阻尼器一同进行变形恢复，过程中弹性变形恢复了，非弹性变形也恢复了。相应变形体的弹性变形力也就松弛了。过程中模型的尺寸变化了，及实体的尺寸变化了——弹簧与阻尼器并肩恢复。

（五）两类应力松弛其他差异

［M］类应力松弛过程。松弛过程结束，可能存在平衡应力不能进行松弛；即变形体可能出现不能完全松弛。即存在平衡应力。放开变形体，还可能发生二次应力松弛。

［K］类应力松弛过程。除［K］模型之外，其他［K］类模型变形体自由条件下，其变形力恢复情况可从其变形恢复过程进行分析，但是它还能模拟变形体的应力松弛过程。变

形体的弹性变形力，还必须采用［M］类应力松弛。

二、不同变形体应力松弛举例分析

为深刻认识两类应力松弛过程，举例进行提示。

（一）［例一］

1. ［L］变形体自由应力松弛

见图8-1。

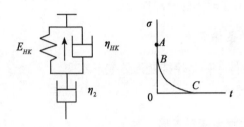

图8-1　［L］变形体自由应力松弛

所谓自由应力松弛，就是变形体的结构不受任何影响条件下进行的应力松弛。所以［L］模型中仅有［K］的延滞弹性变形力进行延滞松弛。而串联的阻尼器 η_2 的变形没有恢复力，与应力松弛无关。

应力松弛曲线为 $BC(t)$ 。损耗应力 AB 为［K］中并联阻尼器非弹性变形力，不属于松弛应力。

应力松弛方程式为 $\sigma(t) = \sigma \cdot e^{-t/T} = \sigma_{HK} \cdot e^{-t/T}$ 。

应力松弛延滞时间，因为自由应力松弛，应力松弛与串联阻尼器 η_2 无关，所以 T 仅与［K］模型有关，所以 $T = \dfrac{\eta_{NK}}{E_{HK}}$ 。

类似图8-1是变形体的自由应力松弛曲线 $BC(t)$ ，其应力松弛只能用［K］模型进行模拟。

而不能用［L］模型进行模拟。所以［K］模型是自由应力松弛的基本模拟模型，而［L］模型不能选作为自由应力松弛的模拟模型。

［L］变形体自由应力松弛，完全具有［K］类应力松弛的基本特征。

2. 同一个［L］变形体，保持变形条件下进行应力松弛

见图8-2。

保持变形体变形条件下应力松弛，就是对变形体的应力松弛进行限制，将串联结构模型绑在一起进行应力松弛。使［L］模型结构变成为具有（［M］｜［N］）模型结构的松弛原理，在保持变形体变形不变的条件下，弹簧恢复力拓动两个阻尼器进行应力松弛，与

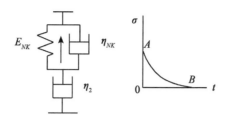

图 8-2　［L］变形体，保持变形条件下应力松弛

［M］模型的应力松弛过程相同，而串联的［N］的作用仅反应在应力松弛延滞时间上。

应力松弛曲线 $AB(t)$，应力松弛方程式 $\sigma(t) = \sigma \cdot e^{-t/T} = \sigma_M \cdot e^{-t/T}$。因保持变形体的变形不变，应力松弛延滞时间 T 与［K］和串联 η_2 有关，$T_M = \dfrac{\eta_1 + \eta_2}{E}$。因为是保持变形体的变形条件下的应力松弛，所以只能用［M］类模型进行模拟。

［L］变形体在保持变形不变的条件下，完全具有［M］类应力松弛的基本特征。

上述，至少可以说明：①有的同一个变形体，进行两类应力松弛过程，选择的模拟模型不同；②其应力松弛曲线趋势相同；③因应力松弛条件不同，应力松弛延滞时间中的因素有差异。

（二）［例二］

1. ［Na］变形体自由应力松弛

见图 8-3。

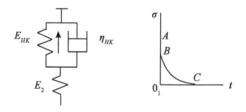

图 8-3　［Na］变形体自由应力松弛

变形体自由状态情况下，［K］中的弹簧 E_{HK} 和串联弹簧 E_2 各自进行变形力恢复。串联弹簧变形能力为 E_2，与 E_{HK} 串联，只能各自进行恢复。

应力恢复曲线分别为 AB 和 BC（t）。

［Na］变形体中串联因素的变形力只能单独进行恢复。

2. ［Na］变形体保持变形条件下的应力松弛

见图 8-4。

［Na］变形体的应力松弛，只能是在保持变形条件下进行。

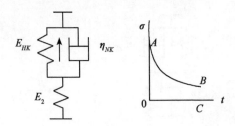

图 8-4　[Na] 变形体保持变形条件下的应力松弛过程

保持变形体变形不变条件下，就是将串联的弹簧 E_2 与 [K] 绑在一起进行松弛。因为串联弹簧 E_2 的变形张力大于 E_{HK}，所以（$E_2 - E_{HK}$）的张力拉动 [K] 进行延滞应力松弛。又因为变形体的变形保持不能变，所以弹簧 E_{HK} 的变形张力成为平衡应力保持下来。

应力松弛曲线 $AB(t) + BC$。BC 是不能松弛的弹性变形力，叫平衡应力 σ_e。

应力松弛方程式 $\sigma(t) = \sigma \cdot e^{-t/T} + \sigma_e$。

应力松弛延滞时间 $T = \dfrac{\eta_{NK}}{E_2 - E_{HK}}$。

保持变形体变形不变的条件下，只能选择 [M] 类模型中的 [PTh]（[M]｜[H]）模型进行模拟。

[Na] 变形体在保持变形体变形条件下的应力松弛，完全具有 [M] 类模型中的 [PTh] 模型应力松弛的基本特征。

(三) [例三]

1. [K] 变形体为自由基本应力松弛过程

见图 8-5。

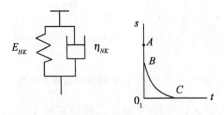

图 8-5　变形体 [K] 的自由应力松弛

变形体自由状态下，弹簧 E 的弹性恢复力拉动模型使阻尼器 η 与弹簧一起进行延滞恢复，变形力可以恢复到零。

应力松弛曲线为 $BC(t)$，损耗应力 AB 为并联阻尼器非弹性变形力，不属于松弛应力。

应力松弛方程式 $\sigma(t) = \sigma \cdot e^{-t/T} = \sigma_K \cdot e^{-t/T}$。

应力松弛延滞时间 $T_k = \dfrac{\eta_{NK}}{E_{HK}}$。

2. 同样是变形体［K］

其弹簧存在弹性变形恢复力，所以存在弹性变形恢复的趋势。

保持变形体变形不变的条件下，其弹性变形恢复力，被应力松弛条件限制，不能进行应力松弛过程。

［K］变形体只能选择自由应力松弛过程。不能进行［M］类应力松弛过程，类似理想弹性变形体，也只能选择自由应力松弛过程。说明同一实体可能有的不宜进行两类应力松弛过程。

（四）［例四］

1.［M］变形体，包括并联［M］及其他元件的广义［M］类变形体

在保持变形体变形条件下，都可以进行［M］类应力松弛过程，即进行延滞应力松弛。见图8-6。

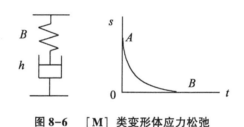

图8-6　［M］类变形体应力松弛

2. 同样［M］类变形体，不能进行自由应力松弛过程

因为在自由状态条件下，仅有弹簧进行瞬间恢复，也只能是弹簧的恢复，而不是延滞应力松弛。

［M］类变形体，只能选择保持变形体变形条件下进行应力松弛，而不能模拟自由应力松弛过程。

三、应力松弛研究中的新问题

文献上的应力松弛，仅是［M］类应力松弛，提出［K］类应力松弛之后，带来很多新问题需要分析研究。

（一）两类应力松弛带来的新问题

变形体的应力松弛过程就是弹性变形力的恢复。因此不论哪一类应力松弛过程，其过程的实质、趋势、规律等都应该是一样的。

同一个变形体进行不同的应力松弛过程的结果存在着差异。

有的变形体能够模拟两类应力松弛过程，有的变形体只能模拟一类应力松弛过程。

在未提出自由应力松弛之前，仅有［M］类应力松弛，不存在选择哪一种应力松弛过程的问题。两类应力松弛过程的存在，确定应力松弛过程类型，已经成为应力松弛研究必须明确的前提条件。

（二）如何选择应力松弛过程

（1）根据变形体的物理性质，进行选择应力松弛过程

①不能保持其形态的变形体，只能选择［M］类应力松弛过程；不能选择自由应力松弛。

②内部结构不均匀变形体，一般可选择［M］类应力松弛。

③变形体能够保持其形态的固体态，小变形，一般选择［K］类应力松弛过程。

（2）根据生产环境或生产过程，选择应力松弛过程

如压缩过程的松散的变形体，只能选择［M］类应力松弛过程；松弛过程中，变形体处于自由状态，一般应该选择［K］类应力松弛过程。

（3）根据过程的目的确定应力松弛过程

类似锻压、铸造、焊接件等成型变形体的时效，一般应该选择［K］类自由应力松弛过程进行分析；为了探索松散物料压缩过程变形体的特性，应该选择［M］类应力松弛试验。

（4）根据生产条件方便性或生产条件的限制，顺应选择模拟模型，同类实体，尤其能够保持形态的固体类进行两大应力松弛尚需要进行深入广泛的试验研究。

第三节　多变因素的应力松弛过程

前面论述的应力松弛过程中，［M］类应力松弛过程，仅有弹性变形力随时间进行松弛的过程，而［K］类应力松弛过程，虽然存在弹性变形力和弹性变形的恢复。但是其应力松弛与变形恢复同过程，同步，过程也比较简单。

所谓多变因素的应力松弛过程，在过程中，其应力随时间进行应力松弛之外，其变形、应力也有变化等，应力和变形过程比较复杂。

一、应力松弛过程中，变形体又施加外力的过程

应力松弛是变形体的弹性变形力的恢复过程。在第五章和第六章已经对变形体的应力松弛过程进行了分析。过程中仅是弹性变形力随时间的松弛过程，可以用模型进行模拟。如果在其应力松弛过程，变形体又受外力，这在工程中是常遇到的过程。实际上是非平衡体的受力过程。

例如，①还存在弹性变形的变形体的受力过程，即还没有松弛完毕的变形体的又受力过程；②或者变形体变形恢复过程中又受力变形过程；③或者受力变形过程，又受力产生变形等。

（一）变形体〔K〕应力松弛过程中，又施力，分析其过程情况如何

见图8-7。

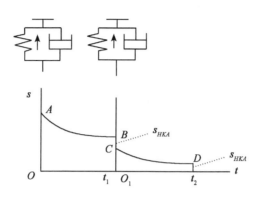

图8-7　变形体〔K〕的恢复过程

变形体〔K〕应力松弛到时间 t_1，此刻实体又加外力 Δ，试分析以后的应力变化，即在变形体〔K〕松弛到 t_1 时刻，在变形体模型上又挂上一个砝码 Δ，分析以后的过程。

这是一个非常复杂的过程。分析此类过程，一般有叠加原理分析方法和综合分析法。

1. 按叠加原理进行分析

（1）第一个问题

在 t_1 时刻施加的 Δ 力怎样与变形体〔K〕松弛应力进行叠加？

松弛过程是弹簧的弹性变形力 σ_{HK} 拉动模型进行恢复。而在 t_1 时刻施加的 Δ 力作用于〔K〕变形体上，在变形体〔K〕上挂上一个砝码 Δ，其应力 σ_Δ 同时作用于并联的弹簧和阻尼器上，即并非完全作用在弹簧上（与其松弛应力平衡）。挂上的砝码 Δ 应力 σ_Δ 不能完全直接作用在弹簧上。

t_1 时刻的弹簧的松弛应力松弛到 BO_1，即弹簧的弹性恢复力还有 $BO_1 = \sigma_{HK(t_1)}$ 没有松弛完。砝码的 σ_Δ 有多少能作用在弹簧上？即只有砝码作用在弹簧上的应力 $\sigma_{HK\Delta}$，才能直接阻止弹簧变形继续恢复。至于 σ_Δ 有多少作用在弹簧上，即 $\sigma_{HK\Delta}$ 还是未知的。

（2）第二个问题

砝码应力 σ_Δ 作用后，变形体的继续变形。（可以求得，过程略）

设砝码应力 σ_Δ 作用于〔K〕的弹簧应力 $\sigma_{HK\Delta}$ 大于此时弹簧的恢复力 $\sigma_{HK(t_1)}$，即可以阻止弹性变形恢复和应力松弛过程。但是〔K〕在 σ_Δ 多余的应力作用下将从此开始发生延滞弹性变形（有个过程），由此产生的延滞变形，什么时间将变形体恢复的变形再拉回去，还是未知的。

但可以求得，过程略。

（3）第三个问题

砝码将变形体的变形拉回之后，在此基础上将会继续蠕变变形。即 σ_Δ 作用下的蠕变变形和初始变形体的变形如何进行叠加也是未知的。

设砝码应力 σ_Δ 作用于 [K] 的弹簧应力 $\sigma_{HK\Delta}$ 小于此时的恢复力 $\sigma_{HK(t_1)}$，应力松弛过程将继续，这时的 $\sigma_{HK\Delta}$，已经与弹簧的变形恢复力 $\sigma_{HK(t_1)}$ 相抵一部分，变形体还将继续进行应力松弛。松弛曲线 $CD(t)$ 其应力松弛情况见图 8-7。

2. 按混合过程进行分析

应以 t_1 时刻施加的 Δ 力后获得的松弛应力曲线为依据进行分析。

设 $\sigma_{HK\Delta} < \sigma_{HK(t_1)}$，即 σ_Δ 仅可以减缓变形体的应力松弛过程，并不能阻止变形体的应力松弛。见图 8-7。

变形体应力松弛到 t_1 时刻的弹性变形力 $\sigma_{HK(t_1)}$，加砝码的 $\sigma_{HK\Delta}$ 在应力松弛曲线上可以显示出来。设当时间 t_2 时，可认为应力不再松弛了，则 D 处的应力 σ_D 应该是 $\sigma_{HK\Delta}$，即变形体的应力已经松弛完毕后，在砝码 σ_Δ 作用下开始了蠕变变形过程。

可以对应力松弛曲线 $AB(t)$，$CD(t)$ 分别进行分析，求得变形体的应力松弛方程式、参量等。

(二) 变形体 [K] 变形恢复过程中又加载，其变形情况如何？

在 σ_1 作用下产生变形的变形体 [K] 恢复到在 t_2 时刻再施加 σ_2 力，(设 $\sigma_1 = \sigma_2$，试分析其变形情况。见图 8-8。

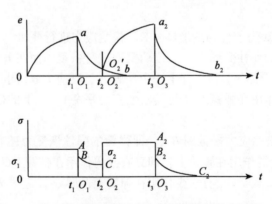

图 8-8　变形体变形恢复过程中加载后变形恢复过程

时间 $0 - t_1$ 期间是 [K] 在 σ_1 作用下的变形过程，变形曲线 $0a(t)$；受力体在 t_1 时刻之后变成了变形体。变形体在 t_1 开始变形恢复，其变形恢复曲线应该是 $ab(t)$。

在时间 t_2 再施加载荷 σ_2，此时其变形曲线应该是 $0'_2 a_2(t)$，在其基础上的变形应该与 $0a(t)$ 趋势相同，即 $0'_2 a_2(t)$ 曲线与 $0a(t)$ 趋势相同。

起始的 $ab(t)$ 变形恢复曲线，因为在 t_2 时刻又对变形体 [K] 加载，弹簧的变形就不继续恢复了，所以变形体就不能继续进行变形恢复 (细线部分 $0'_2 b$ 不能继续恢复得了)。

在时刻 t_3 卸载，其变形值 $a_2 0_3$，变形恢复曲线为 $a_2 b_2(t)$，变形恢复方程式为 $\varepsilon(t) =$

$\varepsilon_{a_2O_3} \cdot e^{-t/T}$。

应力松弛曲线为 $B_2C_2(t)$，其应力松弛方程式为 $\sigma(t) = \sigma_{B_2O_3} \cdot e^{-t/T}$。

应力松弛曲线 $BC(t)$ 的方程式为 $\sigma_1(t) = \sigma_{1HK} \cdot e^{-t/T}$，$\sigma_{1HK} = B0_1$。

在变形体变形恢复曲线 $a0'_2(t)$ 上求出变形恢复延滞时间 $T = \dfrac{\eta}{E}$。

$$\varepsilon_{a_2O_3} = \frac{\sigma_{2\,HK}}{E}, \quad \sigma_{2HK} = B_2O_3。$$

$B_2O_3\,B_2C_3\,(t)$ 细线的应力松弛方程式 $\sigma(t) = \sigma_{B_2O_3} \cdot e^{-t/T}$。

变形恢复曲线 $a0'_2(t)$，$a_2b_2(t)$ 分别与应力松弛曲线 $BC(t)$，$B_2C_2(t)$ 对应，之间之比就是其模量。

上面的举例旨在分析其变形（变形和恢复变形）、力（松弛应力与变形力）的复杂关系。

二、变形过程与应力松弛过程

（一）一般的流变学过程都是有条件的

一般流变学过程的基本特征如下。

1. 所谓变形过程的基本特征

受力前，实体应该为力的平衡体。

受力变形过程，载荷连续（受力中断时，承力体就变成变形体了）。

过程变形是单一的变形过程。

是线性变形。

2. 所谓应力松弛的基本特征

应力松弛的主体必须存在弹性变形恢复力。

应力松弛的变形体的状态必须：自由状态，保证变形体无拘地进行恢复；或者保持其变形体的变形不变。

所谓一般过程，都是单一的变形过程或单一的应力松弛过程。

（二）变形过程也可能有应力松弛的发生

应力松弛的实质是弹性恢复。弹性变形恢复和弹性变形力的恢复（松弛）。也就是只要变形体存在弹性变形，就存在弹性恢复的趋势，如果应力松弛条件存在，就会发生应力松弛过程。

1. ［M］类实体

施力于弹簧产生弹性变形过程中，弹簧的弹性变形力可能会拉动串联的阻尼器产生非弹性变形。在阻尼器的变形过程中（存在一个时间过程），期间弹簧已经存在弹性变形，存在发生应力松弛的趋势。只是由于持续作用力与弹簧变形力的平衡作用，[M] 不能发生应力松弛过程。如果变形过程发生中断，或施的变形力减小，[M] 会发生应力松弛现象。有串联的阻尼器的模型变形过程，都有这种可能。综合变形过程发生应力松弛的条件可能有二：过程中发生变形力中断；过程中变形力减小。

2. [K] 类实体

施力于模型变形过程中，弹簧与并联的阻尼器一同产生变形。如果载荷中断，弹簧的恢复力拓动阻尼器发生应力松弛。或者变形过程载荷减小了。如果弹簧的恢复力大于此时弹簧的变形力，就可能发生应力松弛，是变形过程变得复杂了。

与 [M] 类实体一样，综合变形过程发生应力松弛的条件可能有二：过程中发生变形力中断；过程中变形力减小。

三、压缩草片移动过程中的应力松弛

松散物料压缩过程草片的移动过程是一个复杂的应力松弛过程，也是一个生产过程。

(一) 松散物料开式压缩成型草片的移动过程

见图 8-9（类似图 7-21）。

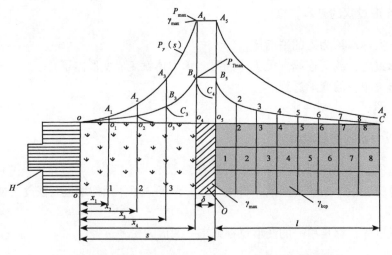

左，为压缩过程草片的过程，右，推移草片过程

s——活塞的压缩行程（m），$(a \times b)$——压缩室的断面积（m^2）

图 8-9　开式压缩全过程

活塞一次压缩的量，称喂入量 G（kg）

1. 压缩过程，将松散物料压缩成草片

（1）活塞压缩移动 x_4 距离压缩达到最高密度

活塞压缩从原点 0 开始压缩移动了 $x_4 = 0 - 0_4 = s - \delta$ 距离，才将草物料压缩到最大密度。

$$\gamma_{max} = \frac{G}{(a \times b)(S - x_4)}(\mathrm{kg/m^3})。$$

（2）草片 cp 的厚度，压缩到最大密度时草片的厚度

$$\delta = \frac{G}{(a \times b)\gamma_{max}}(\mathrm{m})。$$

（3）压缩力曲线 $0A_4$，其最大压缩力 $P_{ys\,max} = P_{A4}$

（4）压缩过程变形体的弹性变形力曲线 $B_1 - B_2 - B_3 - B_4$，最大弹性变形力为 $P_T = B_4 0_4$。

2. 草片的推移过程

0_4 位置压缩成草片 δ，活塞将其继续移动至行程 s 之外的（1）位置，直至被推出机外。

（1）压缩一次，活塞将压缩成的草片推移至行程之外。继续喂入，继续压缩成的草片，将前面压缩成的草片依次向后推移一个草片的距离 δ。在压缩室内压缩成的草片顺序为 1，2，3，4，5，6，7，8 一直到出口。

（二）压缩过程中草片的应力松弛情况

以往的压缩过程的应力松弛的试验，都是在压缩行程以内的任何位置（包括行程位置），活塞停止压缩，保持位置不动进行应力松弛，即在保持变形体（压缩草片）变形不变条件下的应力松弛过程。

例如 0 位置草片的应力松弛。

所谓 0 位置草片，即活塞压缩过程形成草片时的位置（还在行程 s 以内）见图 8-9。

设此位置压缩活塞停止不动压成的草片开始进行应力松弛（即保持其变形体的变形不变）。

1. 位置 0 草片的性质

密度 γ_{max}。

草片的厚度 δ。

压缩力 $P_{A_4} = P_{ys\,max}$，活塞将要停止还未停止，是活塞对草片的压力，活塞作用于草片的压缩力也是 $P_{\gamma max}$。

活塞停止时，草片的最大弹性变形恢复力 $P_{T max}$ 是草片弹性恢复力作用于活塞上。

0 位置草片另一端面的弹性恢复力作用在相邻的（1）草片，与（1）草片（实际上是之后所有草片）的弹性恢复力平衡。

当然对压缩室壁也有弹性恢复力。显然草片对周围的弹性恢复力大小不等，状况不同。研究压缩草片的应力松弛，只限于压缩一维方向，一般以与活塞压缩断面间的弹性恢复力（最大弹性恢复力）为标志。

2. 0 位置草片的应力松弛

因为 0 位置草片是压缩形成草片位置，可认为 0 位置草片的应力松弛为压缩过程草片的

应力松弛。在此位置活塞停止移动，即停止了压缩，此时的草片转变为变形体，其中对草片的压缩力 P_{psmax} 转变为变形体的弹性变形恢复力 P_{Tmax}，活塞不动，草片的弹性变形恢复力随时间进行恢复，其应力松弛曲线如 $B_4C_4(t)$。在应力松弛过程曲线上求其应力松弛特性，这就是 0 位置草片的应力松弛过程，即压缩草片的应力松弛的一般过程。

3. 压缩草片应力松弛的试验研究

已经进行过干草的压缩试验研究，是根据其应力松弛曲线，一般用两个或两个以上 [M] 并联一个弹簧的模型进行模拟，不同的物料，不同的状态，不同的喂入量，其应力松弛的参量不同。新鲜草片的应力松弛试验，一般是广义 [M] 进行模拟，存在平衡应力的较少。

（1）一般应力松弛方程式

$$\sigma(t) = \sigma_1 \cdot e^{-t/T_1} + \sigma_2 \cdot e^{-t/T_2} + \sigma_e = E_1 \cdot \varepsilon \cdot e^{-t/T_1} + E_2 \cdot \varepsilon \cdot e^{-t/T_2} + E_e\varepsilon$$

（2）应力松弛一般参量

T_1，T_2——草片的应力松弛时间谱，根据应力松弛曲线可求出其值。

其中，T_1 是第一松弛应力项的松弛延滞时间，是决定其松弛快慢的时间值。T_2 是第二松弛应力项的松弛延滞时间，是决定其松弛快慢的时间值。

E_1，E_2——草片的应力松弛的相应模量，是应力松弛的基本参量。其弹性变形 ε 值无法测量，所以其模量也是未知量。

（3）应力松弛的特点

这样的应力松弛过程是变形体内部弹性变形力的作用下，内部弹性变形转变为非弹性变形实现的；内部结构不均匀的变形体，应力松弛过程明显；内部结构均匀，流动性好的物料，应力松弛缓慢；变形体的密度不同，其应力松弛延滞时间 T 也不同；密度很小的变形体，其弹性变形力很小，应力松弛得显然也较快。

（三）草片移动过程的应力松弛

草片移动过程，在压缩室中移动，每个草片的压力，弹性恢复力，甚至体积都有变化。但是在移动过程中由于压缩室等限制，从总体上看，也可把移动过程近似视为应力松弛过程。

移动过程草片的应力松弛是压缩过程应力松弛的继续。实际上是从 0 位置开始了草片的移动过程，一直到出口。移动过程变形体草片也在一直进行着应力松弛。

1. 移动过程的草片的变化

见图 8-9 的 l 段的草片。

活塞压缩成一个草片后（0→1），活塞要返回行程进行再压缩，在活塞返回时，压缩室内虽然设有止推卡，阻止草片膨胀，另外与压缩室壁的摩擦力和草片内部的摩擦力等是阻碍膨胀（保持变形体变形）的基本因素。但是草片发生一定程度膨胀也是难免的。压缩一次，其中活塞直接压缩的（0）草片膨胀程度稍大一些，压缩室内的其他草片，也相应地发生相应膨胀,离在压草片 0 越远(顺序 1,2,3,4,…)膨胀程度越弱,靠近尾端的草片,例如 8,7,6,5 可能向出口方向膨胀。越近尾端膨胀越明显。

草片移动过程的膨胀也会引起草片尺寸 δ 的变化,因而也影响草片的密度。

活塞再压缩时,除了在压草片之外的其他草片,也会受到不同的压力,这个压力是通过在压和其他草片传递的。按 1,2,3,… 的顺序,一个一个传递下去,传递的压力逐渐减弱。这个压力对草片的膨胀至少起个阻碍和减弱的作用,对草片的应力松弛也有影响,所以移动过程中的草片,处于膨胀—受压—再膨胀—再受压的反复过程之中。对于前部的草片(如 1,2,…),每次的膨胀是向前的;后部的草片膨胀可能是向出口方向。

移动过程草片参量的变化。移动中的草片的密度还是比较大的(开始为 γ_{max}),相应的草片的尺寸 δ,在过程中一直存在弹性变形和弹性恢复,所以移动过程中,虽然变形、压力发生了一定的变化,但是在压缩室内都基本上还是处于应力松弛过程中。应力松弛的结果利于草片结构均匀,产品形态稳定等。

工程上这样的应力松弛过程是很复杂的,很难按照一般处理应力松弛的方法进行。工程上最关心的问题是,从压缩成最大密度 γ_{max} 的草片,通过 1,2,3,… 一直到出口(例如位置 8 草片),一般将其用绳捆束成草捆,草捆的密度(平均)用 γ_{kck} 表示,排出机外的草捆的密度为 γ_{cp}(平均密度),即产品的密度。草捆排出机外过程中,也必然会发生膨胀,其密度 γ_{cp} 一定小于 γ_{kcp}。

尚未排出机外的草捆的密度,因为其中的草片尺寸有些变化,即 δ 也有些变化,但是每个草片的重量没有变化,所以其密度仅随尺寸而变化。所以草捆的密度 γ_{kcp} 可以根据草片的总尺寸计算出来。当然捆束的草捆在排出过程,其密度也有变化,例如压缩一次草捆排出一个草片的尺寸,一直到整个草捆从压缩室全部排出。设排出过程,草捆的变化不大,可认为其草捆的平均密度 γ_{kcp} 基本不变。

现代一般压捆机上,一般仅靠测量排出机外草捆的密度 γ_{cp} 来鉴定压捆机。并不涉及压缩的最大密度 γ_{max} 和需要的最大压缩力 P_{max},最大耗功等付出指标。也不涉及压缩过程草片的变化。

显然现代压捆机的鉴定、评价标准体系并不合理。现代压捆机基础研究的空间还有潜力。

2. 移动过程草片的应力松弛

松散物料压缩变形体的应力松弛,只能选择保持变形体变形条件下的应力松弛方法进行分析。但是 [M] 类应力松弛的基本条件,过程中变形体草片的尺寸要保持一定。过程中变形体的松弛应力只能随时间进行松弛。但是上述过程变形体的尺寸却有一定的变化,过程中还有压缩力的脉动。草片变形体移动过程,虽然存在应力松弛,但是其过程还不完全符合 [M] 类应力松弛的条件和特征。

草片移动过程的应力松弛分析。显然草片移动过程不完全符合 [M] 类的应力松弛过程的条件。但是过程中变形体弹性变形力确随时间逐渐降低,可认为草片的尺寸 δ 变化不大,还是基本符合 [M] 类的应力松弛过程的大特征。只是移动过程中,还可以按照 [M] 类应力松弛的曲线，方程式，参量进行处理和运算。可认为是近似的。

草片从 0–8 的移动过程为应力松弛过程——草片基本上是在保持变形（总体尺寸 8 个 δ）不变的条件下移动的。可基本上认为是应力松弛过程。

过程中每个草片位置的弹性变形恢复力 P_1，P_2，$\cdots$，P_n 都可以进行测量，如图中 B_5C 曲线。

B_5C 曲线上，例如：

B_5 位置 N01 草片的弹性变形恢复力 $B_5O_5 = P_1$。设与 N00 草片力相等。

NO2 草片的弹性变形恢复力 $p_2 = 2 - 2$。

NO3 草片的弹性变形恢复力 $P_3 = 3 - 3$。

……

NO8 草片的弹性变形恢复力 $p_8 = 8 - 8$。

草片从 0 至 8 的移动过程，每个草片的尺寸 δ 也可以进行测量。

设所有草片（草捆）的尺寸 $\delta_1 + \delta_2 + \delta_3 + \delta_4 + \delta_5 + \delta_6 + \delta_7 + \delta_8 = \Delta$。

由此可计算出草捆的密度 $\gamma_{kcp} = \dfrac{8G}{(a \times b)\Delta}\,\text{kg/m}^3$。即草捆内 8 个草片的平均密度。

是在压缩室内草捆的密度 γ_{kcp}。

实际上也可以求出其中各草片的密度。

例如 $NO.1$ 草片的密度 $\gamma_1 = \dfrac{G}{(a \times b)\delta_1}\,\text{kg/m}^3$，$\delta_1$——$NO.1$ 草片的厚度。

例如 2 草片的密度 $\gamma_2 = \dfrac{G}{(a \times b)\delta_2}\,\text{kg/m}^3$，$\delta_2$——$NO.2$ 草片的厚度。

…………

$NO.8$ 草片的密度 $\gamma_8 = \dfrac{G}{(a \times b)\delta_8}\,\text{kg/m}^3$，$\delta_8$——$NO.8$ 草片的密度。

④刚排出草捆落地的密度，为产品的密度 γ_{cp}，由此，可以绘出草片移动过程密度的变化曲线，由此，可以获知压缩过程，移动过程以及排出机外草捆产品变化的密度。

可从压捆机的生产过程，获得压缩密度 γ_i；最大压缩密度 γ_{max}，草片移动过程的密度以及压缩室内草捆的密度 γ_{kcp} 和草捆产品的密度 γ_{cp} 及其过程的规律。以及移动过程的弹性恢复力就变化。实际上草片移动过程中的应力松弛参量均可求得。

3. 压缩过程的分析及其意义

能获得压缩过程变形体的全部密度：测量计算得压缩最大密度 γ_{max}；将要排出草捆的密度 γ_{kcp}；草捆产品密度 γ_{cp}。为评定压捆机提供了依据和可能。

如果在过程中能够获得压缩力—密度曲线，将会使压捆机的技术水平提高一步。

（1）提供压缩力曲线 $P_{ys}(\gamma)$

能提供最大的压缩密度 γ_{max}——应增列为压捆机标准中的一个指标；达到最大密度 γ_{max} 需要的最大压缩力 P_{ysmax}——增列压捆机中的一个最重要的性能指标；根据压缩力曲线，统计出压缩的耗功和规律——压捆机的重要指标。

在现代压捆机上增加压缩力 P_{ys} 曲线并不困难。

（2）本试验研究对现代压捆机的意义

增加了现代压捆机的计算、经济指标——这几项指标对现代压捆机更新换代具有特别意义。目前国际上压捆机，也都缺乏这些指标；促进相应制造业的发展；能促进压捆机标准的提高换代，例如"干草捡拾压捆机计算条件""干草压捆机田间试验方法""牧草收获机械试验方法通则"等。

（3）压缩试验因素的分析

与此有关的一些问题：压缩室壁的性质——利于阻止草片膨胀；压缩室出口性质——限制草片向出口膨胀；过程中变形体的变形力肯定是逐步减小的；草片的结构稳定性也会得到改善。只要过程中能适当限制草片尺寸 δ 膨胀，就能很好地达到应力松弛的效果和生产的要求；可继续开展试验结果与物料关系的分析研究等。

第九章 农业流变学中的变形体原理

第一节 "变形体原理"基本内容

所谓变形体，在力学中指的是变形对象模型。正如建筑学中，将物体抽象两种计算模型——刚体和固体。固体力学的研究对象是固体变形体。力学中的变形体是固体，理想变形体是刚体。力学中，提到的变形体，仅指力学研究对象。

力学中没有变形体原理的专门论述。在流变学中，也没有见到关于变形体原理的论述。力学中指的变形体，与此变形体原理没有关系。

变形体原理在流变学中占有重要理论位置。在农业工程中，具有非常重要的理论意义。

这里说的变形体，与上面所述变形体不是一个概念。所谓变形体是变了形的实体，所谓变形是完成时。

在进行流变学分析研究中，尤其是松散物料压缩应力松弛的研究中，逐步悟出变形体的意义和渐渐地体会到变形体原理的内涵。并在运用中进行了拓展，逐步形成了所谓的"变形体原理"。

力学过程中的实体的通常叫物体，材料，物料或者模型等。但是不论什么样的实体，也不论什么样的过程中，其力学上的实体只有三种，即受力体，变形体和平衡体。

一、受力体

(一) 定义或释义

所谓受力体即承力体，指在力学过程中受力和发生变形的实体，或者正在变形的实体。

(二) 受力体的基本特性

受力体的基本特性就是受力变形。在力（载荷）的作用下发生变形。不同的受力体，在过程中，变形过程不同，变形规律不同，过程的参量不同。

从能量概念，受力体从载荷中吸收能量，一部分耗损于非弹性变形中。一部分储存于弹性变形值中，称为弹性变形能。

受力体的变形过程主要有三种情况。

一是载荷一定，其变形随时间的变形过程，称为蠕变变形。在载荷一定（$\sigma = c$）条件下，其变形仅是时间的函数 $\varepsilon(t)$。变形过程比较简单，可用流变学模型进行模拟。

二是任意历程的变形，即变形过程中，应力也发生变化的过程，也就是过程中变形在变

· 212 ·

化，应力也在变化的过程。即过程中 $\sigma(\varepsilon, t)$，$\varepsilon(\sigma, t)$ 比较复杂。这类变形过程不能直接运用流变学模型进行模拟。

三是还有一种过程，即过程中 $\sigma(\varepsilon, t)$，$\varepsilon(\sigma, t)$，实体的基本性质也在变化，如 $T(t)$，$E(t)$，$\eta(t)$ 等，是受力体最复杂的变形过程，也是最复杂的流变学过程。

为简化过程，受力体，在受力变形之前，应该是力的平衡体。

（三）受力体的种类

受力体基本上有两类。

第一类受力体

受力、变形过程，其基本性质不变的实体。受力变形过程中，例如能保持其密度，含水分，生物特性，硬度，模量，黏弹性等基本性质不变。一般的受力体为固体。

此类受力体过程，一般过程可以运用流变学模型进行模拟，例如蠕变模型。

第二类受力体

受力变形过程中，其基本性质在变化的实体。例如松散物料的压缩过程，密度变化，过程中内部结构变化，过程中硬度，模量等基本性质都在变化等。

此类受力体的变形过程，不能直接运用流变学模型进行模拟。

此类受力、变形过程十分复杂。是受力过程也复杂的受力体，可称为流变学过程最复杂的变形过程。

（四）受力体在工程中的普遍性

施力加工生产过程的材料、毛胚、零件、构件和产品等变形过程的实体都是受力体。

二、变形体

（一）定义或释义

所谓变形体，即存在着弹性变形的实体，或存在弹性变形恢复趋势的实体。

仅发生或存在非弹性变形的实体，一般不属于变形体。

（二）变形体的基本特性

变形体的特性就是弹性恢复特性（过程）。弹性变形力恢复和弹性变形恢复。

变形体的弹性变形与弹性变形力的恢复同过程，同步进行。

变形体的基本特性完全符合虎克定律。

变形体的恢复特性与其非弹性变形无关。

（三）变形体的过程

变形体的过程就是弹性恢复过程。变形体的恢复过程，基本上有两类。

1. 保持变形体变形不变条件下变形力的恢复过程

即保持变形体变形不变条件下的弹性恢复，是内部弹性变形的恢复和弹性变形力的恢复过程。

变形恢复是其内部变形的恢复，恢复过程不影响变形体的宏观尺寸。

也为能量释放过程。

此类变形力的恢复可借助麦克斯威尔［M］类模型进行模拟。可叫［M］类变形体过程——［M］类应力松弛过程。

此类弹性恢复过程的原理，在过程中，可视为弹性变形转变为非弹性变形的过程。过程中仅为内部变形的转换。

2. 变形体的自由恢复过程

即变形体弹性变形可无约束地进行恢复。

变形恢复是变形体弹性变形的恢复和弹性变形力的恢复，伴随着变形体尺寸的变化。

视为释放解量的过程。

其变形恢复变化有延滞弹性恢复和瞬间弹性恢复。

可借助开尔芬［K］类模型进行模拟。可叫［K］类变形体过程——［K］类应力松弛过程。

变形体的弹性变形力的恢复与其弹性变形的恢复同步、同规律进行。

（四）变形体在工程中的普遍性

工程加工、生产、处理过的材料、毛胚、构件、产品等一般都是变形体。一切变形过程，一般都有变形体。

变形体是储存能量的实体，变形体是能动的实体，变形体是内含丰富的实体，变形体研究的空间丰富多彩。

三、平衡体

即力学平衡体，不是受力体，也不是变形体，即没有变形力，也没有变形恢复力，处于力的平衡状态。一般受力体受力过程之前，应该是力的平衡体。变形体的弹性变形力和弹性变形完全恢复之后也变成了力的平衡体。也就是一个力学对象，平衡体受力变形过程，就是受力体。停止受力，受力体可转变为变形体。变形体的变形和变形力完全恢复之后，变形体又变成了力的平衡体。

第二节　三种形态的特点及关系

一、实体用模型表示

实体在过程之前，可认为是平衡体。受力变形过程就是承力体或受力体。变形过程停止，承力体就变成了变形体。

用模拟模型表示更为形象，典型模型举例如下。

（一）［M］模型表示的三种形态（见图9-1）

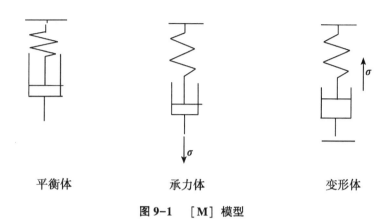

平衡体　　　　　　　承力体　　　　　　　变形体

图9-1　［M］模型

［M］模型是［M］类模型的基础模型，应用广泛。

1. 三种形态过程变化

① ［M］平衡体，不受任何外力，也没有内应力，其中弹簧和阻尼器都处于平衡状态。

②施外力 σ，产生变形，就成了［M］承力体。承力体的变形过程，串联的弹簧和阻尼器都在 σ 作用下各自独立地产生变形，两者变形的叠加就是承力体的变形。如果施的 σ 是阶跃力，承力体中开始仅有弹簧产生瞬间弹性变形（如果 σ 是持续力，串联的阻尼器也随时间产生变形）。

③瞬间变形后，卸荷，立即保持变形不变，就变成了［M］变形体。弹簧的弹性变形力，立即全部转变为弹性恢复力，拉动阻尼器进行变形，以阻尼器的变形替代其弹性变形恢复。一直持续到其弹性变形完全恢复。同时弹性变形力也随弹性变形的恢复而松弛到零。这就是其应力松弛过程。最后，变形体的阻尼器的非弹性变形取代了变形体的弹簧的弹性变形。最后，变形体又变成了平衡体［M］，只是恢复后的平衡体比起始平衡体的尺寸多了个阻尼器的变形——因为其不受任何外力，也没有内应力了，也称为［M］的平衡体。

2. 承力体和变形体的过程及关系

①设承力体的变形过程，仅有瞬间弹性变形，其变形 $\varepsilon = \dfrac{\sigma}{E}$，其模量为 E。

②变形体的应力松弛过程，也仅有弹性变形力恢复，$\sigma(t) = \sigma \cdot e^{-t/T} = E \cdot \varepsilon \cdot e^{-t/T}$，其中，$T = \dfrac{\eta}{E}$。

③保持变形体变形的应力松弛过程，一般可不涉及变形过程。

④两者的关系：一是求得基本参量弹性模量 E 应该相同，在两个过程中差异仅反映在模量与过程参量（σ，ε）形式上。

其中的 E 就是承力体的基本参量模量；因为变形体保持变形体的变形，过程中将弹簧和阻尼器绑在了一起，延滞时间 $T = \dfrac{\eta}{E}$ 将弹性和黏性联系在一起。其中的 E'、η 就是实体的弹性和黏性参量，即模型弹簧的模量，和阻尼器的黏度，可从变形体过程，很方便地求出两个过程中，实体的基本参量——E，η，T。在较复杂的过程，就不一定如此了。也就是一个实体两个过程求得的参量不一定相同。

（二）[K] 模型表示三种形态（图9-2）

[K] 模型是 [K] 类模型的基本模型。

1. 三种形态过程的变化

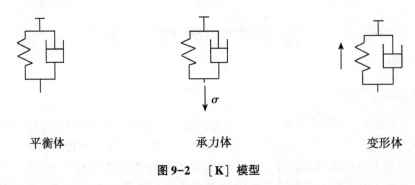

平衡体   承力体   变形体

图9-2   [K] 模型

① [K] 平衡体，不受任何外力，也没有内应力，其中弹簧和阻尼器都处于平衡状态。

②施外力 σ，产生变形，平衡体就变成了承力体。变形过程中，并联的弹簧和阻尼器都在 σ（大小不同）作用下共同产生变形，由于弹簧的变形是瞬间变形趋势，且瞬间可变到最大值，而阻尼器随时间产生线性变形的趋势，由于模型的限制，两种变形趋势的融合，[K] 只能产生延滞弹性变形。

③变形过程后，释放载荷，[K] 变形体只能进行自由恢复，恢复的动力来自承力体的弹性变形恢复力。

恢复力通过模型驱动阻尼器一同进行变形恢复，同时进行弹性变形力的松弛。随时间弹性变形力可以完全松弛。

2. 承力体过程和变形体过程及关系

①承力体的变形过程 $\varepsilon(t) = \dfrac{\sigma}{E}(1 - e^{-t/T})$，其中，基本参量：弹性模量 E，变形延滞时间 $T(= \dfrac{\eta}{E})$。

②变形体的恢复过程：

变形恢复 $\varepsilon_{HF}(t) = \dfrac{\sigma_{HK}}{E_{HK}} \cdot e^{-t/T}$，其中，基本参量：弹性模量 E，变形延滞时间 $T(= \dfrac{\eta}{E})$。

一是弹性模量 E ，就是模型中弹簧的模量 E_{HK} 即 $E = E_{HK}$ 。

二是变形恢复延滞时间 $T(= \dfrac{\eta}{E})$ ，其中的 $E = E_{HK}$ ，η 就是变形体的黏度即模型阻尼器的黏度。

③变形体的弹性变形力的松弛（恢复）。

$$\sigma_{HK}(t) = \sigma_{HK} \cdot e^{-t/T} = E_{HK} \cdot \varepsilon \cdot e^{-t/T}$$

一是弹性模量 E ，就是模型中弹簧的模量 E_{HK} ，即 $E = E_{HK}$

二是应力松弛延滞时间 $T(= \dfrac{\eta}{E})$ ，与变形恢复延滞时间相同。其中的 $E = E_{HK}$ ，η 就是变形体的黏度，即模型阻尼器的黏度。

3. 变形体和承力体的基本参量，在这里因为是一个实体模型，基本上应该相同的。不同条件下变形体的应力松弛过程就复杂了，求得的参量就不一定相同了。

根据前面的分析，从变形体的过程的参量求悉承力体变形过程的参量比较容易，最后将 [K] 变形过程和恢复过程的基本参量都可以求出来，举例如下。

①基本参量。

一是延滞时间 T ，变形过程叫变形延滞时间，$T = \dfrac{\eta_{NK}}{E_{HK}}$ 定义为变形到最大变形的（$1 - \dfrac{1}{e}$）时的时间值。

恢复过程叫恢复（变形恢复或应力松弛）延滞时间，$T = \dfrac{\eta_{NK}}{E_{HK}}$ ，定义为恢复到起始变形（应力）的（$\dfrac{1}{e}$）时的时间值。

变形延滞时间和恢复延滞时间定义不同，但是等值。

二是变形过程模量 E 与恢复过程模量 E ，延滞时间中的模量 E 相同，都是模型中弹簧的模量 E_{HK} 。

三是黏度 η 。变形过程和恢复过程的 η ，延滞时间中的 η 相同，就是模型中阻尼器的黏度。

$$\eta_{NK} = \eta$$

②过程参量。

载荷 σ ，σ_{HK} ，σ_{NK} 。

变形过程的载荷 $\sigma = \sigma_{HK} + \sigma_{NK}$ 。

σ_{HK} 是变形过程弹性变形力，也是恢复过程弹性变形恢复力及模型在弹簧的弹性力。

σ_{NK} 是变形过程非弹性变形力，即模型中阻尼器的变形力。在变形过程耗损了，与恢复过程无关。

(三) [B] 模型表示三种形态 (图9-3)

[B] 模型应符合弹性串联原理。

[B] 模型是变形过程应变模型，最常见的变形模型。

1. 三种形态的变化

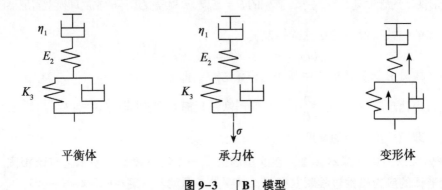

图9-3　[B] 模型

① [B] 平衡体，不受任何外力，也没有内应力，其中弹簧和阻尼器都处于平衡状态。

②施外力 σ，产生变形，平衡体就变成了承力体。过程中，承力体中串联阻尼器随时间产生线性非弹性变形，串联的弹簧产生瞬间弹性变形；串联的 [K] 随时间产生延滞弹性变形。承力体的变形就是串联三部分变形的叠加为承力体的变形曲线。

③任一时刻卸载，变形体可以自由进行恢复。仅是弹性恢复。

弹簧瞬间变形恢复，[K] 延滞变形随时间进行延滞恢复，而阻尼器的变形是非弹性变形，不能恢复，即作为永久变形保持下来了。所以，[B] 变形体的弹性恢复，仅是串联弹簧和串联 [K] 的恢复。

变形体应力松弛或弹性变形力恢复，也仅是串联弹簧和 [K] 弹性变形力的各自松弛。

2. 承力体过程和变形体过程关系

①承力体的变形方程式 $\varepsilon(t) = \dfrac{\sigma}{E} + \dfrac{\sigma}{E_{HK}}(1 - e^{-t/T}) + \dfrac{\sigma \cdot t}{\eta_3}$ 变形可叠加。

②变形恢复方程式：$\varepsilon_{HF}(t) = \varepsilon_0 + \dfrac{\sigma_{HK}}{E_{HK}} \cdot e^{-t/T}$。恢复变形可叠加。

③弹性变形力恢复与变形恢复对应，可进行单独恢复。

④变形体的应力松弛，只能保持其变形条件下进行。

二、两个过程的特点

①承力体的变形过程，变形有弹性变形和非弹性变形；变形体的恢复过程仅是弹性恢复过程，与非弹性无关。

②承力体过程为储能过程；变形体过程为释放能的过程。

③变形体的弹性恢复动力来自承力体的弹性变形过程。

④承力体的弹性变形过程，和变形体的弹性恢复过程，都符合虎克定律。

⑤承力体转变为变形体过程似存在一个过滤栅，变形弹性穿过过滤栅，进入变形体变成弹性恢复。

第十章　流变学中的基本参量

——初论流变学参量

在流变学过程中，普遍遇到的参量是延滞时间 T，以及弹性模量 E，黏度 η 等参量，在流变过程中的实质及参量和参量间相互关系应该是流变学研究的基本问题。

基于第一章的基本概念，万物的基本弹性是黏弹性。或者主要表现为黏性，或者主要表现弹性，或者是黏性、弹性的融合。

实体的基本参量，至今，仅有弹性模量 E，黏度 η 和延滞时间 T（当然还有屈服应力 σ_y 可暂不涉及）。

但是，对他们的实质概念尚需要进一步了解和拓展；他们在过程中是怎样决定实体性质的，也就是他们与实体性质的关系；他们在过程中关系和如何融合的；如何接口等尚有研究的空间。

第一节　流变学中的弹性参量 E

一、弹性模量 E

模量 E 是力学过程中实体的基本性质参量——弹性模量

（一）E 是一个弹性比例常数

①在变形过程中，E 是阻碍变形的能力，在变形过程中吸收能量，模量越大，吸收的能量越多，阻碍变形的能力越强，是过程参量弹性变形力 σ 与弹性应变 ε 比例常数。称为弹性变形模量。

②在恢复过程，E 是恢复的能力，在恢复过程释放能量，模量越大，释放的能量越多，恢复的趋势越强。在充分条件下，在变形过程吸收（储存）的能量可 100% 的释放在恢复过程——即在此恢复过程的模量与变形过程的模量相等，恢复弹性模量等于过程的弹性恢复力 σ 和弹性恢复变形 ε 比例常数。

③弹性（杨氏）模量 E 的量纲 $E = \dfrac{\sigma\ (pa)}{\varepsilon} = pa$（力）。代表了能力。即阻碍变形的能力和变形恢复的能力——在变形过程他是阻力，在变形恢复过程他转变为动力。

④弹性应力 $\sigma = \dfrac{F}{A}(pa)$（单位面积的力）。

⑤应变 $\varepsilon = \dfrac{L - L_0}{L_0}$，$L$ 为在拉力 F 的作用下试件的长度，L_0 为拉伸前试件的长度。对压

过程，L 原长，L_0 是变形后的长度。

围绕模量 E，在过程中，出现了两个过程量 σ 和 ε。三个参量联系在一起，就是所谓的弹性定律——虎克定律。

（二）模量 E 是所有力学过程中实体的弹性模量

①在弹性变形过程，E 是弹性变形模量是阻碍弹性变形的能力，是其弹性变形力 σ 与弹性变形应变 ε 的比例常数。其弹性变形柔度是弹性模量的倒数。

②在任意变形过程，E 是弹性变形模量，也是阻碍其中弹性变形的能力，是其中弹性变形力 σ 与弹性变形应变 ε 的比例常数。

③即使在蠕变变形过程，E 是弹性变形模量，是阻碍弹性变形的能力，也应该是一个定值（所谓蠕变是载荷 σ 一定，其变形 $\varepsilon(t)$ 随时间的变化过程。例如 [K] 的蠕变，其变形方程式 $\varepsilon(t) = \dfrac{\sigma}{E}(1 - e^{-t/T}) = J \cdot \sigma$，式中变形柔度 $J(t) = \dfrac{1}{E}(1 - e^{-t/T})$ 是时间的函数。因为蠕变过程是保持了载荷 σ 不变，变形在随时间变化 $\varepsilon(t)$，其柔度是变化的 $J(t) = \dfrac{\varepsilon(t)}{\sigma} = \dfrac{1}{E}(1 - e^{-t/T})$。其中弹性模量 E 还是固定值。

④在弹性变形恢复过程，E 是弹性变形恢复模量，是其弹性变形恢复的能力，是其弹性变形恢复力 σ 与弹性恢复变形应变 ε 的比例常数。E，σ，ε 关系亦遵循虎克定律，$E = \dfrac{\sigma}{\varepsilon} = \dfrac{\sigma(t)}{\varepsilon(t)}$。

⑤在应力松弛过程，E 是应力松弛模量。是弹性变形恢复的能力，是过程中弹性恢复力 σ 与弹性恢复变形应变 ε 的比例常数。E，σ，ε 关系遵循虎克定律。

⑥在所有力学过程，包括任意历程中，其中弹性变形力 σ 与弹性变形 ε 的比值都应等于弹性模量 E，且在过程中，σ，ε 的变化过程同步。虎克定律中的 σ，ε 分别都是弹性变形力和弹性变形。

二、弹性模量与虎克定律兼容

（一）$E = \dfrac{\sigma}{\varepsilon}$ 关系式适于任何弹性力学过程

即任何力学过程，弹性力 σ 与弹性变形 ε 都成比例。

①三个因素都是弹性因素，其在过程中的关系分别为为 $\sigma = E \cdot \varepsilon$，$\varepsilon = \dfrac{\sigma}{E}$，$E = \dfrac{\sigma}{\varepsilon}$。

②即使是任意应力，任意变形过程中，其中的弹性变形和弹性变形力也符合三者的上述关系。

③虎克定律也是变形体原理的基本支撑。也可以说变形体过程——应力松弛过程的理论

支撑都是虎克定律。凡存在弹性变形的过程都有虎克定律。

④ $E = \dfrac{\sigma}{\varepsilon}$ 中：E 一定，σ 与 ε 按比例、同步变化；

若其中 $\sigma = 0$，$\varepsilon = 0$ 相当于实体没有弹性力，或实体相当于力的平衡体；

若 $\sigma \to \infty$，$\varepsilon \to 0$，相当于实体接近刚体。

（二）参量 E 的内涵就是虎克定律

①如果过程中仅有弹性变形力 σ 和弹性变形 ε，$\dfrac{\sigma}{\varepsilon} = E$ 为理想弹性体。

②如果过程中，除了弹性变形力之外，还存在其他变形或变形力。其弹性变形力 σ 与弹性变形（应变）ε 之比，依然是 $\dfrac{\sigma}{\varepsilon} = E$。与其他变形力和变形没有关系——弹性变形力与弹性变形始终对应成比例，其比例常数就是弹性模量 E。

③在弹性变形和弹性变形恢复过程中，三者相互兼容，$E = \dfrac{\sigma}{\varepsilon}$，$\sigma = E \cdot \varepsilon$，$\varepsilon = \dfrac{\sigma}{E}$。

④凡存在弹性变形的力学过程，都有弹性模量 E，也都包含着虎克定律。
——虎克定律贯穿了工程，有限元，固体力学，也贯穿流变学过程。
——虎克定律是来自经验和试验的结论。

第二节　流变学中的黏度或黏性系数 η

黏度本是牛顿黏性定律中的基本参量。亦是流体力学的基本参量。亦是实体黏性流动的基本参量，所以黏度是流变学过程的一个基本参量。

一、牛顿黏性定律

（一）牛顿黏性定律是流体流动的基本定律

（1）牛顿黏性定律一般形式：$\tau = \eta \dfrac{du}{dy}$

式中，

τ——流动中，相邻层（平面）间的流动阻力。

$\dfrac{du}{dy}$——流动中相邻层速度梯度。

黏度 η 是流动的阻力，叫"流阻"，实质是流体流动的阻力，是内摩擦力。

流动中相邻层速度梯度 $\dfrac{du}{dy}$。

τ，$\dfrac{du}{dy}$ 是过程参量。而 η 则是实体的基本性质——黏度。

对一定的实体，黏度 η 一定，过程中，流动速度梯度 $\dfrac{du}{dy}$ 越大，流动阻力 τ 越大。所以黏度是流体流动的基本参量。

（二）牛顿定律的其他型式

例如：$\tau = \eta \dot{\gamma}$。

其中，流体 η 为黏度系数或黏度；

$\dot{\gamma}$ 为剪切应变的速率。

即剪切力 τ 与实体的剪切应变速率 $\dot{\gamma}$ 成正比，比照模拟模型阻尼器，作用力与活塞剪切应变的关系，其作用力与阻尼器的变形速率也成正比关系对照模型所以 $\sigma = \eta \cdot \dot{\varepsilon}$，对此情况也成立——即黏性变形过程中，作用力与流动变形的速率成正比。

二、黏性系数或黏度 η 的概念

一是即流体流动的阻力 τ 与流动（剪切）层的剪切速率 $\dot{\gamma}$ 成正比。

在过程中，$\eta = \dfrac{\tau}{\gamma}$，与剪切应变 $\gamma = \dfrac{\tau}{\eta} t$。比照模拟模型，在固体黏性变形，也可表示为

$\varepsilon = \dfrac{\sigma}{\eta} t (\sigma = \eta \dot{\varepsilon})$ 一定的实体黏性 η 越大，黏性变形越困难，黏性 η 越小，黏性变形越容易。

二是黏性变形（流动）过程，外力都耗损在变形过程，其流动或变形就没有能量恢复了，所以黏性变形没有恢复过程。

第三节　流变学模型与流变学参量

前已述及，流变学模型是对实体性质的流变学假设。

流变学模型是由模型基本元件构成。

一、模型结构元件赋予了实体的基本性质

（一）弹性元件

①弹性元件，是一根弹簧 ［H］，基本性质弹性模量 E。

②可与虎克定律 $E = \dfrac{\sigma}{\varepsilon}$ 接口。

③基本上代表实体的弹性。

④弹簧 ［H］（实体结构）——弹性模量 E（实体的基本性质）——虎克定律融为一体了。

（二）黏性元件

①是一个阻尼器 ［N］，基本性质黏度 η。

②可与牛顿黏性定律接口。

③基本上可以代表了实体的黏性。

④阻尼器［N］（实体结构）——黏度 η（实体的基本性质）——牛顿黏性定律融为一体了。

二、结构元件的组合，赋予流变学模型的功能的充分性

（一）单个元件可以模拟实体的理想力学特性

①代表理想弹性体；②代表了理想黏性体特性。

（二）元件、模型的结构使模型模拟功能更全面

1. 串联

①元件的串联，②基本模型的并联。

2. 并联

①元件的并联，②基本模型的并联。

③串联中的并联，并联中的串联

至今已经出现［M］类模型和［K］类模型，对实体模拟研究非常广泛了。

三、模型结构与弹性模量和黏度联系在一起了

模型对实体的模拟的进一步思考

例如仅线性过程的模拟，模拟思维也需要进一步拓展。

四、模型结构使弹性模量 E 和黏度 η 联在一起

即与虎克定律，牛顿黏性定律接上了口。

第四节　流变学中的特殊参量——延滞时间 T

一、延滞时间 T ——黏弹比

黏弹比 T，在蠕变的应力松弛等过程，已经涉及了，在此作为一个特殊参量集中进行分析。

（一）流变学过程中基本参量黏弹比 T

1. 流变学过程中普遍都有黏弹比参量 T

受力体，变形体在流变学过程中，其变形和应力的过程中，除了其他力学参量之外，还包含一个基本参量——延滞时间 T。变形延滞时间 T，变形恢复延滞时间 T，应力松弛延滞时间 T 等。

2. 黏弹比 T 是流变学过程的特征参量

所谓流变学过程，通称为力和变形的时间过程。即力或变形随时间变化；或力、变形都随时间变化。但是流变学过程中，如果没有 T，很难反映力、变形过程中随时间的充分变化过程。例如：①随时间变化的快慢程度；②过程与实体黏弹性关系；③与模拟模型结构接口。所以黏弹比 T 实为流变学过程的基本参量，实体黏弹性的特征参量。

3. 黏弹比 T，在流变学过程中是一个特殊参量

黏弹比 $T = \dfrac{\eta}{E}$，为两个参量之比。是一个复合参量，是两个基本参量 η，E 之比。

黏弹比 $T = \dfrac{\eta}{E}$，在过程中显示实体的基本特性——黏弹性。

（二）黏弹比 $T = \dfrac{\eta}{E}$ 的基本性质

1. $T = \dfrac{\eta\,(pa \cdot s)}{E\,(pa)} = s$

量纲是时间 s，在过程中为一时间值。所以叫黏性、弹性比。

2. $T = \dfrac{\eta}{E}$ **是过程中计算出来的基本参量**

黏弹比 T 在过程方程式关系中，是在一负指数形式出现的，如 $Ae^{-\frac{E}{\eta}t}$（$Ae^{-t/T}$），在过程中，降幂指数形式与过程量 A 发生关系，例如过程基本方程式：

$\sigma \cdot e^{-t/T}$ ——应力松弛方程式，T 为应力 σ 的松弛过程的基本参量。

$\varepsilon \cdot e^{-t/T}$ ——基本变形恢复方程式，T 为弹性变形 ε 恢复过程的基本参量。

$A(1 - e^{-t/T})$ 递升幂指数形式与过程量发生关系，例如基本蠕变方程式 $\varepsilon(t) = \dfrac{\sigma}{E}(1 - e^{-t/T})$，$T$ 表示蠕变变形过程实体的基本参量。

（三）$T = \dfrac{\eta}{E}$ 贯串流变学过程

1. $T = \dfrac{\eta}{E}$ **是蠕变变形的延滞时间，也是变形恢复的延滞时间**

（1）蠕变变形过程

蠕变变形延滞时间 T。

定义：来源于 [K] 基本蠕变公式。

例如 [K] 的蠕变方程式 $\varepsilon(t) = \dfrac{\sigma}{E}(1 - e^{-\frac{E}{\eta}t})$。

令 $\dfrac{\eta}{E} = T$，蠕变方程式 $\varepsilon(t) = \dfrac{\sigma}{E}(1 - e^{-\frac{E}{\eta}t}) = \dfrac{\sigma}{E}(1 - e^{-t/T})$。

当 $T = t$ 时，$\varepsilon = (1 - \dfrac{1}{e})\dfrac{\sigma}{E} \approx 0.63$。

即 $T = \dfrac{\eta}{E}$ 是蠕变变形到其最大变形 $\varepsilon_{max} = \dfrac{\sigma}{E}$ 的 63% 时的时间值。

$T = \dfrac{\eta}{E}$ 是确定其蠕变变形快慢的时间值，T 值大，在过程中蠕变变形慢，T 值小，蠕变变形快。

$T = \dfrac{\eta}{E}$ 其中的黏性 η 与弹性 E 之比，也与模拟模型 [K] 中的阻尼器（η），弹簧（E）对应，且是并联关系。

（2）变形恢复过程

在其蠕变变形体的变形恢复过程，$T = \dfrac{\eta}{E}$ 是其变形恢复延滞时间。其定义，也是源于基本模型 [K] 的变形恢复方程式

$$\varepsilon(t) = \varepsilon \cdot e^{-t/T} = \frac{\sigma_{HK}}{E_{HK}}e^{-t/T}$$

其中，起始变形为 $\varepsilon = \dfrac{\sigma_{HK}}{E_{HK}}$，当 $T = t$ 时，变形恢复

$$\varepsilon(t) = (\frac{1}{e})\frac{\sigma_{HK}}{E_{HK}} \approx 0.37\frac{\sigma_{HK}}{E_{HK}}$$

即 $T = \dfrac{\eta}{E}$ 是变形恢复到起始变形值的 37% 时的时间值。

$T = \dfrac{\eta}{E}$ 是确定变形恢复快慢的参量，过程中 T 值大，变形恢复得慢，T 值小，变形恢复得快。

（3）蠕变延滞时间和其变形恢复延滞时间关系

蠕变延滞时间和其变形恢复延滞时间的 $T = \dfrac{\eta}{E}$ 都是其中的黏性 η 与弹性 E 之比，也与模拟模型 [K] 中的阻尼器（η），弹簧 H（E）对应，且是并联关系（可代表实体性质的结构原理）。

同一实体蠕变延滞时间和其变形恢复延滞时间的定义不同，但是等值，都与实体模拟模型结构对应。

2. 在〔M〕的应力松弛过程中 $T = \dfrac{\eta}{E}$ 是应力松弛延滞时间

定义源于应力松弛公式 $\sigma(t) = \sigma \cdot e^{-t/T}$。

当 $T = t$ 时，$\sigma(t) = \left(\dfrac{1}{e}\right)\sigma \approx 0.37\sigma$，其中 σ 是松弛的起始应力。即 T 是应力松弛到起始应力的37%时的时间值。

T 值是确定其应力松弛快慢的时间值。过程中，T 值大，应力松弛得慢，T 值小，应力松弛得快。

$T = \dfrac{\eta}{E}$ 其中的黏性 η 与弹性 E 之比。与模拟模型〔M〕中的阻尼器 (η)，(E) 对应，且是串联关系。

3. 在自由应力松弛过程中 $T = \dfrac{\eta}{E}$ 是应力松弛延滞时间——也是其变形恢复延滞时间

（1）$T = \dfrac{\eta}{E}$ 是应力松弛延滞时间

定义源于〔K〕基本应力松弛公式。

$\sigma(t) = \sigma \cdot e^{-t/T}$，当 $T = t$ 时，$\sigma(t) = \left(\dfrac{1}{e}\right)\sigma \approx 0.37\sigma$，其中 σ 是松弛的起始应力。即 T 是应力松弛到起始应力的37%时的时间值。

T 值是确定其应力松弛快慢的时间值。过程中 T 值大，应力松弛得慢，T 值小，应力松弛得快。

$T = \dfrac{\eta}{E}$ 其中的黏性 η 与弹性 E 之比，与模拟模型〔K〕中的阻尼器 (η)，(E) 对应，且是并联关系。

（2）$T = \dfrac{\eta}{E}$ 也是变形体弹性变形恢复延滞时间

定义，源于变形恢复方程式 $\varepsilon(t) = \dfrac{\sigma}{E} \cdot e^{-t/T}$。

当 $T = t$ 时，$\varepsilon(t) = \left(\dfrac{1}{e}\right)\dfrac{\sigma}{E} \approx 0.37\dfrac{\sigma}{E}$，其中 $\dfrac{\sigma}{E}$ 是恢复变形的起始变形值。即 T 定义为变形恢复到起始变形值37%时的时间值。

T 值是确定其变形恢复快慢的时间值。过程中 T 值大，应力变形恢复得慢，T 值小，变形恢复得快。

$T = \dfrac{\eta}{E}$ 其中的黏性 η 与其弹性 E 之比，模拟模型〔K〕中的阻尼器 (η)，(E) 对应，且是并联关系。

变形恢复时间 $T = \dfrac{\eta}{E}$ 与其应力松弛时间相同，即等值，且都与模型〔K〕对应。其变形恢复方程式就是其蠕变变形恢复方程式。

（3）从变形体的应力松弛与其弹性变形的恢复同步，也可以说明应力松弛延滞时间与弹性变形恢复延滞时间相同。

（四）$T = \dfrac{\eta}{E}$ 在流变学过程中覆盖面广泛

在流变学过程中，T，t 是同时出现，T 以负指数 $e^{-t/T}$ 的形式出现的。流变学中与时间有关的黏弹性性质变化过程，一般都会有 T 同时出现。

流变学中，变形和应力的变化有两类。

（1）应力松弛是递降型，变形恢复也是递降型，一般以 $Ae^{-t/T}$ 型式出现。见图 10-1。

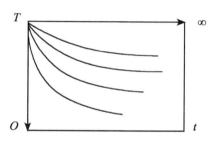

图 10-1　递降曲线变化

$(T \to 0) \to (T \to \infty)$，$A$ 的变化曲线覆盖整个平面。可见 T 的普遍意义了，当 $T \to 0$ 时，A 曲线瞬降；当 $T \to \infty$ 时，A 曲线几乎没有变化。

（2）变形是递升型，一般以 $B(1 - e^{-t/T})$ 型式出现。见图 10-2。

当 $T \to 0$ 时，A 曲线瞬升；当 $T \to \infty$ 时，A 曲线几乎没有变化。

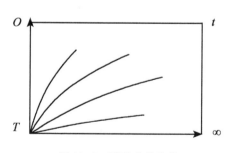

图 10-2　递升曲线变化

上两图平面内，升型或降型中 $(T \to 0) \to (T \to \infty)$，变化曲线覆盖整个平面。可见 T 的普遍意义了，流变学过程与 $T = \dfrac{\eta}{E}$ 不可分离的。

流变学中的 T 与物料实体的模量 E，黏度 η 意义相类似，是流变学中的基本参量，基本参量的复合参量。

流变学中的 $T = \dfrac{\eta}{E}$ 是与模拟模型接口的参量。进一步揭示了流变学过程实体的黏弹性实质，黏弹性原理。

（五）方程式中的 T 只与本项中邻前的变量有关

1. 例如基本应力松弛过程

$$\sigma(t) = \sigma \cdot e^{-t/T}$$

应力松弛延滞时间 T，仅与本项中 σ 有关；仅是起始弹性变形力（恢复）应力 σ 松弛到 $\dfrac{1}{e}\sigma$ 时的时间值。

2. 复杂应力松弛过程

$$\sigma(t) = \sigma_1 \cdot e^{-t/T_1} + \sigma_2 \cdot e^{-t/T_2} + \sigma_3 \cdot e^{-t/T_3}$$

该变形体的应力松弛过程中，存在一个应力松弛时间谱

$$T_1 = \frac{\eta_1}{E_1}, \ T_2 = \frac{\eta_2}{E_2}, \ T_3 = \frac{\eta_3}{E_3}$$

其中，T_1，T_2，T_3 仅分别与其项中对应的 σ_1，σ_2，σ_3 有关。T_1 仅是 σ_1 松弛到其 $\dfrac{1}{e}\sigma_1$ 时的时间值，T_2 仅是 σ_2 松弛到其 $\dfrac{1}{e}\sigma_2$ 时的时间值，T_3 仅是 σ_3 松弛到其 $\dfrac{1}{e}\sigma_3$ 时的时间值。

T_i 互相间不发生关系。

3. 蠕变过程

（1）基本蠕变过程

$$\varepsilon(t) = \frac{\sigma}{E}(1 - e^{-t/T})$$

其中，T 仅与 $\dfrac{\sigma}{E}(= \varepsilon_{max})$ 有关，即 T 是变形到最大变形 $\dfrac{\sigma}{E}(\varepsilon_{max})$ 的 $(1 - \dfrac{1}{e})\varepsilon_{max}$ 的时间值。

（2）复杂的蠕变过程

$$\varepsilon(t) = \varepsilon_{1\,max}(1 - e^{-t/T_1}) + \varepsilon_{2max}(1 - e^{-t/T_2}) + \cdots$$

也有一个延滞时间谱，其中的 T_1，T_2，仅分别与本项中对应的 ε_{1max}，ε_{2max}，… 有关。T_1 仅是 ε_{1max} 变形到 $(1 - \dfrac{1}{e})\varepsilon_{1max}$ 时的时间值，T_2 仅是 ε_{1max} 变形到 $(1 - \dfrac{1}{e})\varepsilon_{2max}$ 时的时间值。

T_i 互相间不发生关系。

（3）受力体或变形体的延滞时间谱中的 T_i 大小不同值

其中，T 小的那一项过程进行得快，其中 T 大的那一项过程进行得慢。

二、黏弹比 T 因素的流变学意义

黏弹比，是实体的黏性与弹性关系值。直接与实体的黏性 η 和弹性 E 有关，在与流变学模型原理结合的基础上，提出了黏弹比的原理（概念），其中的黏性 η，可用模型中的阻尼器 [N] 进行模拟，其中的弹性 E 可用弹簧 [H] 模拟（见第一章和第二章）。结合虎克定律 $E = \dfrac{\sigma}{\varepsilon}$，黏弹比 $T = \dfrac{\eta}{E}$ 和模型结构中的 [N]（η）和 [H]（E）结构原理因素的关系。其中的 η 与牛顿黏性定律有关，$\eta = \dfrac{\tau}{\dot{\gamma}}$（$\eta = \dfrac{\sigma}{\frac{du}{dy}}$），所以其中的 η 赋予牛顿黏性定律的内涵。

在流变学过程中，首先引入黏弹比将虎克定律，牛顿黏性定律，流变学模型理论等四个基本理论融在一起，应该是流变学研究的深入和流变学理论的一个重要进展。

将黏弹比和虎克定律，牛顿黏性定律，流变学模型理论在过程中进行兼容，也是流变学所研究的新课题。

（一）流变学过程中"四个基本理论"

黏弹比，虎克定律，牛顿黏性定律和模型理论构成了流变学的四个基本理论。

1. 过程中"四理论"的兼容分析

虎克定律是弹性变形力与弹性变形定律。他是固体力学的基本定律，固体的基本特性是弹性，基本参量为弹性模量 E。

牛顿黏性定律是流体力学的基本定律，流体的基本特性是黏性，基本参量为黏度 η。

黏弹比 T 是实体过程中，黏性 η、弹性 E 关系显示的基本形式。

模型结构的基本元件是阻尼器 [N]（η）和弹簧 [H]（E）。反映模拟实体特性的参量——且在过程中与其余三理论相互对应。

2. 黏弹比 T 中的因素在流变学过程互相兼容

其流变学过程方程式中或 T 中的黏性参数 η 符合牛顿定律 $\tau = \eta \cdot \dot{\gamma}$（$\sigma = \eta \dot{\varepsilon}$，$\eta = \dfrac{\sigma}{\varepsilon}$）。

其流变学方程式中或 T 中的弹性参数 E 符合虎克定律。

其中的弹性 E，与虎克定律 $E = \dfrac{\sigma}{\varepsilon}$，和模型 [H]（$E$）联系在一起。

其中的弹性 η，与牛顿黏性定律和模型 [N]（η）联系在一起。

3. 在流变学过程中四理论因素与实体的特性的关系

其中若 $\eta \rightarrow 0$，即表示实体的黏性可以忽略，仅有弹性 $E = \dfrac{\sigma}{\varepsilon}$，虎克定律为其基本理论支撑。一般可称为理想弹性。其模拟模型是一根弹簧［H］。

其中若 $E \rightarrow 0$，即实体的弹性可以忽略，仅有黏性 $\eta = \dfrac{\tau}{\overset{\cdot}{\gamma}} = \dfrac{\sigma}{\varepsilon}$，牛顿黏性定律为其基本理论支撑，一般可称为牛顿流体，其模拟模型［N］。

黏弹性实体，即既有黏性 η，又有弹性 E，称为黏弹性实体。过程中黏弹比为其基本理论支撑，其中也包含了虎克定律因素 E，牛顿黏性定律因素 η 和模拟模型因素 E 和 η。

4. 黏弹比 T 中参量的基本计算

（1）过程中的基本计算公式

$$T = \frac{\eta}{E} , \ \eta = T \cdot E, \ E = \frac{\eta}{T}$$

（2）过程中的参量

基本性质参量 T，η，E，为实体固有的基本性质参量。

相关的 σ，ε，t 等过程参量。

（3）黏弹比 $T = \dfrac{\eta}{E}$ 在流变学中的意义胜似于虎克定律

虎克定律 $E = \dfrac{\sigma}{\varepsilon}$，仅与实体的弹性有关，与过程参量 σ，ε 有关，即决定了过程弹性变形力和弹性变形的规律。适宜于任何过程中的弹性过程。模量决定了过程实体弹性参量的关系。

黏弹比，与实体的基本性质参量 η，E 有关。决定了实体的黏性和弹性关系对过程参量 $\sigma(t)$，$\varepsilon(t)$ 进行快慢的产生影响。是黏弹性实体的特征参量。T 取决与实体的基本性质黏性和弹性及对过程的影响。

5. 黏弹比与模拟模型理论结合最清晰

模拟模型结构中，同时存在［H］，［N］两类结构，是实体黏弹性比率的结构假设参量。模拟模型中（［H］｜［N］）并联结构，与过程中黏弹性比率 T 密切相联；模拟模型中（［H］－［N］）串联结构，且过程中将其绑在一起，也与 T 相联。

例如［L］模型，在保持其变形体变形不变的条件下，（［K］－［N］）串联结构，过程中被绑在一起，其应力松弛延滞时间 $T = \dfrac{\eta_{NK} + \eta_2}{E_{HK}}$，串联的 η_2 与 T 也有关。

在过程中与上面两类结构有关的其他模型元素，与 T 也相关。

模型中的与上面两类结构情况无关的其他元素结构，与过程中 T 也无关。

例如 $[PTh]$ 模型的并联弹簧，在保持变形体变形不变的条件下的应力松弛延滞时间 $T = \dfrac{\eta_M}{E_M}$，并联的弹簧 E_e 与此无关。

（二）黏弹比的解析实例

1. 基本 $[M]$ 变形体应力松弛

见图 10-3。

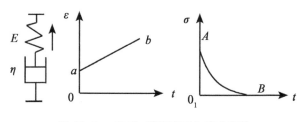

图 10-3　$[M]$ 模型变形与应力松弛

应力松弛方程式 $\sigma(t) = \sigma \cdot e^{-t/T} = E \cdot \varepsilon \cdot e^{-t/T}$，是保持变形体变形不变的基本应力松弛。

分析其参量间的关系：根据应力松弛曲线 $AB(t)$，求出延滞时间 $T = \dfrac{\eta}{E}$ 值（基本参量）；对实体 $[M]$ 施一阶跃应力 σ（即应力松弛的起始应力），产生瞬间弹性变形 $0a$ —— 即弹性应变 $\varepsilon = \varepsilon 0a$，所以其应力松弛模量 $E = \dfrac{\sigma}{\varepsilon}$（虎克定律的基本参量）。

有关计算公式如下：

$$\text{虎克定律 } E = \frac{\sigma}{\varepsilon} \text{ 和黏弹比 } T = \frac{\eta}{E}。$$

实体的黏性 $\eta = T \cdot E$，代入 T，E 即可求得：

$$E = \frac{\eta}{T} = \frac{\sigma}{\varepsilon}(pa)，\text{也可进行计算}$$

$$\varepsilon = \frac{\sigma}{E} = \frac{\sigma \cdot T}{\eta}，\text{也可进行计算}$$

$$\sigma = E \cdot \varepsilon = \frac{\eta}{T}\varepsilon，\text{也可进行计算}$$

2. 存在平衡应力的基本应力松弛

见图 10-4。

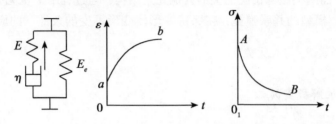

图 10-4 ［StV］模型变形与应力松弛

应力松弛方程式 $\sigma(t) = \sigma_M \cdot e^{-t/T} + \sigma_e = E \cdot \varepsilon \cdot e^{-t/T} + E_e \cdot \varepsilon$，是保持变形体变形不变的基本应力松弛。

分析其参量间的关系如下。

（1）根据应力松弛曲线 $AB(t)$，求出延滞时间 $T = \dfrac{\eta}{E}$ 值——黏弹性比率的参量。

（2）对实体（［M］｜［H］）施一阶跃应力 σ（即应力松弛的起始应力 $\sigma = (\sigma_M + \sigma_e)$），产生瞬间弹性变形为 $a0$——即模型（实体）弹性应变 ε，所以应力松弛模量 $E_M = \dfrac{\sigma_M}{\varepsilon}$（变形体应力松弛模量——虎克定律的参量），其中从应力松弛曲线上可得 ［M］ 的弹性应力 $\sigma_M = A0_1$。

（3）平衡模量 $E_e = \dfrac{\sigma_e}{\varepsilon} = \dfrac{(\sigma - \sigma_M)}{\varepsilon}$（变形体不能松弛的模量）——所以黏弹性比率 $T = \dfrac{\eta}{E_M}$，与平衡模量 E_e 无关。

有关分析计算如下。

（应力松弛过程）中同时符合虎克定律 $E_M = \dfrac{\sigma_M}{\varepsilon}$ 和黏弹性比率 $T = \dfrac{\eta}{E_M}$。

变形体的黏性 $\eta = T \cdot E_M$，可求得

$$E_M = \frac{\eta}{T} = \frac{\sigma_M}{\varepsilon}(pa)$$

$$\varepsilon = \frac{\sigma_M}{E_M} = \frac{\sigma_M \cdot T}{\eta}$$

$$\sigma = E_M \cdot \varepsilon = \frac{\eta}{T}\varepsilon$$

虽然应力松弛模量 E_M 是变形体的弹性模量的一部分，但是变形体（应力松弛）过程与平衡模量 E_e 无关。

3. 基本 ［K］ 蠕变过程

见图 10-5。

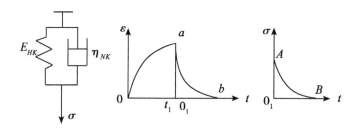

图 10-5　［K］的蠕变及恢复

蠕变方程式：$\varepsilon(t) = \dfrac{\sigma}{E_{HK}}(1 - e^{-t/T})$，为应力一定的变形过程，$oa(t)$ 变形到 $t_1(0_1)$ 时开始恢复。

分析其参量间的关系。

（1）求延滞时间 T

因为蠕变过程延滞时间 T 为变形至 $(1 - \dfrac{1}{e})\varepsilon_{\max}(\dfrac{\sigma}{E_{HK}} = \varepsilon_{\max})$ 的时间，根据变形曲线 $0a(t)$ 不易求得。

可借助于变形恢复曲线 $ab(t)$，求得其变形恢复延滞时间 $T(= \dfrac{\eta_{NK}}{E_{HK}})$，因为变形恢复延滞时间与变形延滞时间相等，所以 ［K］的变形延滞时间就是 $T(= \dfrac{\eta_{NK}}{E_{HK}})$。

$$T = \frac{\eta_{NK}}{E_{HK}}, \qquad E_{HK} = \frac{\sigma_{HK}}{\varepsilon_{a0_1}}$$

（2）其他计算

［K］实体的黏性 $\eta_{NK} = T \cdot E_{HK}$。

［K］的模量 $E_{HK} = \dfrac{\eta_{NK}}{T} = \dfrac{\sigma_{HK}}{\varepsilon_{a0_1}}(pa)$。

弹性变形 $\varepsilon_{a0_1} = \dfrac{\sigma_{HK}}{E_{HK}} = \dfrac{\sigma_{HK} \cdot T}{\eta_{NK}}$。

［K］的弹性变形力 σ_{HK}，$\sigma_{HK} = E_{HK} \cdot \varepsilon_{a0_1} = \dfrac{\eta_{NK}}{T}\varepsilon_{a0_1} = A0_1$。

过程中有关的参量及其值间的关系一目了然。

4.［L］的蠕变过程

见图 10-6。

［L］蠕变方程式 $\varepsilon(t) = \dfrac{\sigma}{E_{HK}}(1 - e^{-t/T}) + \dfrac{\sigma}{\eta_2}t$。

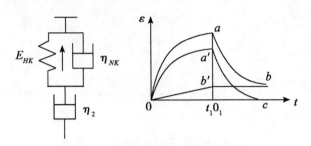

图 10-6 [L] 实体蠕变及变形恢复

分析其参量间的关系。

（1）同前，在其变形恢复曲线 $ab(t)$ 上求得延滞时间 $T = \dfrac{\eta}{E} = \dfrac{\eta_{NK}}{E_{HK}}$。

$$T = \frac{\eta_{NK}}{E_{HK}}, \quad E_{HK} = \frac{\sigma_{HK}}{\varepsilon}$$

（2）相关计算

$$\eta_{NK} = T \cdot E_{HK}$$

$$E_{HK} = \frac{\eta_{NK}}{T} = \frac{\sigma_{HK}}{\varepsilon_{a'0_1}}$$

弹性变形 $\varepsilon_{a'0_1} = \dfrac{\sigma_{HK}}{E_{HK}} = \dfrac{\sigma_{HK} \cdot T}{\eta_{NK}}$

$$\sigma_{HK} = E_{HK} \cdot \varepsilon_{a'0_1}$$

在此过程中黏性 η_2 与实体的黏弹性比率无关（自由恢复过程），永久变形 $\varepsilon_{bc} = \dfrac{\sigma}{\eta_2} t_1$。

从变形恢复曲线上，也可以求得：

$$\eta_2 = \frac{\sigma}{\varepsilon_{bc}} t_1$$

[L] 的弹性变形力和弹性变形恢复力与其串联 [K] 的弹性变形力和弹性变形恢复力相同，都等于 σ_{HK}。

5. 变形体 [L] 保持变形不变得条件下的应力松弛

见图 10-7。

应力松弛方程式 $\sigma(t) = \sigma \cdot e^{-t/T} = \dfrac{\sigma_{HK}}{E_{HK}} \cdot e^{-t/T}$。

分析其参量间的关系。

①从应力松弛曲线 $AB(t)$ 上，求得应力松弛延滞时间值，其 $T = \dfrac{\eta_{NK} + \eta_2}{E_{HK}} = \dfrac{\eta}{E_{HK}}$，其中，

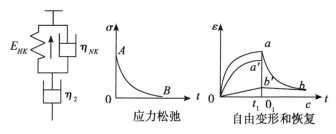

图 10-7 ［L］变形体保持其变形不变的条件下的应力松弛

$\eta = \eta_{NK} + \eta_2$。

② $T = \dfrac{\eta}{E_{HK}}$，$E_{HK} = \dfrac{\sigma_{HK}}{\varepsilon_{ab'}}$。

③相关计算。

$$\eta = T \cdot E_{HK}$$

$$E_{HK} = \frac{\eta}{T} = \frac{\sigma_{HK}}{\varepsilon_{ab'}}$$

$$\frac{\sigma}{\eta_2} t_1 = \varepsilon_{bc} = \varepsilon_{b'0_1}，\text{所以 } \eta_2 = \frac{\sigma}{\varepsilon_{bc}} t_1$$

因为 $\eta = \eta_{NK} + \eta_2$，所以 $\eta_{NK} = \eta - \eta_2 = T \cdot E_{HK} - \eta_2$

$$\varepsilon_{ab'} = \frac{\sigma_{HK}}{E_{HK}}$$

$$\sigma_{HK} = E_{HK} \cdot \varepsilon_{ab'}$$

$$\sigma_{NK} = \sigma - \sigma_{HK}$$

由上分析，黏弹比将下面诸过程都联系起来了，并且其参量均可以进行分析计算。

虎克定律（$\dfrac{\sigma}{\varepsilon} = E$）。

变形体原理（弹性恢复）。

应力松弛（弹性变形力的松弛与弹性变形恢复）。

蠕变。

6. 过程中黏弹比和牛顿黏性定律因素的求解分析举例

例如［L］模型（［K］-［N］）。

（1）在载荷 σ 的作用下的蠕变过程

$$\varepsilon(t) = \frac{\sigma}{E_{HK}}(1 - e^{-t/T}) + \frac{\sigma}{\eta_2} t$$

其中：

$$T = \frac{\eta_{NK}}{E_{HK}}$$

$\dfrac{\sigma}{\eta_2}t$ 是串联阻尼器 η_2 的变形，根据牛顿黏性定律 $\eta_2 = \dfrac{\sigma \cdot t}{\varepsilon_{bc}}$。

方程式中，黏弹性比率 T 与 η_2（牛顿黏性定律的参量）在模拟模型中联系起来了。

（2）如果在时刻 t_1 时的变形保持变形不变进行应力松弛

其应力松弛方程式：

$$\sigma_{HK} \cdot e^{-t/T} = E_{HK} \cdot \varepsilon \cdot e^{-t/T}$$

$$T = \frac{\eta_{NK} + \eta_2}{E_{HK}}$$

在黏弹性比率 T 中牛顿黏性定律的因素 η_{NK}，η_2，虎克定律的因素 E_{HK} 在模拟模型中联系在一起。

（3）黏弹比 $T = \dfrac{\eta}{E}$ 将实体的黏性（η）和弹性（E）联系起来

黏弹比 T 包含一个固体因素 E 和一个流体因素 η，用模拟模型中联系在一起。

如果实体的 η 忽略，实体 → 固体。

如果实体的 E 忽略，实体 → 流体。

根据黏弹比，可以判断实体的黏弹性，或可判断其形态。

——上述作者提出和揭示的流变学过程四个基本理论及关系，初步分析。

①应该是流变学研究的新空间，②但目前尚缺乏进一步试验验证和展开。

第五节 实体流变学性质分析

一、延滞时间 T 是流变学过程的特征参量

回顾第一章关于黏弹性材料性质的论述。

有些物体当外力作用时间很短时，它很硬（如钢铁），像弹性体一样产生反弹。当外力作用时间很长时，它又像液体一样流动（如沥青）。即使像水泥棒或玻璃板这样坚硬的材料，虽然物体表现出弹性；当外力作用时间大于这一时间物体就会流动。可把这个时间叫物体的"缓和"时间。物体都有自己特有的缓和时间。

蠕变延滞时间是否反映了这个缓冲时间的实质。钢铁等物体的缓和时间很长，液体的缓和时间接近于零。

①例如水泥棒缓和时间很长，8 个月，中间才变形 1mm，玻璃板的缓和时间更长。

也就是缓和时间长的物体，像水泥棒，和玻璃板也会产生变形。

例如太妃糖其形态是固体，用牙猛一咬，很硬，变形很难，当一直咬下去，随时间太妃糖变软，流动。也与缓和时间有关。即作用力很快时，变形困难（变形很慢），作用力持续时间很长，其变形容易（流动了）。

②水的缓和时间很短，接近与零，有的资料介绍水的延滞时间约为 $T = 10^{-13}(\text{s})$。当对其作用力很快时，例如接近其延滞时间 T 时，其变形也比较困难，其阻力较大，甚至可以实

现水上跑。所以跳水运动，不是追求速度快，而是追求落水的阻力小。

③再如松软物料，松软变形容易，但是击碎困难。所以粉碎时，采用高速度冲击，减少作用时间，增加其变形阻力，使其冲击力达到破坏强度时被击碎。如果作用力很慢，就不会被击碎——所以作用力的速度快（例如冲击），应该说万物的阻力都是增加的。

为延滞时间 T，引入过程是实体基本性质的体现。

二、黏弹比及其因素 E，η 也是实体的基本参量

（一）一般固体材料的基本参量是模量 E

前已述及模量，一般力学或工程材料中，弹性模量是其基本性质参量。例如工程材料的黑色金属钢的基本性质就是模量，其模量很高，接近 200Gpa 所以在工程上黑色金属钢其用途广泛。

高分子材料的弹性模量也是表征其基本性能的参量见图 10-8。

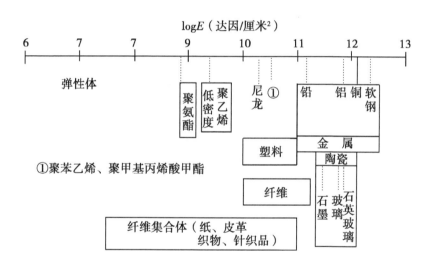

图 10-8　各种材料的杨氏弹性模量

（［日］小野木 重治 著，林福海译。高分子材料科学（118~119）纺织工业出版社 1983）

高分子材料最大的特点其弹性模量有非常宽的范围。典型的杨氏模量值有 10^6 达因/cm^2 到一般高分子材料的 10^{10} 达因/cm^2，部分纤维还可以达到 10^{11} 达因/cm^2，这也是高分子材料广泛应用的原因之一。

图 10-8 粗略地标出各种材料的模量值。金属材料和陶瓷材料无例外地具有 10^{10-11} 达因/cm^2 的模量。纤维集合体，包括纸，皮革，织物，针织品等。具有 10^{7-10} 达因/cm^2 模量值。以衣着类为例看，贴身穿的变形有与身体一起活动的内衣，袜子等要求模量较低。穿在外表衣服，则用模量较高的衣料。

(二) 黏弹比 T 也应该是一般实体的基本性质参量

对于固定性质的实体其过程参量 ε，σ 可随过程变化，而其基本参量 T，E，η 在过程中，应该是基本不变的。

但在任意流变学过程的分析中，尚存在一些问题需要进一步进行试验验证和试验研究。

如同一个具有固定性质的实体上述分析中①蠕变变形过程和其自由应力松弛过程求得参量 T，E，η 相同——也需要进行试验验证和拓展；②蠕变变形过程和其 [M] 类应力松弛求得基本参量 T，E，η，有什么样的异同——也需要进行试验研究。

(三) 农业工程中的基本过程

蠕变，应力松弛（[M] 类应力松弛，自由应力松弛），变形恢复，任意历程（一般任意历程和复杂任意历程），至少应该是农业工程中的基本过程。农业工程中实体流变学性质的试验研究也应该进行展开，其中的问题广泛、深刻。

(四) 农业工程学科中材料学，产品学，对象学基础参量

综上黏弹比 T，弹性模量 E，黏度 η 应该是过程中实体（材料，加工对象，产品等）的基本性质参量。

主要参考文献

电机工程手册编辑委员会 . 1982. 机械工程手册 . 第 2 卷 . 流体力学 ［M］. 北京：机械工业出版社 .

冯元祯 . 1983. 生物力学 ［M］. 北京：科学出版社 .

卡那沃依斯基 . C Z. 1983. 收获机械 ［M］. 曹崇文，吴春江，柯保康，等，译 . 北京：中国农业出版社 .

李富成 . 1981. 流体力学及流体机械 ［M］. 北京：冶金工业出版社 .

李瀚如，潘君拯 . 1990. 农业流变学导论 ［M］. 北京：中国农业出版社 .

尼尔生 . I. E. 1981. 高分子和复合材料的力学性能 ［M］. 丁佳鼎，译 . 北京：轻工业出版社 .

钱苗根 . 1986. 材料学及新技术 ［M］. 北京：机械工业出版社 .

王启宏，等 . 1986. 材料流变学探索 ［M］. 武汉：武汉工业大学出版社 .

吴云鹏，等 . 1987. 体液的流变特性 ［M］. 北京：科学出版社 .

徐积善 . 1981. 强度理论及其应用 ［M］. 北京：水利电力出版社 .

杨伯源，张义同 . 2003. 工程弹塑性力学 ［M］. 北京：机械工业出版社 .

杨明韶，李旭英，等 . 1996. 牧草压缩过程试验研究 ［J］. 农业工程学报，12（1）：60-64.

杨明韶 . 2002. 我国牧草压缩基础研究的进展及探索 ［J］. 农机化研究，(1).

杨明韶 . 2005. 草物料加工过程中基本性质的分析与推理 ［J］. 农机化研究，(2).

杨明韶 . 2010. 农业物料流变学 ［M］. 北京：中国农业出版社 .

耶格 . J. C. 弹性、断裂和流变 ［M］. 段兴北，译 . 北京：地质出版社 .

袁龙蔚 . 1986. 流变力学 ［M］. 北京：科学出版社 .

张洪流 . 流体流动与传热 ［M］. 北京：化学工业出版社 .

赵学笃，等 . 1994. 农业物料学 ［M］. 北京：机械工业出版社 .

周祖锷，等 . 1994. 农业物料学 ［M］. 北京：中国农业出版社 .

Bilank. 1984. A Viscoelastic Model for Forage Wafering ［J］. Trans. of Canadian Society of Mechanical Engineer, 8（2）：70-79.

D. A. Ashcroft, W. L. Kjelgaard. 1970. The Compression Creep Properties of Reduced Forage. For presentation at the 1970 Winter Meeting American Society of Agricultural Engineers, sherman House Chicago, Illinois December：8-11.

K. Peleg. 1983. A Rheological Model of Nonlinear Viscoplanstic Solids ［J］. The Junrnal of Rheology, 27（5）：411-431.

M. O. Faborode，J. R. 1989. Ocalloaghan，A Rheologicalo model for the Compassion of Fibours A gricultural Materials［J］. J. Agric. Engng. Res.，42（10）：165-178.

N. M. Ohsenin，J. Zaske. 1976. Stress Relaxation and Energy Requirements in Compassion of Unconglidated Materials［J］. J. Agric. Engng. Res.，21（1）193-205.

Zoerb，C. W. Hall. 1989. Some Mechanical and Rheological Properties of Grain［J］. J. Agric. Engng.，32（50）：1 701-1 708.

坂下摄，等 . 1983. 实用粉体技术［M］. 理科永，等，译 . 北京：中国建筑工业出版社 .

小野木重治. 1983. 高分子材料学［M］. 林福海，译 . 北京：纺织工业出版社 .

中川鹤太郎 . 1975. 流动的固体［M］. 宋玉升，译 . 北京：科学出版社 .